JOACHIM MAYER | Fotos: JUTTA SCHNEIDER | MICHAEL WILL

Balkon & Kübelpflanzen

Das neue Standardwerk
mit über *200* beliebten
Pflanzen im Porträt

JOACHIM MAYER

Balkon & Kübelpflanzen

Das neue Standardwerk mit über *200* beliebten Pflanzen im Porträt

Mit Fotos von Jutta Schneider/Michael Will, Manfred Jahreiß und Eva Wunderlich, Zeichnungen von Heidi Janiček

Balkon- und Kübelpflanzen

Der Wunsch nach lebendigem Grün lässt Balkone zum Blütenmeer werden und füllt vielfältige Pflanzenpracht in Kübel, Töpfe und Tröge. Richtige Auswahl und Pflege all dieser Schönheiten wollen jedoch gelernt sein.

Balkon und Terrasse gestalten

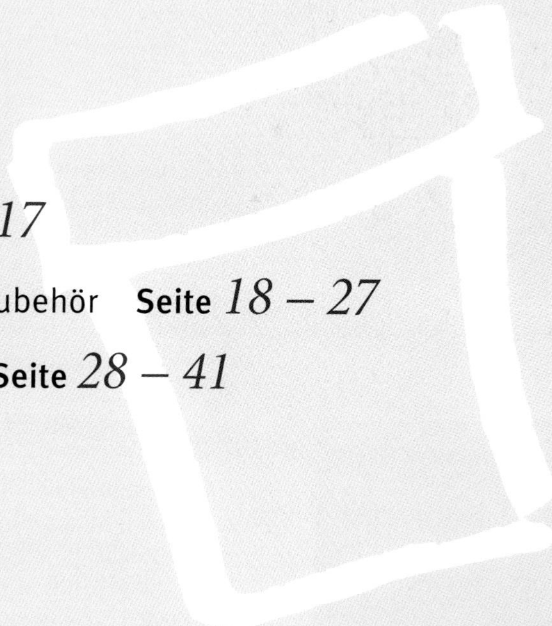

Grundlagen der Gestaltung

Hinreißender Blütenzauber, Arrangements mit Pfiff, stimmungsvolle Atmosphäre – dahinter steckt meist ebenso viel Planung wie Inspiration. Gehen Ideen, ein wenig Know-how und gründliches Überlegen Hand in Hand, ist man auf dem besten Weg zu einem harmonischen Gesamtbild.

Lichter und Leuchten setzen Wohlfühl-Akzente.

Das Gestalten mit Pflanzen hat durchaus seine künstlerischen Seiten. Wie bei einem Gemälde kann man mit Farben und Formen spielen und seiner Phantasie freien Lauf lassen. Bei eher nüchterner Herangehensweise bietet sich das Bild des „grünen Wohnzimmers" an: Versteht man Balkon und Terrasse als zusätzliche Räume im Freien, wird man diese ebenso wohnlich und individuell einrichten wie die behaglichsten Zimmer im Haus – wobei natürlich die Pflanzen als lebende „Einrichtungsgegenstände" und Dekorationen im Vordergrund stehen. Das Schöne dabei: Balkon und Terrasse lassen sich in weiten Teilen jedes Jahr neu „malen" und einrichten. So kann man aus den eigenen Erfahrungen lernen und der Traum-Gestaltung allmählich näher kommen. Ideen sind wichtig, und sie sprießen am besten, wenn man dem traut, was einem in den Sinn kommt und Ungewöhnliches ebenso ausprobiert wie scheinbar ganz Einfaches, das oft große Wirkung entfaltet. Natürlich helfen auch gelungene Gestaltungen, die man in Zeitschriften, Büchern oder auf fremden Balkonen sieht. Bei aller Bedeutung von Kreativität und eigenem Geschmack gibt es bestimmte Punkte, die allgemein beachtet werden sollten. Zumindest erleichtert es oft das Unternehmen Gestaltung, wenn man bewährte Vorgehensweisen und aus Erfahrung gewonnene „Regeln" berücksichtigt. Solche Grundlagen sind auf den folgenden Seiten zusammengefasst, von Hinweisen zur Planung über Farb- und Formwirkungen bis hin zu rechtlichen und Sicherheitsaspekten, auf die die Gestaltung eventuell auch abgestimmt werden muss.

Farbe macht Laune: Das „grüne" Wohnzimmer kann ganz schön bunt daherkommen.

Wo auch Kinder Terrasse oder Balkon nutzen, ist möglichst viel Farbe und Bewegungsfreiheit gefragt.

Wünsche, Träume und Gegebenheiten

Oft helfen ganz einfache Fragen, die vorhandenen Möglichkeiten optimal zu nutzen und stimmig auszugestalten.

Vielleicht ist es Ihnen auch schon so gegangen: Da übernimmt man diese oder jene Anregung aus Zeitschriften und Büchern, kauft gerade angesagte Pflanzen und Accessoires, beachtet Farbwirkungen wie aus dem Lehrbuch – und dann gefällt das Ganze nachher doch nicht so recht.

Patentrezepte gibt es da sicher nicht, zumal Balkone und Terrassen nach Größe und Zuschnitt ebenso unterschiedlich ausfallen wie die Geschmäcker. Doch wenn Sie sich die eigenen Vorstellungen und Möglichkeiten bewusst machen, kann das dazu beitragen, Pflanzenwahl, Einkauf und Gestaltung gezielter anzugehen und zu einem wirklich zufriedenstellenden Ergebnis zu kommen. Das lohnt sich selbst für einen Balkon von wenigen Quadratmetern – gerade da will manches besonders gründlich überlegt sein. Bei einem völlig neu anzulegenden grünen Wohnzimmer empfiehlt es sich natürlich ebenfalls, mit etwas Planung an die Gestaltung heranzugehen. Dies umfasst dann ggf. auch Bodenbeläge, Geländer und sonstige feste Einrichtungen (→ Seite 24–27).

Was will ich?

Am Anfang darf ruhig ein üppiger Wunschzettel stehen, am besten tatsächlich auf dem Papier festgehalten und am schönsten beim gemütlichen Zusammensitzen mit Partner oder Familie aufgestellt. Freilich wissen erfahrene Balkon- und Terrassengärtner von vornherein, dass bestimmte Bepflanzungen z. B. an prallsonnigen Partien ausscheiden. Aber durch das „Draufloswünschen" ohne Schere im Kopf kommt man manchmal auf ganz neue Ideen und Lösungen.

Einige verbreitete Wünsche und Beispiele für zielgerichtete Fragen zeigt die nebenstehende Checkliste auf. Spontane Einfälle, Ideen und Inspirationen aus allen möglichen Quellen – das alles kann und soll auf die große Wunschliste. Auch Art und Farbe der Möbel, sofern eine Neuanschaffung ansteht, ein bevorzugter Gesamteindruck oder Stil (z. B. lauschig-romantisch oder mediterran), ein gewünschter Sicht- oder Windschutz lohnen das Notieren.

Was brauche ich?

Schutzeinrichtungen oder -bepflanzungen gehören teils schon in den Bereich des „Brauchens". Und natürlich benötigt man je nach vorgesehener Nutzung Platz für Tische, Stühle, Liegen. Alles soll möglichst ohne Stolperfallen und akrobatische Verrenkungen erreichbar sein, der Türbereich relativ großzügig frei gehalten werden. Berücksichtigt man solche ganz praktischen Kleinigkeiten, gestaltet sich nicht nur der Alltag im grünen Wohnzimmer angenehmer. Ganz nebenbei wirkt dies oft auch einer überladenen Bepflanzung entgegen.
Besonders viel Platz – so weit im gegebenen Rahmen möglich – sollte man für die Bedürfnisse von Kindern reservieren, bis hin etwa zu einem kleinen Sandkasten oder Planschbecken. Und wenn kleine Kinder im Haus sind, ergibt sich umgekehrt auch, was man keinesfalls brauchen kann: etwa ungesicherte Balkongeländer, stark bedornte oder gar sehr giftige Pflanzen (→ Seite 185).

Was ist machbar?

Kinder zählen gewissermaßen schon zu den „Gegebenheiten", die bestimmte Pflanzen und Elemente ausschließen. Weitere Bedingungen und eventuelle Beschränkungen ergeben sich durch Lage und Beschaffenheit von Balkon oder Terrasse.

Sonne, Schatten, Wärme, Regen, Wind – die meist nur geringfügig beeinflussbaren Standortverhältnisse geben vor, was an Bepflanzung möglich ist (→ Seite 46/47). Beschränkt sich z. B. der ganztägig helle Bereich auf ein paar Quadratmeter, wird man Prioritäten setzen und manches von der Wunschliste streichen müssen – oder als Alternative für die nächsten Jahre vormerken. Ansonsten findet sich bestimmt unter den im Porträtteil als halbschatten- oder schattenverträglich ausgewiesenen Pflanzenarten ein attraktiver Ersatz.
Weiterhin ist natürlich die Fläche von Balkon oder Terrasse ein entscheidender Punkt. „Vollstopfen" empfiehlt sich unter gestalterischen Gesichtspunkten ebenso wenig wie unter praktischen. Bei wenig Platz fängt man besser mit sparsamer Pflanzenausstattung an, die bei Bedarf dann immer noch erweitert werden kann. Hier eröffnet dann auch die Verwendung von Pflanzenregalen und Hängegefäßen zusätzliche und zugleich sehr reizvolle Möglichkeiten.
Schließlich muss bei nicht ebenerdigen Balkonen und Dachterrassen die Tragfähigkeit berücksichtigt und im Zweifelsfall die Statik überprüft werden. Um solche Sicherheitsfragen, auch um rechtliche Rahmenbedingungen, geht es auf Seite 16/17.

› *Checkliste*

WAS IST GEWÜNSCHT?

- ✔ Haben Sie bestimmte Lieblingspflanzen oder interessieren Sie sich für besondere Neuheiten?
- ✔ Welche Farben und Farbkombinationen bevorzugen Sie?
- ✔ Brauchen Sie möglichst viel freie Fläche, um mit der Familie oder Freunden zusammen zu sitzen?
- ✔ Wollen Sie frische Kräuter ernten, vielleicht sogar Gemüse und Obst?
- ✔ Soll es auch im Frühjahr, Herbst und Winter grünen und blühen?

Platz ist auf dem kleinsten Balkon – selbst für frische Kräuter und Tomaten –, wenn man die Stellflächen durch Pflanzenregale erweitert.

Farbdreiklang in Gelb–Rot– Blau, dominiert von weißgelben Petunienblüten.

Elfenspiegel und Petunien bezaubern hier als Ton-in-Ton-Kombination.

Gestalten mit Farben, Formen und Strukturen

Der erste und wichtigste Schritt zur attraktiven Gestaltung: Pflanzen in Muße betrachten und sich an ihrem Anblick erfreuen.

Tatsächlich erkennt man durch entspanntes und genießerisches Hinschauen oft am besten, was einem an bestimmten Pflanzen und Kombinationen gefällt. Neben dem auffälligsten Merkmal, der Blütenfarbe, registriert man dabei bald noch viel mehr: das Wechselspiel zwischen Farben, Formen und Größen der Blüten, die feinen Grünnuancen der Blätter und ihre vielfältigen Strukturen, die Art, wie die Pflanzen je nach Wuchsform, Platzierung und Gefäß zur Geltung kommen.

Tatsächlich ist es das Zusammenwirken solcher häufig nur unbewusst wahrgenommener Details, das besonders bezaubernde Pflanzenarrangements auszeichnet. Will man diese Effekte gezielt nutzen, muss man die Pflanzen ein Stück weit „abstrakt" sehen: sozusagen als Träger von Farben, Formen und Strukturen, erst einmal ganz unabhängig von ihrem Dasein als Petunien, Begonien, Oleander oder Stiefmütterchen.

Das Spiel mit den Farben

Die Blütenfarben fallen natürlich zuerst ins Auge und prägen die meisten Pflanzenzusammenstellungen. Hinzu kommen, besonders bei Herbst- und Wintergestaltungen, die auffälligen Farbtupfer von Früchten.
Daneben leisten die Blattfarben einen oft unterschätzten Beitrag: Erst vor ihrem unterstützenden Grün entfalten viele Blüten die

rechte Leuchtkraft, die meist grüne Blattfarbe beruhigt und ist so ein unterschwelliger „Wohlfühlfaktor“. Bläulich oder silbrig gefärbtes Laub bringt ein ganz eigenes, etwas vornehmeres Flair in die Gestaltung, bleibt aber ebenfalls dezent. Das gilt auch für weiß und gelb gemusterte Blätter, obwohl man sie schon eher als eigenständige „Farbträger“ wahrnimmt. Um so mehr trifft das auf rotlaubige Arten und Sorten zu, deren Verwendung dann schon eine überlegte Abstimmung mit den Blütenfarben nötig macht.

Wie Farben wirken

Nicht jeder empfindet bestimmte Farbtöne auf dieselbe Weise, doch es gibt schon weitgehende Übereinstimmungen in den Wirkungen, die man den Farben zuschreibt. Am nebenstehenden Farbkreis lässt sich die grundsätzliche Unterteilung in warme und kalte Farben gut nachvollziehen. Auf ihm sind die drei Grundfarben Gelb, Rot und Blau mit ihren Mischfarben Orange, Violett und Grün in gleichmäßiger Abstufung ringförmig angeordnet. Die Farben um Gelb werden als warm eingestuft, die Farben um Blau als kalt.

Was einfache Versionen des Farbkreises nicht berücksichtigen können, ist die Farbintensität oder Deckkraft, die mit dem Weißanteil zusammenhängt: Eine aufgehellte Farbe, z. B. ein zartes Hellblau, hat einen deutlich anderen Effekt als etwa ein kräftiges Dunkelblau. Rosa, ein aufgehelltes Rot oder Rotviolett, ist im Pflanzenreich so häufig vertreten, dass es als Blütenfarbe ein ganz eigenes Gewicht hat.

Unter den „unbunten“ Farben, die auch Schwarz, Grau und Braun einbeziehen, kommt dem Weiß als oft anzutreffender Blütenfarbe eine besondere Bedeutung zu.

Die wichtigsten Farbwirkungen im Überblick:

- **Gelb:** fröhlich, anregend, warm; in Kombinationen belebend
- **Orange:** lebhaft, warm; in Kombinationen belebend, bei hohem Rotanteil dominierend
- **Rot:** aktivierend, lebhaft; in Kombinationen spannungsreich, kraftvoll, dominierend
- **Blau:** kühl, frisch, beruhigend, dezent-vornehm; setzt in Kombinationen Ruhepunkte, sorgt für optische Weite
- **Violett:** beruhigend, sanft; in Kombinationen ähnlich wie Blau, schafft Tiefe
- **Rosa:** zart, freundlich; sorgt in Kombinationen für sanfte Helligkeit
- **Weiß:** ruhig, licht, vornehm, neutral; hellt Kombinationen auf, vermittelt zwischen Kontrasten, sorgt für optische Weite
- **Grün:** ausgleichend, beruhigend; vermittelt zwischen Kontrasten

Farben geschickt kombinieren

Häufig geht man beim Gestalten zunächst von bevorzugten Pflanzen mit bestimmten Blütenfarben aus. Nun kann der Farbkreis helfen, dazu Passendes zu finden und verschiedene Zusammenstellungen durchzuspielen. Dabei ergeben sich prinzipiell drei Möglichkeiten:

- **Farbverlauf:** Kombination nebeneinander liegender Farben mit sanften Übergängen, z.B. Gelb- und Orangetöne.
- **Farbkontrast:** Zum stärksten Kontrast führt das Kombinieren zweier Farben, die auf dem Farbkreis direkt gegenüber liegen (Komplementärfarben). So kommt man zu sehr spannungsreichen Kontrasten, z. B. zwischen Gelb und Violett. Durch Ausweichen auf benachbarte Farbtöne, z. B. auf Violettblau oder Purpurrot statt des reinen Violett, lassen sich die Gegensätze etwas abschwächen.

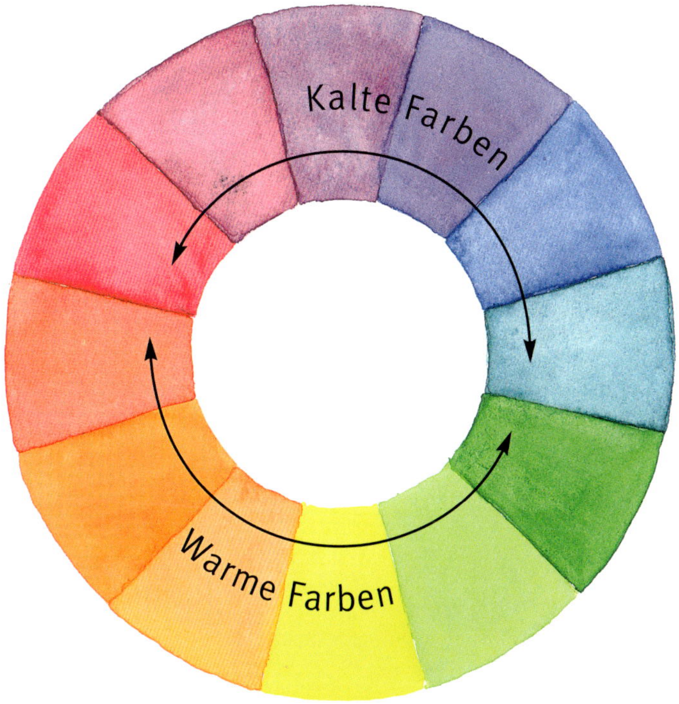

Der Farbkreis bietet eine gute Hilfestellung, um Blütenfarben wirkungsvoll zu kombinieren. Auf dem Kreis nebeneinander liegende Farben bilden einen sanften Verlauf, gegenüber liegende Farben ergeben prägnante Kontraste.

1 FARBKRÄFTIGES LAUB
Die Blattfarben der Buntnessel sind ebenso intensiv wie die vieler Blüten.

2 BLAUGRÜNE TÖNE
Bläulich schimmernde Blätter wie die des Eukalyptus vermitteln ein besonderes Flair.

3 SILBRIGE STRUKTUR
Das Silberblatt wirkt durch Blattfarbe und -form.

4 ZARTER SCHMUCK
Weißlich gemusterte Taubnesselblätter hellen dunkle Plätze auf.

➤ **Farbdreiklang:** Um den zu erhalten, legt man (gedanklich) ein Dreieck in den Farbkreis. Dessen Spitzen markieren dann drei gut zueinander passende Farben. Beim Zusammenstellen von Blütenfarben entsteht zwangsläufig der markante Dreiklang Gelb – Rot – Blau, den man durch Austausch der einzelnen Farben mit benachbarten Tönen leicht variieren kann.
Doch damit sind die „Spielmöglichkeiten" noch lange nicht erschöpft. Sie können nun eine oder alle Komponenten in einem gewählten Farbverlauf, -kontrast oder -dreiklang durch ihre aufgehellten, pastelligen Varianten ersetzen und so die unterschiedlichsten Wirkungen erzielen. Interessant sind auch Ton-in-Ton-Kombinationen, bei denen man Blüten nur einer Grundfarbe in verschiedenen Helligkeitsstufen zueinandergesellt, etwa von Dunkelrot bis zum hellsten Rosarot.
Und schließlich gibt es ja noch die verbreitete Blütenfarbe Weiß, die im üblichen Farbkreis nicht vorkommt. Das aufhellende, zwischen Kontrasten vermittelnde Weiß lässt sich vielfältig einbeziehen.
Beim gestalterisch-praktischen Einsatz von Farbwirkungen und -kombinationen gilt es auch folgendes zu bedenken:
➤ Große Blüten verkörpern einen Farbeffekt intensiver als kleine und Pflanzgruppen stärker als eingestreute Einzelpflanzen.
➤ Gelb, Weiß und aufgehellte Töne wirken vor dunkleren Hintergründen am stärksten, vor weißen Fassaden dagegen oft etwas blass. An weißen und gelben Blüten hat man zudem in der Dämmerung am längsten Freude, z. B. auf einer vor allem abends genutzten Terrasse.
➤ Umgekehrt „schluckt" ein dunkler Hintergrund die Wirkung dunkler, gedeckter Farben, ebenso ein schattiger Platz.

➤ *Praxisinfo*

HINWEISE ZUR GESTALTUNGSPRAXIS

- ✗ Nehmen Sie Papier und Buntstifte zu Hilfe, um Ideen zu entwickeln.
- ✗ Gehen Sie bei der Gestaltung von einigen wenigen Lieblingspflanzen aus, auf die Sie weitere Farben und Formen abstimmen.
- ✗ Schaffen Sie durch sparsam eingesetzte, besonders auffällige Pflanzen Blickpunkte.
- ✗ Behalten Sie bei Wuchshöhen und -formen die Größe von Balkon oder Terrasse im Auge und beachten Sie die Proportionen von Pflanzen und Einrichtungsgegenständen.
- ✗ Berücksichtigen Sie die Farben von Hauswand, vorhandenen Einrichtungen und Möbeln und beziehen Sie diese ganz bewusst in die Planung mit ein.

Strukturen und Wuchsformen

Die Blüten unserer Balkon- und Kübelpflanzen präsentieren sich nicht nur in vielfältigen Farben, sondern auch in den unterschiedlichsten Formen und Größen, schlicht oder mit

dicht gedrängten Blütenblättern gefüllt, einzeln an den Trieben oder in ganz verschiedenen Blütenständen. So ergeben sich Strukturen, die sich ebenso wie Farben gezielt einsetzen und kombinieren lassen. Und auch hier kann man mit starken Kontrasten arbeiten, z. B. kleine zu sehr großen Blüten gesellen oder kerzenartige, schlanke Blütenstände zu rundlichen Formen. Den Farbverläufen entspricht dann das Zusammenstellen ähnlicher Strukturen, etwa von verschiedenen Korbblütlern wie Margeriten, Kapkörbchen und Blauen Gänseblümchen. Im Allgemeinen wirken große Blüten und geschlossene, rundliche oder doldenartige Blütenstände eher plakativ und setzen klare Akzente; viele kleine Blüten und lockere Blütenstände präsentieren sich verspielter, leichter und luftiger.
Das lässt sich auch auf die Blattgrößen und -formen sowie ihre Anordnung an den Trieben übertragen. Besonders deutlich treten solche Wirkungen bei den Blattschmuckpflanzen hervor.
Die Wuchsformen lassen sich grob in schmal oder breit aufrecht, rosettenartig, polsterförmig, halb hängend, hängend und kletternd unterteilen; dazu kommt die charakteristische Gestalt der Kübelpflanzen-Hochstämmchen. Und freilich gibt es beim Wuchs ein gewaltiges Spektrum an Größen und Höhen, vom Winzling im Balkonkasten bis zum stattlichen, mehrere Meter hohen Topfgehölz. Wie Wuchsformen und -höhen gewählt werden, ist sowohl im Kleinen, bei Kombinationen in Kästen und Schalen, interessant als auch bei der Wirkung von Balkon und Terrasse im Ganzen. Auch hier lässt sich schön mit Kontrasten arbeiten, etwa straff aufrecht und hängend. Das Einbeziehen möglichst vieler verschiedener Wuchsformen unterstützt ein harmonisches Gesamtbild; was nicht dagegen spricht, z. B. auf einer Seite des Balkons hauptsächlich auf die fließenden Strukturen von Hänge- und Kletterpflanzen zu setzen.

Unterschiedliche Wuchshöhen und Wuchsformen prägen das Gesamtbild ebenso stark wie Blütenfarben, Blütengrößen und Blütenformen.

Risiken und Ärgernisse – was die Idylle stören kann

Rund um Balkon und Terrasse gibt es einige Sicherheits- und Rechtsfragen zu beachten, damit die Freude ungetrübt bleibt.

SO MANCHE GESTALTUNG hat ihre Tücken, an die man zunächst gar nicht denkt. Gesundheitsgefahren, Schäden am Haus, Rechtsstreitigkeiten – dem lässt sich meist recht einfach vorbeugen. Freilich spielt dabei neben der Gestaltung auch die Pflegepraxis und die Balkon- bzw. Terrassennutzung eine Rolle.

Risiken vermeiden

➤ Auf Balkonen in höher gelegenen Etagen bringt man die Kästen besser nach innen an. Aufgehängte Pflanzgefäße, ob am Balkongeländer, an der Wand oder an der Decke, sollten stets sehr sorgfältig befestigt und die Halterungen immer mal wieder kontrolliert werden, besonders bei windigem Wetter.

➤ Große, schwere Gefäße müssen manchmal bewegt werden, etwa beim Transport von Kübelpflanzen ins Winterquartier. Wenn man sich dabei übernimmt, drohen nicht nur Rückenschmerzen, sondern auch Unfälle, falls das Gefäß entgleitet. Transportieren Sie deshalb schwere Kübel nur zu zweit, und nutzen Sie Hilfen wie Traggurte, spezielle Kübeltraggriffe, Kübelroller und Sackkarre.

Hängetöpfe erlauben eine einfache und recht sichere Anbringung, sollten allerdings nach innen aufgehängt werden.

➤ Verletzungen durch Stacheln oder Dornen, Hautreizungen oder gar schwere Erkrankungen durch giftige Pflanzeninhaltsstoffe – dem kann man als Erwachsener leicht vorbeugen, durch vorsichtigen Umgang mit solchen Gewächsen und z. B. Tragen von Arbeitshandschuhen. Kinder lassen sich jedoch nur sicher schützen, indem man auf gefährliche Pflanzen verzichtet, bis die Kinder groß und verständig genug sind (→ Tabelle Seite 185).

Hausschäden vorbeugen

Große Kübel, Tröge und Mini-Teiche samt Erd- und Wasserinhalt haben ein beachtliches Gewicht. Böden und Stützmauern oder -pfosten auf Balkonen und Dachterrassen müssen dann einiges aushalten. Schließlich lastet auf ihnen meist schon die Masse eines Bodenbelags, etwa von schweren Platten. Im Normalfall gilt eine Belastung von 250 kg pro m^2 als Höchstgrenze, sie kann je nach Konstruktion aber auch niedriger ausfallen.

➤ Lassen Sie deshalb im Zweifelsfall Statik und Tragfähigkeit durch einen Experten überprüfen. Auch Geländer können durch zu schwere oder unsachgemäß angebrachte Balkonkästen in Mitleidenschaft gezogen werden. Zu Fassadenschäden kommt es manchmal durch herablaufendes Gießwasser sowie Kletterpflanzen mit Haftwurzeln, besonders wenn der Putz schon leichte Risse hat.

➤ Untersetzer, Übertöpfe und große Blumenkästen ohne Ablauflöcher, in die man die bepflanzten Kästen stellt, fangen überschüssiges Wasser auf, ehe es Schaden anrichten kann.

➤ Mit etwas Abstand vor der Hauswand angebrachte Rankgerüste, am besten mit einer Wurzelschutzfolie hinterfüttert, halten Wurzelkletterer wie Efeu davon ab, sich an der Fassade zu „vergreifen".

Rechtliche Aspekte

Zum juristischen Streitfall können die genannten Hausschäden werden, wenn man Balkon oder Terrasse als Mieter nutzt. Hier sollte man besonders auf entsprechende Vorkehrungen achten und auch kleine bauliche Veränderungen zuvor mit dem Vermieter abklären. Vorheriges Abstimmen ist da oft die einfachere und bessere Lösung.

Dasselbe gilt bei eventuellen Streitigkeiten mit Balkon- oder Terrassennachbarn. Beschwerden wegen Lärm, Grilldüften, herüberwachsenden Pflanzen – dagegen gibt es kein Patentrezept außer der nötigen Rücksichtsnahme und dem Versuch klärender Gespräche.

Beachten Sie bei Heckenpflanzungen zum Abschirmen der Terrasse, dass zum Nachbarn hin bestimmte Grenzabstände gelten, die je nach Bundesland unterschiedlich geregelt sind.

Große Kübelpflanzen und Topfgehölze in Tongefäßen bringen schon einiges auf die Waage. Balkonträger und Stützmauern müssen für solch eine Bepflanzung hinreichend stabil ausgelegt sein.

Einrichtung, Ausstattung und Zubehör

Ob Mini-Balkon oder Riesenterrasse – richtig wohnlich wird das grüne Wohnzimmer durch die Pflanzen allein noch nicht. Vom Stuhl über die Blumentreppe bis zur Pergola kommen Elemente hinzu, die neben ihrer Funktion auch optische Wirkung entfalten können.

Letztendlich kann nur der eigene Geschmack entscheiden, ob bestimmte Pflanzgefäße, Bodenbeläge oder Deko-Elemente zur Verschönerung des grünen Wohnzimmers beitragen. Ratsam ist jedoch in jedem Fall, das Angebot gründlich zu studieren und vor teuren Anschaffungen genaue Informationen über die jeweiligen Eigenschaften, eventuelle Garantien oder Haftungseinschränkungen einzuholen. Werfen Sie auch bei eher dekorativem Zubehör einen kritischen Blick auf das gewählte Produkt, unter Gesichtspunkten wie Stabilität, Haltbarkeit und Praxistauglichkeit. Soweit bei verpackter Ware möglich, empfiehlt es sich, schon vor dem Kauf alle Herstellerangaben gründlich zu studieren: z. B. Pflegehinweise zum Material, Aufbau- oder Montageanleitungen. So können Sie manch unangenehmer Überraschung vorbeugen.

Schöner wohnen im Freien

Schaut man sich um, was der Handel so alles bereithält, stößt man immer wieder auf neue Ideen und Anregungen. Das kommt häufig dem Wohnvergnügen auf Balkon und Terrasse zugute. Doch es verführt manchmal auch dazu, die meist begrenzte Fläche zu überladen – vom Platz her wie von der Optik. Wenn nach und nach immer mal wieder etwas Neues dazukommt, entsteht zudem teils ungewollt ein gewisser Stil-Mischmasch. Versuchen Sie möglichst, eine einigermaßen klare Linie zu bewahren. Allerdings kann man auch das als Geschmacksache einstufen: Mancher fühlt sich erst auf einem Balkon, der mit den unterschiedlichsten Möbeln, Pflanzenregalen und Gefäßen voll gestellt ist, richtig wohl. Und so soll es auch sein – erlaubt ist, was gefällt!
Unter diesem Vorbehalt eine weitere Empfehlung: Wählen Sie ausgesprochen buntes Interieur nur nach reiflicher Überlegung. Es kommt nicht selten vor, dass man z. B. farbige Pflanzgefäße oder Möbel am Kaufort sehr attraktiv findet, später aber nicht so recht glücklich damit wird. Auf dem Balkon oder der Terrasse wirken sie dann doch zu grell, vielleicht sogar erdrückend. Und den Blüten können intensiv getönte Einrichtungsgegenstände einiges an Strahlkraft nehmen.
Ähnlich verhält es sich mit schicken dunklen Möbeln und Töpfen, wenn man sie in großer Zahl einsetzt. Sie konkurrieren zwar nur mit gedeckten, dunklen Blütenfarben, können aber den Gesamteindruck verdüstern.
Die Proportionen verdienen ebenfalls etwas Beachtung: Wuchtige Möbel können z. B. auf einem kleinem Balkon unpassend wirken, selbst wenn der Platz dafür gut ausreicht.
Einrichten heißt natürlich nicht nur, Möbel oder Bodenbeläge auszuwählen. Dekorative Leuchten und Kerzenständer, hübsche Windspiele, ein kleiner Springbrunnen oder Sprudelstein, Skulpturen und Plastiken – das kann ganz individuell zum Wohlgefühl beitragen.

Freundlich und einladend: Hier bestimmen bei der Einrichtung wie bei den Blütenfarben warme, zarte Gelb-, Orange-, Rot- und Brauntöne das Bild.

Deko-Elemente können der Gestaltung zusätzlich eine persönliche Note geben. Ob lustig, auffällig oder gediegen – das ist eben Geschmacksache.

Pflanzgefäße, Blumentreppen und Rankhilfen

Vom attraktiven Topf bis zum Klettergerüst – alles dient dazu, Pflanzenschönheiten besonders attraktiv zur Geltung zu bringen.

STETS IN BEWEGUNG: So präsentiert sich nicht nur das Angebot an Balkonpflanzen, sondern auch die Palette an hübschem wie praktischem Zubehör. Je nach aktueller Mode findet man dekorative Gefäße in den unterschiedlichsten Farben und Formen. Auch bei den anderen Accessoires zur Pflanzenpflege und -präsentation kommt immer wieder Neues auf den Markt. Das gelegentliche Stöbern in Garten- und Baumärkten kann sich lohnen.

Blumenkästen mit integriertem Rankgitter erleichtern den Einsatz von Kletterpflanzen als Sichtschutz.

Dekorative Pflanzgefäße

Mehr als bei jedem anderen unbelebten Element auf Balkon und Terrasse steht hier die „Eignungsprüfung" im Vordergrund, da das Gedeihen der Pflanzen nicht zuletzt vom Gefäß abhängt (→ Seite 58). Trotzdem müssen Sie auf weniger geeignete, aber besonders schmucke Gefäße nicht unbedingt verzichten: Oft lassen sie sich einfach als Übertöpfe verwenden.

➤ **Kunststoffgefäße** gelten zwar nicht gerade als edel, sind aber schon längst mehr als schlichte Behältnisse in Einheitsgrün oder -braun. Man findet sie heute in attraktiven Farben und Formen, mit guter Qualität und Haltbarkeit. Da sie zudem leicht und preiswert sind, spricht manches für ihre Verwendung.

➤ Natürlicher wirken **Tongefäße**, je nach Geschmack ganz schlicht, als hochwertige, rotbraune, teils verzierte Terrakotta oder glasiert in verschiedenen Farbtönen. So passen sie je nach Ausführung in rustikale, mediterrane oder noble Gestaltungen; in Weiß, Schwarz oder Blau auch zum bewusst nüchternen oder architektonischen Stil.

➤ Ähnlich vielfältig präsentieren sich auch **Metallgefäße**. Je nach Material, Form und Farbe vermitteln sie ein eher kühles oder aber nostalgisches Flair.

Gefäße in Naturfarben oder dezentem Grau fügen sich am unauffälligsten in Bepflanzungen jeder Art ein. Obwohl auch Weiß und Schwarz als neutrale Farben gelten, haben sie eher eine Kontrastwirkung zu den Pflanzen und heben diese optisch mehr hervor. Vorsicht jedoch bei schwarzen Gefäßen: Sie absorbieren die Sonnenstrahlung, den Pflanzen kann es dadurch zu warm werden. Wo „richtige" Farben wie Blau oder Rot ins Spiel kommen, empfiehlt es sich, sie ebenso wie Blütenfarben in die Gestaltung einzubeziehen.

Neben den üblichen Balkonkästen, Töpfen oder Schalen findet man auch andere Formen,

Blumentreppen verhelfen auf ansprechende Weise zu mehr Pflanzfläche.

etwa vier- oder mehreckige Kübel, hohe, schmale oder auch breite, bauchige Gefäße. Teils wirken sie sehr markant und setzen besondere Akzente. Durch Kombinieren verschiedener Gefäßformen können Sie in kleinen Topfarrangements sehr interessante Effekte erzielen. Ein allzu vielfältiges Gefäßgemisch ruft allerdings leicht ein Bild von Unruhe und Zerfahrenheit hervor. Das gilt für Formen und Farben ebenso wie für die Materialien.

Blüten auf allen Ebenen

Balkonkästen am Geländer, Töpfe und Kübel auf dem Boden, Ampeln an der Decke oder Wand – so sieht die Standardanordnung aus.
➤ Ein einfacher, aber wirkungsvoller Schritt, noch mehr Pflanzflächen in verschiedenen Höhen zu schaffen, ist der Einsatz von Pflanzenregal oder Blumentreppe. Regal- oder leiterartig aufgebaut, mit übereinander oder versetzt angeordneten Stellflächen oder passend für Ecken konstruiert und nach oben schmäler werdend – es gibt recht verschiedene Modelle. Das Schöne daran ist nicht nur die Möglichkeit der Höhenstaffelung von Pflanzen: Sie können damit auch einiges an Platz gewinnen.
➤ Für Blütenzierde noch in höchsten Höhen sorgen Kletterpflanzen. Manche Arten schlingen sich zwar auch an senkrecht gespannten Drähten empor, doch meist ist ein Rankgitter oder Wandspalier für flächendeckende Begrünung empfehlenswert. Da die Pflanzen mit der Zeit einiges an Blatt- und Triebmasse entwickeln, müssen solche Gerüste hinreichend stabil sein und sehr gut befestigt werden. Bringen Sie Rankgitter zum Schutz der Fassade mit mindestens 5 cm, besser 10 cm Abstand zur Wand an. Als Abstandshalter dienen zuvor angeschraubte Latten oder Holzklötzchen.
Eine schöne und praktische Lösung für freistehende Kletterspaliere, etwa als Sichtschutz, bieten große Blumenkästen mit integriertem Rankgitter.

TIPP

DAS PASSENDE GEFÄSS AUSWÄHLEN

Achten Sie darauf, dass bei einzeln getopften Pflanzen Wuchs- und Gefäßform miteinander harmonieren. Breitwüchsige Schmucklilien z. B. wirken am besten in ausladenden Gefäßen. In viereckigen Terrakotta-Töpfen machen sich Kübelpflanzen-Hochstämmchen sehr schön.

Grüner Sichtschutz

Kletternde, hochwüchsige oder hängende Pflanzen lassen sich als lebendige, attraktive Sichtschutzwände einsetzen. Nach außen hin verkünden sie freundlich, aber bestimmt: „Einblick unerwünscht".

DICHTE BLÄTTERWAND
Die Prunkwinde wächst im Frühsommer recht schnell in die Höhe und schirmt mit ihren attraktiven herzförmigen Blättern bald gegen Blicke ab.

SCHNURGERÜST
Schlinger wie die Schwarzäugige Susanne lassen sich an Schnüren hochziehen. Für einen Sichtschutz pflanzt man mehrere Exemplare nebeneinander.

KÜBELSPALIER
Große, buschig wachsende Kübelpflanzen geben eine herrliche grüne Wand ab. Den Oleandern stehen hier zwei sich hoch windende Feuerbohnen zur Seite.

PFLANZENGARDINE
Langtriebige Ampelpflanzen bilden mit der Zeit üppige Vorhänge. Mit Markisenstoff kann man das Geländer blickdicht machen.

FRÜCHTESPASS
Unter den einjährigen Kletterern finden sich Arten mit interessanten Zierfrüchten, so etwa der Flaschenkürbis.

TOPFGITTER
Zu grünen, blühenden Wänden kann man auch mit Pflanzen in Töpfen kommen, die an einem stabilen Gitter befestigt werden.

LAUSCHIGE GESELLEN
Bambus, Bougainvillee und Rosen wachsen selbst in Kübeln zu stattlichen Gestalten heran, die für intime Atmosphäre sorgen.

Rundum behaglich – Einrichtung im grünen Wohnzimmer

Es muss nicht unbedingt „gehobene Ausstattung" sein. Auch mit einfacherem Zubehör kann man für Stil und Atmosphäre sorgen.

Möbel, Bodenbeläge und Geländer aus Holz wirken natürlich und warm, brauchen jedoch von Zeit zu Zeit einen schützenden Neuanstrich.

DAS ZAUBERWORT HEISST oft Beschränkung: auf wenige Farben und zwei oder drei verschiedene Materialien. Helles Holz, kombiniert mit dunklen Metalltischen und -stühlen oder blaue Möbel bei sonst weißem und hellgrauem Inventar – schlichte, klare Zusammenstellungen entfalten oft besonders stimmige Wirkung.

> *Checkliste*
>
> **BEIM MÖBELKAUF**
>
> ✓ Bei Stühlen: Sitzen Sie bequem?
>
> ✓ Machen alle Bauteile und Verbindungen einen stabilen Eindruck?
>
> ✓ Sind Scharniere, Gelenke, Einrastvorrichtungen u. Ä. gut gängig? Scheinen sie solide genug, um häufigen Gebrauch schadlos zu überstehen?
>
> ✓ Wie wetterbeständig ist das Material? Wie empfindlich gegen Verschmutzungen?
>
> ✓ Sind die Möbel leicht zu pflegen und zu reinigen?
>
> ✓ Bei Selbstmontage: Ist das Aufbauen einfach, die Anleitung verständlich?

Die wohnliche Ausstattung

Schöne Lampen und Leuchten, Tischdecken, Dekorationen aller Art oder aber Grill und Gartenkamin als handfestes Inventar auf Balkon und Terrasse – das alles erhöht den „Wohnwert" ganz entscheidend. Die Auswahl ist bei solchem Zubehör jedoch besonders individuell. Im Folgenden soll es deshalb vor allem um die Grundausstattung gehen.

Das passende Mobiliar

Ob Klappstuhl oder Designer-Möbel, aus Kunststoff oder aus edlen Hölzern – für was man sich entscheidet, ist hauptsächlich eine Frage des Geschmacks und des Preises, ebenso des Platzes und der Nutzung.
Kunststoff- und Metallmöbel sind im Allgemeinen gut wetterbeständig und leicht zu pflegen. Holz- und vor allem Korbmöbel schneiden da schon etwas schlechter ab. Freilich gibt es bei allen Materialien unterschiedliche Qualitäten, gerade auch, was die Haltbarkeit und Lebensdauer betrifft.

Tropische Hölzer wie Teak, Bangkirai („Eisenholz") oder Eukalyptus zeichnen sich durch besondere Unempfindlichkeit aus. Achten Sie jedoch darauf, dass solche Holzmöbel das FSC-Siegel des Forest Steward Council tragen; dieses garantiert, dass das Holz nicht aus Raubbaunutzung von Regenwäldern stammt. Aus Süd- und Osteuropa kommt das Holz für die ebenfalls sehr robusten Robinienmöbel.
Auf dem kleinen Balkon, aber nicht nur dort, sind Platz sparende Einrichtungsgegenstände sehr praktisch. Sitztruhen, in denen sich Pflegeutensilien oder Sitzkissen verstauen lassen,

Hängetische, die am Balkongeländer eingehängt werden, an der Wand zu befestigende kleine Tische, die bei Nichtgebrauch nach unten geklappt werden – bei gründlicher Suche, oft auch per Zufall, kann man allerhand pfiffige Lösungen finden.

Schutz vor sengender Sonne

Häufig macht sich ein Sonnenschutz schon an den ersten warmen Frühjahrstagen bezahlt – im Hochsommer ist er nicht nur bei Südlage fast unentbehrlich.

➤ Am einfachsten verhilft ein **Sonnenschirm** zum gewünschten Schatten, zudem ist er sehr flexibel einsetzbar. Bei größeren Schirmen wird das Umstellen jedoch wortwörtlich schwer, denn sie benötigen einen stabilen Ständer, z. B. mit Beton- oder Stahlplatte. Als Alternative kommen solide Metallständer zum Anschrauben infrage.

➤ Mehr Bewegungsfreiheit als die üblichen Schirmmodelle erlauben **Freiarm- oder Ampelschirme**, bei denen der Stock seitlich des Schirms steht; dieser hängt dann an einem verstellbaren Kranarm.

➤ Leicht zu installierenden Sonnenschutz bieten so genannte **Seilspannmarkisen**. Das sind im Grunde genommen einfache Sonnensegel, die sich mit zwei Ausstellarmen sogar auf jedem Balkon anbringen lassen. Laufhaken erlauben Auf- und Zuziehen nach Bedarf.

➤ Unter den eigentlichen Markisen, die mit Kurbel oder Motor bewegt werden, stellt die **Klemmmarkise** eine besonders unkomplizierte Lösung dar. Zum Anbringen ist kein Bohren am Haus nötig, statt dessen werden zwei Trägerrohre zwischen Fußboden und Decke oder Dachvorsprung eingespannt. Bei den anderen, luxuriöseren Modellen, die an einer Wand befestigt werden, unterscheidet man **Gelenkarm- und Kassettenmarkisen**. Bei Gelenkarmmarkisen liegen Tuch und Markisenarme im eingerollten Zustand frei, bei den aufwändigeren Kassettenmarkisen werden sie vollständig in ein Gehäuse eingerollt und sind dadurch komplett vor Regen, Wind und Verschmutzung geschützt.

Die Möglichkeiten zum Markisenbetrieb reichen von der Handkurbel, bei Bedarf mit Servo-Unterstützung, bis zum Elektrobetrieb mit Funk- oder sonnenabhängiger Automatiksteuerung. Einen guten Anhaltspunkt für die Qualität und die Betriebssicherheit der Markisensteuerungen bietet das vom TÜV verliehene GS-Zeichen.

Einblick unerwünscht

Markisenstoffe, in der Regel aus hochwertigem Acryl, eignen sich nicht nur zum Schutz gegen Sonne, sondern auch gegen neugierige Blicke. Teils werden sie in spezieller Ausführung als Seitenschutzwände angeboten, die

Weißes Geländer, heller Bodenbelag, dunkles Mobiliar – eine stilvolle, herrliche Kulisse für die roten Pelargonien. Einziger Wermutstropfen: Was so hell ist, muss oft gereinigt werden.

1 HOLZBELAG
Gerillte Oberflächen verbessern die Rutschfestigkeit bei Nässe.

2 NATURSTEINPLASTER
Solche Pflaster sind nicht ganz einfach zu verlegen.

3 BETONPLATTEN
Betonbeläge können sich durchaus sehen lassen und sind äußerst stabil.

4 KLINKER
Rote Klinker wirken natürlich, warm und ansprechend.

sich wie Sonnenschutzmarkisen ein- und ausfahren lassen. Man kann mit solchen Stoffen auch allzu durchsichtige Balkongeländer verkleiden. Eine andere Möglichkeit ist die Verwendung von Schilfmatten. Ansonsten bieten sich Sichtschutzwände aus Holz oder Bambus an, teils sehr dekorativ gestaltet. Doch die wohl schönste Zierde, die unerwünschte Einblicke verwehrt, bieten Kletterpflanzen oder hoch- und breitwüchsige Kübelpflanzen (→ Seite 22/23). Bedenken Sie jedoch, dass jede Art von Sichtschutz auch mehr oder weniger starke Beschattung mit sich bringt.

➤ *Praxisinfo*

VOR DEM PFLASTERN GUT ZU WISSEN

- ✗ Besonders schwierig zu verlegen sind unregelmäßige Natursteine und Mosaikpflaster.
- ✗ Legen Sie Pflasterflächen stets mit einem Gefälle von 1–2 % zum Garten hin bzw. vom Haus weg an.
- ✗ Planen Sie auf dem nicht überdachten Balkon möglichst einen Wasserablauf im Boden ein.
- ✗ Für Terrassen ist ein 20–40 cm hoher Unterbau (Kies, Schotter) als Dränageschicht nötig.
- ✗ Über diesen Unterbau kommt eine etwa 5 cm hohe Sand- oder Feinschotterschicht (Verlegeschicht).
- ✗ Unterbau sowie lockerer Untergrund müssen verdichtet werden (Handstampfer, Rüttelmaschine).

Tipps für die Neuanlage

Wo Balkon oder Terrasse komplett neu angelegt und ausgestattet werden, ist sorgfältige Planung natürlich sehr wichtig. Doch nehmen Sie sich zwischen allem Informieren über Materialien und Preise etwas Zeit, sich den späteren Alltag im grünen Wohnzimmer mitsamt Pflanzen vorzustellen und ein wenig zu „träumen“. Vor dem geistigen Auge tauchen dann vielleicht Details auf, die Sie frühzeitig berücksichtigen können, z. B. bestimmte Stellen für Stromanschlüsse, fest installierte Halterungen oder gemauerte Pflanzenpodeste.
Wer handwerkliche Erfahrung hat, kann vieles selbst machen; im Zweifelsfall sollten Sie jedoch Fachleute heranziehen. Bei Balkonen und Dachterrassen z. B. müssen die Geländer hohen Sicherheitsanforderungen genügen. Strominstallationen, gerade im oft feuchten Außenbereich nicht ungefährlich, muss man von einem Elektriker durchführen, zumindest aber abnehmen lassen. Beim Verlegen von Pflaster oder Platten schließlich kann man so manches falsch machen, das einen dann noch jahrelang ärgert.

Geeignete Bodenbeläge

Beim Bodenbelag haben Sie die Wahl zwischen Platten oder Pflastersteinen aus Beton, Klinker (hart gebrannter Ton), Naturstein, Keramik sowie Platten, Pflaster und Dielen aus Holz. Die recht preiswerten, robusten Betonbeläge gibt es in vielen Farben und Formen, auch als Natursteinimitation. Schon teurer

sind Klinker, die sich durch ihre meist rotbraunen, warmen Farbtöne auszeichnen. Die attraktiven Natursteine, je nach Gestein weiß, grau, schwarz, rötlich oder gelblich, regelmäßig oder unregelmäßig geformt, haben oft stolze Preise. Die dekorativen Keramikplatten und die angenehm fußwarmen Holzbeläge bewegen sich je nach Ausführung im mittleren bis hohen Preisbereich.
Vor allem bei offenen, gänzlich ungeschützten Terrassen sollten Sie darauf achten, dass das Material garantiert frostbeständig ist. Berücksichtigen Sie zudem, dass man auf manchen Holzbelägen (je nach Oberfläche) und glatten Fliesen bei Nässe ins Rutschen kommen kann. Noch gefährlicher ist das im Winter bei Glatteis, ein Problem, das auch bei kleinteiligem Mosaikpflaster auftritt.

Pergola – Zimmer im Freien

Unter einem Dach aus Glyzinen, Wildem Wein oder Schlingknöterich sitzt es sich wunderschön lauschig und im Sommer angenehm kühl. Für Terrassenbesitzer ist die Pergola eine lohnende Investition, vor allem, wenn das grüne Wohnzimmer im Sommer in der prallen Sonne liegt. Recht leicht zu errichtende Bausätze gibt es in verschiedenen Abmessungen zu kaufen, aus Holz oder auch aus Metall. Für ganz individuelle Lösungen zieht man am besten eine Fachfirma heran, oder man wagt sich an den Eigenbau.
Die Stützbalken müssen in jedem Fall hinreichend stabil sein, beim Aufbau ist auf eine feste Verbindung der obenauf angebrachten Streben (Pfetten und Sparren genannt) zu achten. Damit die Stützbalken am unteren Ende nicht faulen, werden sie meist in einem so genannten Metallschuh im Boden befestigt. Den verankert man optimal durch Einzementieren. Zumindest bei großen Pergolen sollte der Zementsockel bis in die frostfreie Tiefe von 80 cm reichen, um absolut sicheren Stand zu gewährleisten.

Pergola in besonders edler Ausführung. Doch ein schlichteres Modell ziert die Terrasse ebenso gut, wenn es von reich blühenden Glyzinen bewachsen ist.

Pflanzen kombinieren rund ums Jahr

Wer einmal die Freude am Gestalten entdeckt hat, wartet oft ungeduldig auf den nächsten Sommer, um neue Pflanzideen auszuprobieren. Doch warum nicht einfach die Saison auf Frühjahr, Herbst und Winter ausdehnen? Für alle Jahreszeiten gibt es zahlreiche reizvolle Möglichkeiten.

Sommerfreuden: Reich blühende Ampelpflanzen sind stets ein Blickfang.

Die grösste Aufmerksamkeit gilt natürlich zu Recht der Sommerbepflanzung, inmitten der man den Aufenthalt draußen genießt, so lange es das Wetter zulässt. Aber auch während der kühleren Jahreszeiten erfreut Pflanzenschmuck vor der Balkon- oder Terrassentür, im Hof oder vor dem Fenster das Auge, vermag an tristen Herbst- und Wintertagen die Stimmung deutlich zu heben, und die ersten Blüten im zeitigen Frühjahr sind immer wieder ein besonderes Erlebnis.

Eine konsequente Rund-ums-Jahr-Begrünung bietet die so genannte Dauerbepflanzung, in der immergrüne Nadel- und Laubgehölze den Ton angeben. Wenn die Gefäße genug Platz bieten, können Sie deren Bild durch Zupflanzen von Saisonblühern ständig verändern. Allerdings sind hierfür recht große Kästen, Kübel oder Tröge nötig, zumal auch Zwerggehölze mit den Jahren immer raumgreifender werden. Flexibler lässt sich mit gesonderten Saisongestaltungen, also mit Frühjahrs-, Herbst- und Winterbepflanzungen arbeiten. Dafür sollten Sie einige zusätzliche Gefäße bereithalten, da z. B. viele Sommerblumen noch blühen, wenn die Herbstbepflanzung ansteht.

Anregungen, ob von anderen Balkonen und Terrassen oder aus Zeitschriften und Büchern, gehören zu den wichtigsten Inspirationen. Die folgenden Seiten präsentieren Ihnen deshalb ausgewählte Beispielbepflanzungen für verschiedene Jahreszeiten, die Ihnen vielleicht Lust zum Nachahmen machen. Abwandlungen ganz nach Belieben und vorhandenen Möglichkeiten sind nicht nur möglich, sondern sogar empfehlenswert.

Getrennt gepflanzt, gemeinsam wirken – Topfgärten lassen sich zu jeder Jahreszeit arrangieren.

WEIN

Frühjahrsbepflanzungen

Farbenfroher Auftakt

Lassen Sie sich den besonderen Zauber der Frühjahrsblüher nicht entgehen. Mit ihren bunten Blüten vertreiben sie den Winter und wecken schon die Vorfreude auf den Sommerflor.

Schon ab Februar läuten Schneeglöckchen und Krokusse in Töpfen oder Schalen den Frühling ein, etwa ab Mitte März kommt dann der große Auftritt von Tulpen, Narzissen, Stiefmütterchen und anderen auffälligen Blühern. Die oft ein- oder wenigtriebigen Zwiebel- und Knollenblumen pflanzt man am besten in kleinen Gruppen zu mindestens drei Exemplaren; denn einzeln entfalten sie ihre Farbwirkung nicht ganz so überzeugend. Wenn Sie im Frühjahr vorgetriebene Pflanzen kaufen, können Sie diese recht eng setzen. Allzu lange müssen es die Frühjahrsschönheiten ja nicht im selben Gefäß aushalten, da die Pracht nur recht kurz währt. Stecken Sie dagegen Zwiebeln oder Knollen schon im Herbst in die Gefäße, sollten Sie unbedingt die empfohlenen Mindestabstände beachten, damit sich die Pflanzen gut entwickeln können.
Die am Fuß meist etwas nackten Zwiebelblumen lassen sich sehr schön mit buschig wachsenden Zweijährigen kombinieren, etwa Tausendschön oder Vergissmeinnicht. Solche zeitig blühenden Sommerblumen bringen zudem oft noch andere Farbtöne ins Spiel.

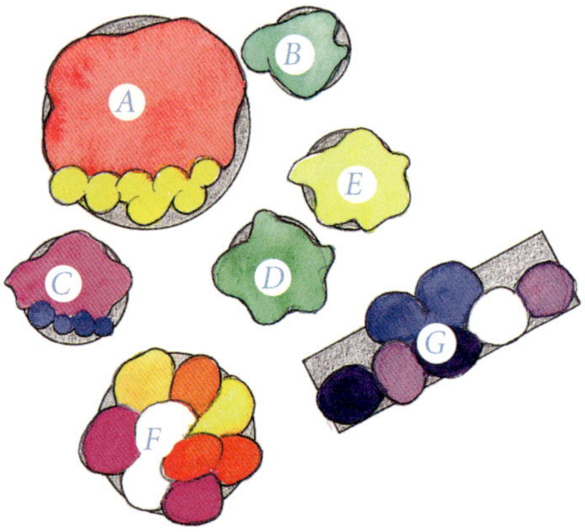

Frühlingsfreuden

Die ganze Pracht eines Frühlingsbeets lässt sich durch Kombination vielfältig bepflanzter Gefäße auch auf Balkon und Terrasse holen. Zwischen den Duft von Hyazinthen und Narzissen mischt sich hier das würzige Aroma des Rosmarins.

Ostergrüße

Nicht immer schaffen es die Osterglocken oder Trompetennarzissen (*Narcissus pseudonarcissus*) zum terminlich veränderlichen Osterfest zu blühen. Doch stets vermitteln sie einen Hauch von ersten sonnigen Frühlingstagen.

Tulpen im Dreiklang

Mit ihren leuchtenden Tönen bieten Tulpen schöne Voraussetzungen für einen kräftigen Farbdreiklang in Gelb-Rot-Blau. Das Blau steuern hier Traubenhyazinthen und eine blauviolette Kissenprimel bei. Zwei weitere Kissenprimeln sorgen für zusätzliche Rotnuancen.

Pflanzenliste

SIE BRAUCHEN:

Frühlingsfreuden

Verschiedene Pflanzgefäße

- A Zierkirsche (*Prunus serrulata*) mit Narzissen
- B Schneeflockenblume (*Sutera diffusus*)
- C Tränendes Herz (*Dicentra spectabilis*) mit Traubenhyazinthen
- D Rosmarin
- E Forsythienzweige
- F Ranunkeln
- G Hyazinthen und Stiefmütterchen

Ostergrüße

Hohe Pflanzschale mit 40 cm Ø

- A 3–5 weiße Narzissen
- B 5–7 gelbe Narzissen
- C 4 Mini-Stiefmütterchen (*Viola-Cornuta*-Hybriden)
- D 4 Tausendschön (*Bellis perennis*)
- E 4 Vergissmeinnicht (*Myosotis sylvatica*)

Tulpen im Dreiklang

Kasten 80 cm lang, 18–20 cm tief

- A 3–5 gelbe Tulpen
- B 2–3 rote Tulpen
- C 5–7 niedrige gelbrote Tulpen
- D 3 Kissenprimeln (*Primula vulgaris*)
- E 3–5 Traubenhyazinthen (*Muscari armeniacum*)

Gestalten mit Düften

• • • Lassen Sie sich bei aller Blütenpracht nicht ein anderes bezauberndes Pflanzenerlebnis entgehen: den Wohlgeruch, mit dem manche Arten Balkon und Terrasse auf besondere Weise bereichern.

• • •

ROSENFREUDEN
Duftende Rosen wie 'Schneewittchen' verwöhnen Auge und Nase, ebenso ihre dezenten Begleiter, z. B. die violette Vanilleblume.

• • •

MITTELMEER-AROMA
Zwischen den würzigen Düften von Rosmarin und Lavendel lässt es sich wunderschön vom Urlaub träumen.

DUFT AM ABEND
Manche Pflanzen duften erst dann intensiv, wenn sich der Tag dem Ende zuneigt, so z. B. Ziertabak, Engelstrompete, Wunderblume, Nachtkerze oder Nachtviole.

DUFT-SPEZIALITÄT
Der Sternjasmin *(Trachelosperum jasminoides)* eine immergrüne Kübelpflanze, ist ein Geheimtipp für alle Duftpflanzenfans (Bild unten).

BLUMIG HERB
In diesem Balkonkasten mit Studentenblumen, Lavendel und Duftsteinrich vermischen sich würzige und liebliche Duftnoten.

FRÜHLINGSBUKETT
Mit Hyazinthen, Goldlack, Narzissen und Vergissmeinnicht startet die Duftsaison schon im März (Bild ganz unten).

KRÄUTER-POTPOURRI
Sinnengenuss rundum: Viele Kräuter verfeinern nicht nur Speisen und erfreuen durch Wohlgeruch, sondern bieten auch etwas fürs Auge.

Sommerbepflanzungen

Sonnige Blütenpracht

Am sonnigen Platz lässt sich im Sommer aus dem Vollen schöpfen, denn die meisten Balkonblumen mögen es hell und warm. So eröffnen sich die vielfältigsten Kombinationsmöglichkeiten.

Die bunte Blütenfülle der Sommerblumen prägt die Hauptsaison auf dem Balkon, und auch auf vielen Terrassen wetteifern die Einjährigen mit dem aparten Flor der Kübelpflanzen. Obwohl sich die Blumen auch in großen Schalen, Töpfen oder Ampeln ansprechend kombinieren lassen, ist und bleibt der Balkonkasten die Nummer Eins unter den Pflanzgefäßen. Je tiefer bzw. breiter Sie die Kästen wählen, desto mannigfaltiger können Sie bepflanzen. In 18 cm tiefe Kästen lassen sich zwar notfalls schon zwei Reihen „quetschen", doch schöner und sicherer entfalten sich die Pflanzen bei wenigstens 20 cm Kastentiefe.

Hohe, aufrechte Arten nach hinten, hängende nach vorn und an die Seiten – diese bewährte Anordnung ergibt stets ein stimmiges Bild. Ein symmetrischer Aufbau mit hoch aufragenden Gestalten und Hängepflanzen als Mittelpunkt wirkt sehr prägnant (Beispiel „Kontraststark"). Solche regelmäßigen Anordnungen lassen sich etwas auflockern, indem man für links und rechts außen Pflanzen mit unterschiedlichen Wuchsformen wählt, etwa einerseits buschig aufrecht und andererseits herabhängend (Beispiel „Dezenter Charme").

Eine weitere interessante Möglichkeit bietet sich, wenn man den optischen Schwerpunkt noch deutlicher verschiebt, also die auffälligste, größte Pflanze links oder rechts von der Mitte setzt. Gerade bei unsymmetrischer Anordnung lässt sich aber auch ganz auf besonders dominierende Leitpflanzen verzichten. So können geschlossen wirkende und dennoch abwechslungsreiche Kombinationen entstehen (Beispiel „Sonnenkinder").

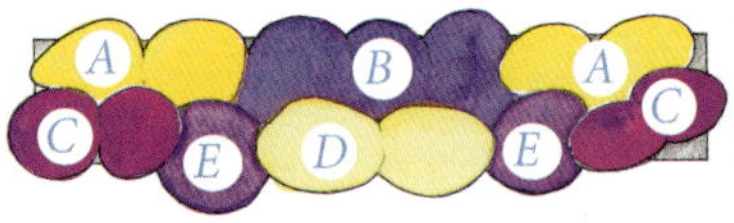

Kontraststark

Gelbe und violette Blüten bilden einen markanten Farbkontrast, bei dem zugleich das Wechselspiel zwischen heller und dunkler sowie zwischen warmer und kühler Farbe für belebende Spannung sorgt. Hübsche Varianten sind möglich, indem man z. B. einige der Hängepflanzen durch rosa, weiß oder auch kräftig rot blühende Arten ersetzt.

Dezenter Charme

Dass Rot nicht knallig wirken muss, wird hier von dunkel samtroten Pelargonien aufs Schönste demonstriert. Auch ihre Begleiter bleiben weitgehend „im roten Bereich“: Mit Rosa und rötlichen Violetttönen ergibt sich ein sanfter Farbverlauf, abgerundet durch die blauvioletten Blüten von Kapaster und Blauem Gänseblümchen.

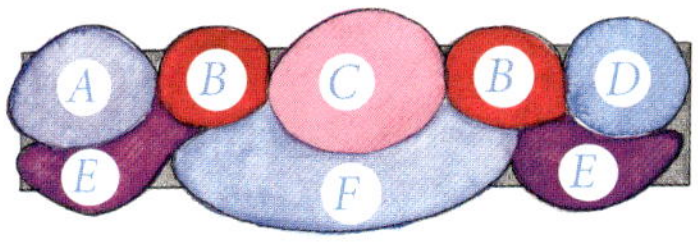

Sonnenkinder

Sonnig sind hier nicht nur die warmen gelben und orangen Farbtöne, auch der Platz für diese Schönheiten darf ausgesprochen viel Sonne abbekommen. Mittagsblume, Portulakröschen & Co. eignen sich für Südbalkone und -terrassen besonders gut. An trüben Tagen allerdings bleiben die meisten Blüten geschlossen.

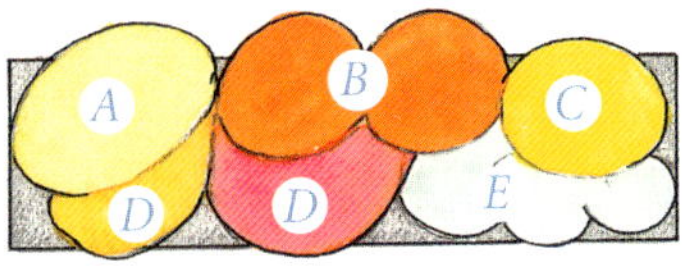

Pflanzenliste

SIE BRAUCHEN:

Kontraststark

Kasten 120 cm lang, 22–25 cm tief

- A 4 gelbe Studentenblumen *(Tagetes)*
- B 2–4 violette Mehlsalbei *(Salvia farinacea)*
- C 2–4 violette Hängeverbenen *(Verbena)*
- D 1–2 zartgelbe Hängepetunien *(Petunia)*
- E 2 violette Zauberglöckchen *(Calibrachoa)*

SIE BRAUCHEN:

Dezenter Charme

Kasten 100 cm lang, 18–22 cm tief

- A 1 blauviolette Kapaster *(Felicia amelloides)*
- B 2 dunkelrote Pelargonien *(Pelargonium zonale)*
- C 1 rosa Elfenspiegel *(Nemesia)*
- D 1 Blaues Gänseblümchen *(Brachycome)*
- E 2 violette Männertreu *(Lobelia erinus)*
- F 1 Blaue Mauritius *(Convolvulus sabatius)*

SIE BRAUCHEN:

Sonnenkinder

Kasten 60 cm lang, 18 cm tief

- A 1 gelboranges Kapkörbchen *(Dimorphoteca sinuata)*
- B 1–2 orangefarbene Mittagsgold *(Gazania)*
- C 1 Gelbe Zwergmargerite *(Coleostephus multicaulis)*
- D 2 Portulakröschen *(Portulaca grandiflora)*, gelb und rot-orange
- E 2–3 weiße Duftsteinrich *(Lobularia maritima)*

➤ *Sommerbepflanzungen*

Schön im Schatten

Wo wenig Sonne hinfällt, sind die Spezialisten unter den Pflanzen gefragt. Auch darunter gibt es attraktive Blüher, die im Verein mit Blattschmuckpflanzen Schattenplätze verzaubern.

VIELE BALKONBLUMEN GEDEIHEN noch recht gut bei leichter Beschattung, bei wenigstens halbtägigem Sonnengenuss oder an einem zwar nicht direkt besonnten, aber hellen Platz. Die Blüte mag zwar etwas spärlicher ausfallen, aber das ist eine Sache des Ausprobierens. Manche besonders beliebte Arten wie Fuchsien, Fleißige Lieschen und Begonien fühlen sich im Halbschatten ohnehin am wohlsten. Deshalb wurden von diesen Pflanzen auch Sorten gezüchtet, die mehr Sonne vertragen. Man muss deshalb ein wenig aufpassen und beim Kauf nachfragen, damit man für seinen Schattenbalkon nicht ausgerechnet solche Sorten erwischt.
Schon am halbschattigen Platz, erst recht aber dort, wo die Sonne kaum Zutritt hat, verleihen besondere Pflanzen der Gestaltung einen ganz eigenen Charakter: Schattenstauden wie Astilben blühen noch bei spärlichem Lichteinfall, andere wie Funkien oder Bergenien zieren vor allem mit ihrem dekorativen Laub. Schöne Blattschmuckpflanzen für den Schatten finden sich auch unter den Kübelpflanzen und Topfgehölzen – und natürlich unter den Farnen.

Schattenfreuden

An lichtarmen Standorten treten zierende Blattformen und -farben in den Vordergrund. Hier können sich auch Topfversuche mit Schattenstauden für den Garten, wie z. B. Ysander, lohnen und zu hübschen Ergebnissen führen.

Halbschattenzierden

Die zart getönten Eisbegonien vertragen durchaus etwas Farbe in der Nachbarschaft. Hier lugen sie zwischen fröhlich gelben Löwenmäulchen hervor. Deren Blüten bringen auch die „Stars" der Bepflanzung, die leuchtend roten Hängefuchsien, besonders gut zur Geltung und hellen die ganze Szenerie auf.

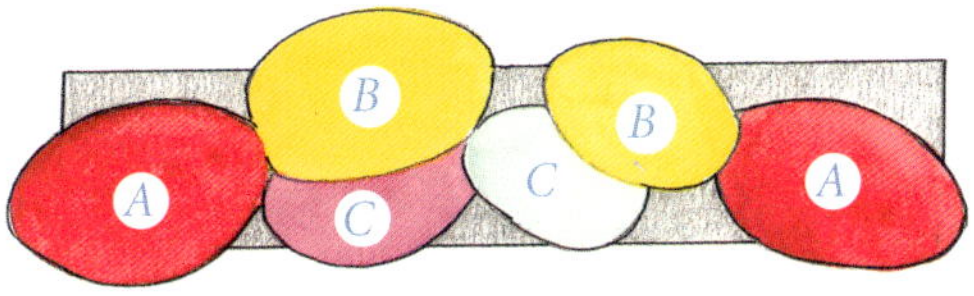

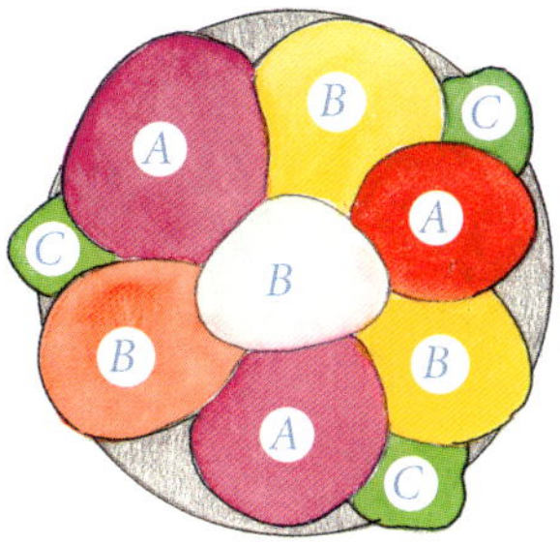

Leuchtkraft im Dunkeln

Die kräftigsten Töne für beschattete Plätze steuern Knollenbegonien und Fleißige Lieschen bei. Dank der Vielfalt an Blütenfarben lassen sich allein mit verschiedenen Sorten dieser beiden Blumen recht bunte Schattenkombinationen kreieren. Hängende Efeutriebe runden mit ihren hübschen Blättern die Bepflanzung ab.

➤ *Pflanzenliste*

SIE BRAUCHEN:

Schattenfreuden

Verschiedene Pflanzgefäße

- A Aukube *(Aucuba japonica)*
- B Blaublattfunkie *(Hosta sieboldiana)*
- C Bergenie *(Bergenia cordifolia)*
- D Stechpalme *(Ilex)* als Hochstämmchen gezogen, unterpflanzt mit 2 Fleißigen Lieschen und 1 Verbene
- E Ysander *(Pachysandra terminalis)*, dazwischen ein Schattengras
- F Wurmfarn *(Dryopteris filix-mas)*

Halbschattenzierden

Kasten 100 cm lang, 18–20 cm tief

- A 2 rote Hängefuchsien *(Fuchsia)*
- B 2 gelbe Löwenmäulchen *(Antirrhinum majus)*
- C 1 weiße und 1 rosa Eisbegonie *(Begonia-Semperflorens-*Hybride*)*

Leuchtkraft im Dunkeln

Hohe Pflanzschale mit 60 cm Ø

- A 1 rotes und 2 pinkfarbene Fleißige Lieschen *(Impatiens-Neu-Guinea-*Hybriden*)*
- B 1 weiße, 1 rotorange und 2 gelbe Knollenbegonien *(Begonia-*Hybriden*)*
- C 3 kleine Efeu *(Hedera helix)*

Wasser und Stein

• • • Für Blickpunkte besonderer Art sorgen Teiche und Steingärten im Miniformat. Sie beherbergen Pflanzengesellschaften mit ganz eigenem Charme, der sich auch in Töpfen, Schalen und Kübeln entfaltet.

• • •

WASSERGARTEN IM KÜBEL
In großen Kübeln gedeihen selbst recht stattliche Sumpfpflanzen wie Blutweiderich, Zwergrohrkolben und Hechtkraut.

• • •

TOPF-STEINGARTEN
Die oft sehr genügsamen Steingartenpflanzen kommen in Gefäßen mit nährstoffarmer, sandiger Erde gut zurecht.

MINI-LANDSCHAFT
Hauswurzarten, Fetthenne und einige Kiesel: Alles findet in einem Topf Platz.

BEWEGTES WASSER
Belebend und erfrischend – sanftes Plätschern bereichert die Wasserszenerie.

TEICHPARADE
Zwergseerosen und Wasserhyazinthen *(Eichhornia crassipes)* sind schmucke Pflanzen für Miniteiche. Sie werden frostfrei überwintert.

Herbst-/Winterbepflanzungen

Spätes Vergnügen

Geben Sie der Herbst- und Wintertristesse keine Chance! Die Pflanzenwelt hat auch für die kühlen Jahreszeiten genug Schönes und Zierendes zu bieten.

GANZ SO BUNT wie der Sommer kommt die Spätjahrs-Saison zwar nicht daher. Aber das muss sie auch gar nicht – sie hat anderes zu bieten. Blattschmuck tritt in den Vordergrund, mal immergrün, mal buntlaubig, mal in leuchtenden Herbstfarben. Dazu gesellen sich attraktiv gefärbte Früchte von Klein- und Zwerggehölzen. Aber natürlich braucht auch die Freude an Blüten nicht zu kurz kommen. Fetthennen sowie die Besen-, Topf- und Schneeheiden machen rosa und karminrote Töne zu den vorherrschenden Blütenfarben. Kontraste setzen gelbe Herbstchrysanthemen; die prächtigen Blüher überzeugen aber auch in Rot oder fügen weitere Rosavarianten hinzu. In jede Herbstgestaltung passen die herrlichen Blautöne von Bartblume oder Säckelblume. Und mit Kissenastern oder Stiefmütterchen können Sie zusätzlich in die Farbpalette greifen.
Wenn sich das Jahr dann aber langsam dem Ende zuneigt, schwindet freilich auch die Blütenpracht der Herbstschönheiten. Doch die Heiden, allen voran die robuste Schneeheide, können zwischen kleinen Immergrünen weiterhin für Farbtupfer sorgen. Sie können dabei das ganze Farbenspektrum der Heidegewächse nutzen. Auch weißblühende Heiden sind keinesfalls langweilig, ihre aufhellende Wirkung begrüßt das Auge an trüben Wintertagen ganz besonders. Ebenso verhält es sich mit Christrosen, die teils schon ab Oktober blühend angeboten werden. Und wenn Sie im Herbst einige Zwiebeln und Knollen von Schneeglöcken und frühen Krokussen in die Winterkästen stecken, kann der Blütenreigen schon ab Februar wieder neu beginnen.

Bunter Herbst

Mit dieser Farbkombination kann sich der Herbst sehen lassen. Durch die Wahl von Herbstchrysanthemen, die ihre Knospen zu verschiedenen Zeitpunkten öffnen, lässt sich die Blütezeit etwas ausdehnen. Dekorative Pflanzgefäße und ein Kürbis als „Begleiter" setzen die Pflanzen besonders wirkungsvoll in Szene.

Spätjahrs-Noblesse

Das Weidekörbchen fügt eine rustikale Note bei, doch die gedämpften Farben und die stark hervortretenden Blattstrukturen beeindrucken mit stilvollem, „vornehmem“ Flair. Eine besondere Augenweide bietet das purpurfarbene, silbrig überzogene Laub des Purpuglöckchens ‘Velvet Night’, das auch den Winter über erhalten bleibt.

Wintergesellen

Zwergnadelbäumchen und immergrüne Laubgehölze können auch im Sommer Pflanzungen auflockern, doch im Winter haben sie ihren ganz großen Auftritt. Die Früchte der Skimmie sorgen bis weit in den Winter hinein für bunte Farbkleckse, die Blütenglöckchen der Schneeheide erscheinen unverdrossen bis zum Frühjahr.

➤ *Praxisinfo*

SIE BRAUCHEN:

Bunter Herbst

verschiedene Pflanzgefäße

- A Feuerdorn *(Pyracantha)*
- B Bartblume *(Caryopteris x clandonensis)*
- C früh blühende Herbstchrysanthemen *(Chrysanthemum x grandiflorum)*
- D spät blühende Herbstchrysanthemen *(Chrysanthemum x grandiflorum)*
- E Fetthenne *(Sedum spectabile)*
- F Fetthenne *(Sedum*-Hybride*)*, unterpflanzt mit Efeu und Kissenaster

SIE BRAUCHEN:

Spätjahrs-Noblesse

Kasten 60 cm lang, 20 cm tief

- A 1 Topfmyrte *(Gaultheria mucronata)*
- B 1 Purpurglöckchen 'Velvet Night' *(Heuchera*-Hybride*)*
- C 1 Wolfsmilch 'Efanthia' *(Euphorbia amygdaloides)*
- D 2 rosa Besenheiden *(Calluna vulgaris)*

SIE BRAUCHEN:

Wintergesellen

Kasten 80 cm lang, 18-20 cm tief

- A 1 Skimmie *(Skimmia japonica)*
- B 1 Zwergkiefer *(z. B. Pinus mugo 'Mops')*
- C 2 rosa Schneeheiden *(Erica carnea)*
- D 1 weißgrün gemusterter Efeu *(Hedera helix)*

Balkon- und Kübelpflanzen pflegen

Pflanzenwünsche – Pflanzenwahl

Das Kennen der unterschiedlichen Pflanzenansprüche macht viel von dem aus, was als „grüner Daumen“ bekannt ist. Gute Pflege beginnt schon mit der sorgfältigen Auswahl und der richtigen Platzierung von Balkon- und Kübelpflanzen.

Fuchsien bevorzugen halbschattige Plätze.

VIELE UNSERER Balkon- und Kübelpflanzen stammen ursprünglich aus wärmeren Gefilden: aus dem Mittelmeerraum, dem subtropischen oder gar tropischen Klimabereich. Bei uns müssen sie dann allerdings mit den Gegebenheiten des kühleren gemäßigten Klimas klarkommen: mit ausgeprägtem Wechsel der Temperaturen und Tageslängen im Jahreslauf und mit reichlich Regen, selbst im Sommer.

Wie das Wetter auf die Pflanzen einwirkt, hängt wesentlich vom Kleinklima ab, d. h. von der Lage, Umgebung und Bauweise von Balkon oder Terrasse und letztendlich auch von der Platzierung der Pflanzen. In einer geschützten Ecke herrschen z. B. andere Verhältnisse als in exponiert aufgehängten Blumenampeln. Durch Beachten solch feiner, aber nicht unwichtiger Unterschiede können Sie die Pflanzen- bzw. Standortwahl optimieren.

Dies alles betrifft zunächst einmal den Sommerstandort, denn aufgrund der Kälteempfindlichkeit der meisten Pflanzen beschränkt sich die Saison auf die frostfreie Zeit von etwa Mitte Mai bis Mitte Oktober. Bei den mehrjährig gehaltenen Kübelpflanzen kommt dazu noch die Frage eines geeigneten, frostfreien Winterquartiers.

Leider hat man auf dem eigenen Balkon oder der Terrasse nicht immer optimale Standorte zu bieten, will sich andererseits aber bei der Pflanzenauswahl nicht über Gebühr einschränken. Etliche Arten kommen auch mit manchen Einschränkungen zurecht, ja zeigen sich zuweilen sogar überraschend anpassungsfähig. Das hat allerdings seine Grenzen, die man besser nicht allzu stark ausreizt.

Standortfaktor Sonne: Viele Kübelpflanzen brauchen helle, warme Plätze.

In luftiger Höhe bewähren sich wind- und wetterverträgliche Arten wie Pelargonien und Leberbalsam gut.

Balkon und Terrasse als Pflanzenstandort

Selbst wenn Balkon- und Kübelpflanzen etwas geschützt stehen – die Klimaverhältnisse sind auch für sie entscheidend.

Unter dem Begriff „klimatische Faktoren" fasst man alle wetter- und kleinklimabedingten Verhältnisse zusammen, die an einem Pflanzenstandort einwirken und über seine Eignung für bestimmte Arten entscheiden.

Licht und Sonne

Ein zentraler – und einzigartiger – Lebensprozess aller Pflanzen ist die Photosynthese oder Assimilation, bei der Kohlendioxid und Wasser in organische Substanz (Kohlenhydrate) umgewandelt werden. Für diesen Vorgang brauchen die Pflanzen unabdingbar das Sonnenlicht, dessen Energie sie in ihren Blättern „einfangen". Welche Lichtmengen benötigt werden, ist je nach Art verschieden.

Auf Verkaufsetiketten, auf Samentüten und in Katalogen ist folgende Kennzeichnung üblich:

○ Die Pflanze gedeiht am besten an einem sonnigen Standort, verträgt aber nicht unbedingt ganztägig pralle Sonne.

◑ Die Pflanze gedeiht am besten im Halbschatten, d.h. der Standort sollte etwa die Hälfte des Tages ohne direkte Sonne oder die meiste Zeit über leicht beschattet sein.

● Die Pflanze eignet sich für einen schattigen Standort, wobei völlig dunkle Plätze selbst für schattenverträgliche Pflanzen nicht in Frage kommen.

In den Pflanzenporträts (→ Seite 82–181) ist der Lichtanspruch der einzelnen Arten bzw. Sorten noch weiter differenziert, denn zahlreiche lichtliebende Pflanzen mögen z. B. keine pralle Mittagsstrahlung. Dagegen gedeihen sie teils an weniger sonnigen Plätzen noch erstaunlich gut, wenn es nur hell genug ist – denn für die Photosynthese ist nicht direkte Besonnung, sondern die einfallende Lichtmenge entscheidend. So können beispielsweise weiß gestrichene Wände und helle Einrichtungsgegenstände durch die Strahlenreflexion die pflanzenverfügbare Lichtmenge an halbschattigen Plätzen etwas erhöhen. Bei starker Besonnung allerdings leiden vor hellen Wänden stehende Pflanzen oft besonders unter der Hitze, teils auch mehr unter Schädlingen.

Wärme, Regen und Wind

Die meisten Balkon- und Kübelpflanzen kommen mit unseren Sommertemperaturen ganz gut zurecht. Doch es gibt auch etliche Ausnahmen, die bei mangelndem Wärmeangebot nicht ihre ganze Wuchs- und Blühkraft entfalten. Stellen Sie solche Pflanzen am besten an einen geschützteren Platz, etwa unter einem Dachvorsprung oder an die Hauswand.
Bei Gefäßkultur sollten Sie sich auf keinen Fall nur auf das Nass von oben verlassen; regelmäßiges Gießen ist bei dem begrenztem Wurzelraum in Kästen und Kübeln unerlässlich. Dauerregen dagegen beeinträchtigt bei vielen Arten die Blüte und kann nebenbei das Substrat stark vernässen. Völlig ungeschützte Plätze, besonders in Westrichtung, sind deshalb für regen- und nässeempfindliche Balkon- und Kübelpflanzen nicht geeignet.
Beständige Windeinwirkung führt zum schnelleren Austrocknen und kann an zarten Pflanzen direkte Schäden verursachen. Windschutz, der nicht zugleich auch Schatten verursacht, ist nur durch Teilverglasung (z. B. mit Acrylplatten) möglich; ansonsten wehren auch Sichtschutzelemente und robuste Kletterpflanzen den Wind ab. Etwas bewegte Luft auf Balkon und Terrasse ist aber im Allgemeinen vorteilhaft, da sie Hitzestau und der Ausbreitung von Pilzkrankheiten vorbeugt.

Lage und Himmelsrichtung

Balkone und Terrassen werden gern nach ihrer Lage zu den Himmelsrichtungen eingeteilt und charakterisiert:

- **Südlage:** sonnig, warm, aber durch pralle Mittagssonne etwas problematisch; letzteres gilt verstärkt bei Südwestrichtung, Südostlagen dagegen sind günstig.
- **Westlage:** recht sonnig, selbst bei halbtägiger Beschattung noch für etliche Sonnenpflanzen geeignet; nachteilig ist der besonders starke Einfluss von Wind und Regen.
- **Ostlage:** recht milde Vormittagssonne, je nach Länge der Einstrahlung gut geeignet für Halbschattenpflanzen oder auch lichtliebende Arten; gelegentlich von austrocknenden Winden geplagt.
- **Nordlage:** absonnig bis schattig, relativ kühl; wenn nicht zusätzlich beschattet, gedeihen hier oft noch halbschattenverträgliche Arten gut; bei Ausrichtung nach Nordost oder Nordwest schon recht vielseitig bepflanzbar.

Freilich hängen die Standortverhältnisse nicht nur von der Himmelsrichtung ab: Hohe Bebauung und Bepflanzung in der Umgebung oder eine Überdachung z. B. können viel Sonne wegnehmen, aber auch Wind abhalten.
Und schließlich ist die Lage auch eine Frage der Höhe: Dachterrasse oder Hochhausbalkon sind in der Regel Sonne, Wind und Regen stärker ausgesetzt als „grüne Wohnzimmer“ im Erdgeschoss.

Checkliste

WAS BIETET MEIN BALKON/MEINE TERRASSE?

- ✓ Nach welcher Himmelsrichtung ist der Standort ausgerichtet?
- ✓ Welche Partien sind im Sommer stark besonnt; hell, aber nicht sonnig; leicht oder stark beschattet?
- ✓ Wie ändert sich im Sommer der Lichteinfall im Tagesverlauf ?
- ✓ Gibt es eine Schattierungsmöglichkeit durch Markise, Sonnensegel o. Ä.?
- ✓ Gibt es geschützte, wenig regen- und windbeeinflusste Bereiche?
- ✓ Wie viel Stellplatz bzw. Aufhängmöglichkeiten gibt es?

Bei eingeschränktem Lichteinfall sind schattenverträgliche Pflanzen wie Fleißige Lieschen oder Hortensien gefragt.

Gezielt auswählen, mit Bedacht einkaufen

Sorgfältig gewählte Arten und einwandfreies Pflanz- und Saatgut bieten beste Voraussetzungen für üppige Blüte und gutes Gedeihen.

IM FRÜHJAHR KANN man es oft kaum erwarten, Balkon oder Terrasse zu bepflanzen, und der Pflanzenkauf geschieht oft recht spontan. Das führt jedoch nicht selten zu Misserfolgen, weil z. B. Pflanzen mit sehr unterschiedlichen Ansprüchen miteinander kombiniert werden oder man zu Hause einfach nicht dem passenden Standort zu bieten hat.

Die richtige Pflanzenwahl

Vorlieben und gestalterische Gesichtspunkte dürfen und sollen bei der Auswahl eine wichtige Rolle spielen. Doch für nachhaltige Freude an der Bepflanzung sind einige weitere Kriterien entscheidend:

➤ Welche Standortansprüche haben die ausgewählten Arten? Stimmen ihre Bedürfnisse mit dem vorgesehenen Standplatz überein?

➤ Achten Sie bei Pflanzen, die in Gefäßen kombiniert werden sollen, auf ähnliche Ansprüche an Standort, Substrat, Gieß- und Nährstoffbedarf.

➤ Denken Sie – besonders bei Kübelpflanzen und Topfgehölzen – an den Platzbedarf, der mit den Jahren immer größer wird, am Sommer- wie am Überwinterungsstandort.

Ranunkeln gehören zum Frühlingsangebot.

Am besten kauft man dort ein, wo alle Jungpflanzen einen gesunden, gut gepflegten Eindruck machen.

➤ Wenn Sie Kinder haben, sollten Sie auch darauf achten, keine giftigen Pflanzen auszuwählen (→ Tabelle Seite 185).
➤ Berücksichtigen Sie nicht zuletzt auch den Pflegeaufwand, der je nach Art sehr unterschiedlich ausfallen kann.

Wann kaufen?

Balkonpflanzen werden oft schon früh im April angeboten. Doch lassen Sie sich nicht zu vorzeitigem Kauf verleiten. Da bis etwa Mitte Mai noch sehr kühle Perioden auftreten können, braucht man für zuvor gekaufte Pflanzen notfalls einen geschützten, hellen Platz. Besonders zeitig blühende Exemplare – auch für die Frühjahrs- oder Herbstbepflanzung – sind nicht unbedingt zu empfehlen. Wurden sie allzu schnell und damit recht warm vorgetrieben, lässt die Robustheit später oft zu wünschen übrig.
Ein guter Termin für den Kübelpflanzen-Kauf ist der Mai oder Juni. In Pflanzcontainern angezogene Topfstauden und -gehölze können Sie teils schon ab März, oft aber auch noch bis zum Herbst in die Endgefäße setzen und nach draußen stellen.

Wo kaufen?

Nicht nur Gärtnereien, Gartencenter und Blumenläden, sondern auch Bau- und Supermärkte bieten häufig Jungpflanzen an. Diese teils recht preiswerte Ware muss keinesfalls schlecht sein. Allerdings: Eine breite Auswahl, Gewähr für optimale Pflege von der Anzucht bis zum Verkauf und professionelle Beratung – das finden Sie nur im Fachhandel. Ganz auf Vertrauen schließlich kaufen Sie beim gärtnerischen Versandhandel, wobei die Erfahrungen im Allgemeinen gut sind und die Versender oft für Qualität bürgen. Für Saatgut und Jungpflanzen seltener Arten ist man ohnehin auf Spezial-Gärtnereien mit Versand angewiesen.

Auf Qualität setzen

Meist lohnen sich die etwas höheren Preise für hochwertiges Saat- und Pflanzgut. Wichtige Anhaltspunkte und Auswahlkriterien beim Kauf von Jungpflanzen sind:
➤ kompakter, gut verzweigter Wuchs,
➤ gesunde Blätter, ohne jegliche Anzeichen von Krankheits- oder Schädlingsbefall,
➤ reicher Knospenbesatz bei Balkonblumen,
➤ gut durchwurzelter Topfballen, mit hellen, saftigen Wurzeln ohne Faulstellen.
Achten Sie beim Kauf von Saatgut auf
➤ einwandfreie, unbeschädigte Verpackungen, bevorzugt Keimschutzpackungen mit Innenhülle,
➤ eine sachgerechte Lagerung der Samentüten am Verkaufsort (kühl, trocken und nicht in der prallen Sonne),
➤ die Haltbarkeitsangabe.

Bereits gut entwickelte Kübelpflanzen haben ihren Preis, entfalten aber gleich große Wirkung. Frisch gekaufte Neuankömmlinge sollte man durch allmähliches Abhärten draußen eingewöhnen.

Pflanzen vorziehen und vermehren

Es ist immer wieder faszinierend zu beobachten, wie aus Samen und Stecklingen neue Pflanzen heranwachsen. Die Freude am selbst vermehrten Nachwuchs gehört damit auch zu den wichtigsten Gesichtspunkten, die für die eigene Anzucht von Balkon- und Kübelpflanzen sprechen.

Da Jungpflanzen von Balkonblumen recht preiswert sind, zeigt das Vorziehen aus Samen nur bei hohem Blumenbedarf deutliche Spareffekte. Bei teuren Kübelpflanzen sieht das schon etwas anders aus. Allerdings sind gerade Arten, die zu stolzen Preisen gehandelt werden, oft auch schwer zu vermehren. Leicht nachzuziehende Kübelpflanzen bieten aber einen anderen Vorteil: Wenn sie mit den Jahren zu groß werden, kann man sie durch selbst vermehrte Exemplare ersetzen. Wer sich nicht nur auf das übliche Sortiment beschränken möchte, ist ohnehin häufig auf eigene Anzucht angewiesen, da manche Arten und Sorten kaum als vorgezogene Jungpflanzen erhältlich sind.

Wege zum Pflanzennachwuchs

Grundsätzlich unterscheidet man zwischen generativer (geschlechtlicher) und vegetativer (ungeschlechtlicher) Vermehrung.

➤ Bei der **generativen Vermehrung**, also der als Aussaat, verwendet man die durch Befruchtung (deshalb „geschlechtlich“) entstandenen Samen. Sie werden entweder geschützt, d.h. im Zimmer oder Gewächshaus, angezogen (Vorkultur) und dann später an den vorgesehenen Standort ausgepflanzt oder aber gleich am vorgesehenen Standort ausgesät (Direktsaat). Bei der Aussaat von Balkon- und Kübelpflanzen steht die Anzucht im Warmen im Vordergrund. Manche einjährige Balkonblumen und Kräuter sowie Gemüse können aber auch direkt ins Gefäß ausgesät werden.

➤ Die gebräuchlichste Methode der **vegetativen Vermehrung** ist das Schneiden und Eintopfen von Stecklingen, aus denen dann „komplette“ Pflanzen heranwachsen.

Es macht richtig Spaß zuzusehen, wenn die selbst vermehrten Pflänzchen gedeihen. Mit geeignetem Zubehör gelingen Aussaat wie Stecklingsvermehrung am besten.

Voraussetzungen

Üblicherweise muss für die Anzucht aus Samen oder Stecklingen das Fensterbrett genügen, wobei der Platz zwar hell, aber möglichst nicht direkt besonnt sein sollte. Ein Heizkörper unter der Fensterbank kann für die anfangs erforderlichen hohen Temperaturen sorgen. Für kühlere Stellplätze findet man im Fachhandel auch beheizbare Mini- oder Zimmergewächshäuser.
Lichtmangel, besonders im Frühjahr oft das Problem, kann durch Zusatzbeleuchtung ausgeglichen werden, wobei jedoch nur spezielle Pflanzen- und Vermehrungsleuchten mit geeignetem Strahlenspektrum den gewünschten Effekt erbringen.
Zu den unbedingten Voraussetzungen gehört außerdem genügend Zeit: Die Anzuchten brauchen regelmäßige Pflege und Kontrolle. Auch nach dem erfolgreichen Anwachsen gibt es noch manches zu tun: Pikieren der Sämlinge, Umtopfen, oft auch Entspitzen zum Fördern von buschigem Wuchs und schließlich das allmähliche Abhärten (→ Seite 56) bis zum endgültigen Freilandaufenthalt.

Bei vielen Arten empfiehlt sich das Entspitzen heranwachsender Jungpflanzen. Es fördert die Ausbildung von Seitentrieben, die Pflanzen entwickeln sich buschiger und kompakter.

➤ *Praxis*

Pflanzenanzucht aus Samen

Viele Balkonblumen lassen sich gut aus Samen vorziehen, ebenso einjährige Kräuter und Gemüse. Neben der Hauptanzuchtzeit im Frühjahr gibt es einen zweiten Termin im Sommer für die Aussaat zweijähriger Blumen wie Tausendschön, Vergissmeinnicht oder Goldlack.

1 *Saatgut verteilen*
Samen mit den Fingern oder einem gefalteten Karton als Sähilfe gleichmäßig verteilen.

2 *Samen abdecken*
Für die gleichmäßige Samenbedeckung (nicht bei Lichtkeimern) ist ein Sieb hilfreich.

IM FRÜHJAHR braucht man für das Vorziehen einen hellen und warmen Platz (→ Seite 51). Angaben zu den jeweils optimalen Keimtemperaturen finden Sie bei den beschriebenen Arten im Porträtteil (ab Seite 82). Höhere Temperaturen als die dort empfohlenen sind nicht unbedingt hilfreich – sie können im Gegenteil sogar die Keimung beeinträchtigen. Bei den Zweijährigen, die bei sommerlicher Wärme gesät werden, ist das alles unproblematischer. Hier müssen Sie eher aufpassen, dass die Sämlinge nicht zu viel Sonne abbekommen und deshalb einen leicht beschatteten Platz wählen.

Anzuchtgefäße und Substrate

Als Anzuchtgefäße eignen sich flache Kunststoffschalen, am besten gleich mit passender Plastikhaube als Verdunstungsschutz. Für die Aussaat großer Samen können Sie auch kleine Töpfe verwenden. Früher bereits verwendete Gefäße sollten gründlichst gereinigt werden.
Nehmen Sie für Aussaat wie Pikieren unbedingt speziell gekennzeichnete Anzuchterden bzw. Vermehrungssubstrate. Sie müssen nährstoffarm sein, frei von Krankheitskeimen, fein gekörnt und strukturstabil. Bislang fanden für solche Zwecke hauptsächlich Erden auf Torfbasis Verwendung. Da immer mehr Verbraucher das Umwelt-Handicap von Torfprodukten sehen, nämlich die Zerstörung ganzer Moorlandschaften, bietet der Fachhandel zunehmend torffreie Anzuchtsubstrate an. Bewährte Produkte dieser Art setzen sich aus Rindenhumus, Holzfasern und Kokosbestandteilen zusammen, jeweils in gütegesicherter Qualität. Sie erfüllen dieselben Anforderungen wie herkömmliche Torfsubstrate. Teils enthalten sie zusätzlich sämlingsstärkende Beimischungen wie Algenmehl.

Aussaat-Praxis

➤ Füllen Sie die Anzuchtgefäße mit Substrat auf und stoßen Sie sie danach leicht auf, damit sich die Erde etwas setzt. Ebnen Sie dann die Oberfläche mit einem Holzbrettchen ein und drücken Sie die Erde leicht an. Zum Schluss sollte oben ein Gießrand von etwa 1 cm bleiben.
➤ Streuen Sie feines Saatgut möglichst gleichmäßig, aber nicht zu dicht aus. Legen Sie große Samen mit 1–2 cm Abstand aus oder säen Sie sie einzeln oder zu wenigen in Töpfe.
Die Samen mancher Arten zählen zu den **Lichtkeimern**, d. h. sie keimen nur bei Helligkeit. Sie werden lediglich angedrückt und höchstens hauchdünn mit Erde überstreut (Hinweise auf Lichtkei-

mer in den Pflanzenporträts, steht in der Regel auch auf der Samenpackung). Die Mehrzahl allerdings gehört entweder zu den **Dunkelkeimern**, deren Samen abgedeckt werden müssen, oder hat keine besonderen Ansprüche. Hier bietet jedoch eine dünne Erdauflage den Vorteil, dass sie die Feuchtigkeit besser bewahrt. Man bedeckt die Samen mindestens so hoch mit Erde wie sie dick sind, maximal dreifache Samendicke.

➤ Feuchten Sie dann das Substrat gut an, am besten mit einem Wasserzerstäuber, um Erde und Samen nicht abzuschwemmen.

➤ Decken Sie nun die Anzuchtgefäße mit Plastikhauben, Glasscheiben oder kräftiger Folie ab, um die gleichmäßige Feuchtigkeit, die zum Keimen nötig ist, zu bewahren.

➤ Markieren Sie verschiedene Saaten mit beschrifteten Etiketten.

Nachsorge und Pikieren

➤ In den Wochen nach dem Säen müssen Sie täglich prüfen, ob die Erde noch genügend feucht (nicht nass!) ist und bei Bedarf nachsprühen.

➤ Sobald die Keimlinge spitzen (in der Regel nach 1–3 Wochen) wird die Abdeckhaube zum Lüften stundenweise angehoben (mit kleinen Stäben fixieren) oder abgenommen. Mit zunehmendem Wachstum der Sämlinge können Sie den Verdunstungsschutz komplett abnehmen und brauchen das Substrat nicht mehr ganz so feucht zu halten. Kräftige Zugluft sollten Sie den Sämlingen ebenso wenig zumuten wie direkt einstrahlende, pralle Sonne.

➤ Sobald es in den Anzuchtschalen zu eng wird, empfiehlt sich das Pikieren, d. h. die kräftigsten Sämlinge werden mit 4–5 cm Abstand in neue Kisten oder kleine Einzeltöpfe gesetzt. Guter Zeitpunkt: Wenn sich über den beiden meist einfach gestalteten Keimblättern das erste richtige Laubblattpaar entfaltet hat.

Haben Sie mehrere Samen in Töpfe gesät, dann entfernen Sie einfach die schwächsten Exemplare.

➤ Häufig lässt sich buschiger Wuchs fördern, indem man die Jungpflanzen entspitzt. Hinweise, bei welchen Arten dies besonders ratsam ist, finden Sie im Porträtteil. Kneifen oder schneiden Sie dazu bei etwa 10 cm hohen Pflänzchen vorsichtig die Spitzenknospe des Haupttriebs ab oder kürzen Sie diesen um gut 2 cm ein. Dies hat eine stärkere Bildung von Seitentrieben zur Folge, wobei man diese, wenn nötig, dann auch nochmals entspitzen kann (→ Bild Seite 51).

➤ *Praxisinfo*

BALKON- UND KÜBELPFLANZEN AUSSÄEN

Zeitbedarf:
- ✗ für die Aussaat: 15–20 Min. je Anzuchtschale
- ✗ fürs Pikieren: 20–30 Min. je Anzuchtschale

Material:
- ✗ Saatgut
- ✗ Aussaat-, Pikiererde
- ✗ Anzuchtschalen
- ✗ Töpfe mit 6–10 cm Durchmesser
- ✗ Abdeckhaube, Folie oder Glasscheibe

Werkzeug, Zubehör:
- ✗ Holzbrettchen, am besten mit Griff
- ✗ Sieb zum Verteilen der Abdeckerde
- ✗ Wasserzerstäuber, feine Brause
- ✗ Pikierholz
- ✗ Pflanzetiketten
- ✗ wasserfester Stift

Nach dem Säen 3
Sehr wichtig: das gründliche Anfeuchten des Substrats; jedoch nicht völlig vernässen.

Sämlinge herausheben 4
Mit einem Pikierholz lassen sich die Sämlinge nach Lockern der Wurzeln gut heraushebeln.

Sämlinge neu einsetzen 5
Vor dem Einsetzen kann man zu lange Wurzeln vorsichtig mit den Fingern abkneifen.

➤ *Praxis*

Vegetative Vermehrung

• • • Unter diesem Begriff fasst man alle Verfahren zusammen, bei denen aus abgetrennten Pflanzenteilen selbstständige Tochterpflanzen entstehen. Verwenden Sie nur gesunde Mutterpflanzen und bevorzugen Sie jeweils Exemplare mit den besten Wuchs- und Blüheigenschaften.

Am häufigsten nutzt man bei der Vermehrung das Vermögen vieler Pflanzen, aus abgetrennten Triebstücken, den Stecklingen, Wurzeln zu treiben. Über Stecklinge lassen sich viele Kübelpflanzen vermehren, ebenso etliche Topf- und Klettergehölze, Stauden, ja sogar manche Sommerblumen.

Stecklingsvermehrung

Je nach Triebteil, den man zur Vermehrung verwendet, unterscheidet man:

➤ **Kopfstecklinge:** werden von Triebspitzen geschnitten; häufigste Stecklingsform

➤ **Trieb-, Teil-** oder **Stammstecklinge**: Teilstücke aus der Triebmitte

➤ **Grundstecklinge:** stammen von einem Triebteil nahe der Pflanzenbasis.

In der Regel bewurzeln sich Stecklinge von Haupttrieben am besten. Die Triebe dürfen allerdings nicht blühen.

Je nach Pflanzenart eignen sich verschiedene Entwicklungsstadien:

➤ **krautige, weiche Stecklinge** von Neutrieben, die meist im Frühjahr geschnitten werden, z. B. von Harfenstrauch und Strauchmargerite

➤ **halbreife,** d. h. **halb verholzte Stecklinge;** der beste Schnittzeitpunkt ist im Sommer oder Herbst, z. B. Oleander und Enzianbaum.

Anzuchtbedingungen

➤ In der Regel sind Luft- bzw. Zimmertemperaturen zwischen 18 und 22 °C günstig und noch etwas höhere Bodentemperaturen für die Stecklingsanzucht vorteilhaft.

➤ Der Stellplatz sollte möglichst hell, aber nicht direkt besonnt sein.

➤ Das Anzuchtsubstrat muss ebenso hohen Anforderungen genügen wie die Aussaaterden (→ Seite 52).

➤ Besonders wichtig für den Anwachserfolg ist eine gleich bleibende Feuchtigkeit der Umgebungsluft, da die Teilstücke bis zur Bewurzelung kein Wasser aus dem Substrat aufnehmen können. Deshalb sollten die Stecklinge nach dem Einsetzen einen Verdunstungsschutz erhalten, etwa einen transparenten Folienbeutel, der über einen Drahtbügel im Topf gezogen wird oder ein großes Einmachglas, das man über den Topf stülpt. Oder Sie stellen die Stecklingstöpfchen in ein Mini-Gewächshaus mit Abdeckhaube.

Schneiden und eintopfen

➤ Füllen Sie zunächst die Töpfe so mit Substrat, dass ein Gießrand von ungefähr 1 cm bleibt.

➤ Trennen Sie die Stecklinge mit einem möglichst glatten, schräg geführten Schnitt kurz unterhalb eines Blattknotens (verdickte Ansatzstelle eines Blattstiels) ab. Krautige Stecklinge schneidet man mit etwa 10 cm Länge und 4–5 Blättern bzw. Blattpaaren, halbreife Stecklinge etwas länger (bis 20 cm).

➤ Entfernen Sie dann die untersten Blätter und topfen Sie krautige Stecklinge so tief ins Substrat, dass der nächste Blattansatz kurz über der Substratoberfläche zu stehen kommt. Halbreife Stecklinge werden bis knapp zur Hälfte ihrer Länge eingesteckt.

➤ *Praxisinfo*

STECKLINGSVERMEHRUNG

Zeitbedarf:
- ✗ für Schnitt und Pflanzung: je 10–20 Min.

Material:
- ✗ gesunde Mutterpflanzen
- ✗ Anzucht-, Vermehrungserde
- ✗ kleine Töpfe mit 8–12 cm Ø
- ✗ evtl. Bewurzelungspuder
- ✗ Folienhaube, großes Einmachglas oder Mini-Gewächshaus

Werkzeug, Zubehör:
- ✗ scharfes, sauberes Messer
- ✗ Wasserzerstäuber oder feine Brause

Stecklinge schneiden 1
Triebstücke, hier ein Kopfsteckling, mit sauberem Schnitt knapp unter einem Knoten abtrennen.

Stecklinge eintopfen 2
Untere Blätter entfernen, dann bis kurz unter den nächsthöheren Blättern ins Substrat stecken.

Stecklinge feucht halten 3
Bis die Stecklinge Wurzeln treiben, bewahrt sie der Verdunstungsschutz vor dem Austrocknen.

➤ Drücken Sie nun die Erde um den Steckling leicht an und befeuchten Sie das Substrat gründlich. Versehen Sie anschließend den Topf mit einem Verdunstungsschutz.

Vom Steckling zur Jungpflanze

Bis die Stecklinge Wurzeln ausgebildet haben dauert es im Schnitt 2–4 Wochen, bei halbreifen Stecklingen auch länger.
➤ In dieser Zeit sollten Sie darauf achten, dass das Substrat gut feucht bleibt.
➤ Zarter Blattaustrieb und leichter Sprosszuwachs sind deutliche Anzeichen, dass die Bewurzelung erfolgreich war. Nehmen Sie nun die Abdeckung ab und halten Sie die Stecklinge von jetzt an mäßig feucht.
➤ Nach vollständiger Blattentfaltung können die Stecklinge etwas kühler stehen.
➤ Schließlich empfiehlt sich bei vielen Arten auch das Entspitzen (→ Seite 51 und 53).

Andere Vermehrungsmethoden

➤ Besonders einfach ist die Vermehrung bei Pflanzen wie der Agave, die Tochterpflanzen, sogenannte **Kindel** ausbilden. Die Tochterpflanzen bilden schon früh eigene Wurzeln aus und können nach vorsichtigem Ablösen in neue Gefäße eingepflanzt werden.
➤ Recht unproblematisch lässt sich Nachwuchs auch durch **Teilung** gewinnen. Diese Möglichkeit bieten vor allem Stauden wie Kissenastern oder Astilben, aber auch manche Kübelpflanzen, Topfgehölze und Kräuter. Man nimmt den Wurzelballen im Frühjahr oder nach der Blüte aus dem Gefäß und zertrennt ihn in zwei oder mehr Teilstücke mit mehreren Blättern bzw. Triebknospen. Bei zartem Wurzelwerk kann das durch einfaches Auseinanderziehen geschehen, für kräftige Wurzelstöcke (Rhizome) braucht man ein scharfes Messer oder einen Spaten. Die Teilstücke werden in neue Töpfe gepflanzt und gründlich angegossen.
➤ Die **Knollenteilung** bei Begonien dagegen besteht im Zerschneiden der einzelnen Knolle in Teilstücke mit je mindestens 2 Augen (Triebknospen), die man dann flach einpflanzt. Bei Dahlien zertrennt man die Knollenbüschel in kleinere Teile.
➤ Manche Topfgehölze und -stauden sowie Erdbeeren können auch durch Abtrennen bewurzelter **Ausläufer** vermehrt werden.

TIPP

STECKLINGE IM WASSERGLAS

Einige Arten, z. B. Oleander und Buntnessel, bewurzeln sich in einem mit Wasser gefüllten Glas noch besser als in Erde. Stellen Sie die Stecklinge so ins Glas, dass sich 3–5 cm des Stängels unter der Wasseroberfläche befinden. Sobald die ersten Wurzeln gut ausgebildet sind, wird in Erde getopft.

Gefäße bepflanzen und befestigen

Beim Bepflanzen von Gefäßen mit Balkonblumen, Kübelpflanzen oder Topfgehölzen, Kräutern, Gemüse und Obst gilt es vieles zu beachten: von den geeigneten Pflanzgefäßen und Erden über die sichere Aufhängung von Kästen und Ampeln bis hin zum richtigen Pflanztermin.

Mit solchen Halterungen sind Töpfe schnell am Geländer befestigt.

Obwohl die „Eisheiligen“, d. h. letzte Nachfröste um Mitte Mai, längst nicht mehr regelmäßig auftreten, empfiehlt es sich, die in der Regel kälteempfindlichen Pflanzen für Balkon und Terrasse nicht wesentlich früher nach draußen zu stellen. Schon eine kühle, nasse Periode gleich nach dem Bepflanzen kann den Pflanzen zu schaffen machen.

Für die Kastenbepflanzung ist deshalb ein Termin in der zweiten oder dritten Maiwoche ideal. Wer früher loslegen möchte, sollte über einen hellen, geschützten Platz verfügen, an dem er die Kästen bei Kälterückfällen kurzzeitig unterbringen kann. Sofern nicht Mitte Mai schon sommerliche Temperaturen vorherrschen, sollten Sie die Pflanzen, entweder vor dem Einsetzen oder im schon komplett bepflanzten Kasten, erst allmählich abhärten. Dazu stellt man sie an warmen Tagen stundenweise nach draußen an einen etwas geschützten Platz, der selbst für sonnenliebende Arten leicht beschattet sein sollte, da sich die Pflanzen erst langsam an stärkere Bestrahlung gewöhnen müssen.

Ähnlich verhält es sich mit den Kübelpflanzen, die man allerdings schon im Frühjahr bei Wachstumsbeginn umtopft und bis zum Abhärten und Ausräumen im Mai geschützt, aber hell unterbringt. Robustere Topfgehölze und -stauden können schon ab März/April gepflanzt und nach draußen gestellt werden. Frühjahrskästen werden bereits ab Ende Februar/Anfang März mit vorgezogenen Pflanzen bestückt. Will man statt dessen Zwiebeln bzw. Knollen einsetzen, geschieht dies schon im September oder Oktober des Vorjahres.

Sorgfältige Pflanzung wird bald durch Blütenpracht und kräftigen Wuchs belohnt.

Pflanzgefäße und Erden – das Richtige für jeden Zweck

Gefäße samt Topferde ersetzen den Pflanzen gewissermaßen ihren Naturstandort und sollten daher beste Wuchsbedingungen bieten.

Je nach Wetter und Größe des Vorratsbehälters müssen Wasserspeichergefäße nur alle paar Tage nachgefüllt werden.

PFLANZGEFÄSSE UND SUBSTRATE sollten ebenso sorgfältig ausgewählt werden wie die Pflanzen selbst – Qualitätsware ist zwar teuer, macht sich aber meist bezahlt.

Geeignete Pflanzgefäße

Je nach Bepflanzung, Standort und Gestaltung bieten sich die verschiedensten Gefäße in unterschiedlichen Materialien, Größen und Farben an (auch → Seite 20). Robuste, witterungsstabile und weitgehend frostfeste Gefäße gibt es in allen Materialvarianten – das ist, wie so oft, eine Frage des Preises. Einige grundsätzliche Hinweise zu den Materialien:

➤ Für **Kunststoffgefäße** spricht ihr geringes Gewicht; außerdem sind sie recht preiswert und bruchfest sowie einfach zu reinigen.

➤ **Tongefäße** sind deutlich schwerer. Sofern sie nicht glasiert wurden, ermöglichen ihre feinen Poren einen vorteilhaften Luftaustausch. Dadurch kann aber auch Feuchtigkeit über die Wandungen verdunsten. Zudem kommt es leicht zu unschönen Kalkausblühungen an den Außenseiten.

➤ **Holzgefäße** sind nicht allzu schwer und frostfest. Ein gelegentlich zu erneuernder, pflanzenverträglicher Schutzanstrich erhöht ihre Lebensdauer. Am besten stellt man sie leicht erhöht auf, z. B. auf einem Rost oder auf Backsteinen, um Fäulnis an der Unterseite vorzubeugen.

➤ **Metallgefäße**, sofern nicht eigens als Pflanztöpfe ausgewiesen, können je nach Material pflanzenschädliche Stoffe freisetzen. Sie sollten deshalb innen beschichtet sein oder mit einer Folie ausgelegt werden.

Bei den Gefäßtypen und -formen gibt es je nach Verwendung manches zu beachten:

➤ **Balkonkästen** sollten wenigstens 15 cm hoch und 18 cm tief bzw. breit sein, für eine mehrreihige Bepflanzung besser 20–25 cm tief. Kästen mit 80–100 cm Länge eignen sich für die meisten Zwecke am besten.

➤ **Breite, flache Pflanzschalen** sollten in der Mitte wenigstens 15 cm, besser 20 cm hoch sein, damit die Pflanzen genügend Substrat für ihre Wurzeln zur Verfügung haben.

➤ **Töpfe und Kübel** sollten auch mit Bepflanzung standfest genug sein (bei schmalen, hohen Töpfen ist das oftmals nicht der Fall) und für winterharte Pflanzen aus frostsicherem Material bestehen.

➤ **Blumenampeln** dürfen nicht allzu schwer sein, weshalb sich vor allem Kunststoffgefäße empfehlen. Für eine Mischbepflanzung sollten sie wenigstens 20 cm Durchmesser haben.

➤ **Pflanztröge** sind als kleinere, leichte Holz- oder Kunststofftröge auch auf dem Balkon einsetzbar, aus Stein oder Beton oder in größeren Ausmaßen allerdings schon aufgrund ihres Eigengewichtes Terrassen vorbehalten.

➤ **Miniteiche**, also wasserdicht gemachte Tröge und Kübel, sollten stabil und für draußen überwinternde Pflanzen frostfest sein.

➤ **Wasserspeichergefäße** werden in verschiedensten Ausführungen, vom Balkonkasten bis zur Ampel, angeboten. Als Speicher dient der untere, durch eine Zwischenwand abgetrennte Teil des Gefäßes. Er gibt das eingefüllte Wasser über Ansaugkegel, Dochte oder Lamellen nach und nach an die Pflanzen ab. Solche Gefäße sollten mit Wasserstandsanzeiger sowie einer Überlaufvorrichtung ausgestattet sein.

Gefäße in vielen Formen und Größen: Da macht das Bepflanzen Spaß.

Von Wasserspeichergefäßen, Miniteichen und großen Trögen abgesehen, sind Wasserabzugslöcher an der Gefäßunterseite fast unverzichtbar, da nur so überschüssiges Wasser ablaufen kann und Wurzelfäule vorgebeugt wird.

Erden – Qualität lohnt sich

Die Blumen- oder Topferde, auch als Substrat (lat. für Unterlage, Nährboden) bezeichnet, muss die ganze Wachstumszeit über optimale Bedingungen für die Pflanzenwurzeln und für die Wasser- und Nährstoffversorgung bieten. In der Praxis zeigt sich immer wieder, dass Qualitätserden diese Anforderungen weit besser erfüllen als Billigprodukte oder auch selbst gefertigte Mischungen mit Gartenerde.
Für Balkonblumen genügt in der Regel eine gute Blumen- bzw. Balkonerde, für Kübelpflanzen und Topfgehölze dürfen es schon hochwertige Einheitserden (Typ T, Topferde, Fruhstorfer Erde) sein.

Für manche Arten sind spezielle Erdmischungen im Angebot, z. B. Petunien- und Geranienerde. Besonders empfehlen sich Spezialerden für Pflanzen, die den Kalkgehalt üblicher Substrate nicht vertragen und ein saures Milieu (niedriger pH-Wert) bevorzugen, wie etwa Rhododendren und andere Heidekrautgewächse. Für Pflanzen in Miniteichen sollte man ausschließlich nährstoffarme Wasserpflanzenerde verwenden.
Die üblichen Blumen- und Topferden bestehen zum größten Teil aus Torf, durch seine Strukturstabilität und hohe Wasserhaltekraft seit langem für solche Zwecke bewährt. Jedoch hat der Abbau dieses Naturmaterials im großem Stil schon viele Moorlandschaften zerstört. Wer auf torffreie Substrate ausweichen will, findet heute im Fachhandel Alternativen sowohl für Balkonblumen wie auch für Kübel- und Zitruspflanzen. Hochwertige Produkte werden aus Torfersatzstoffen wie Rindenhumus, Holz- und Kokosfasern hergestellt.

TIPP

SAND UNTERMISCHEN

Für viele Topfgehölze und Kübelpflanzen ist es günstig, wenn man dem Substrat etwas Sand (Flusssand) untermischt. Das hält die Erde locker und verbessert den Wasserabfluss. Auch Gesteinsmehle können in kleinen Mengen zugemischt werden, sollten aber bei kalkempfindlichen Pflanzen kalkarm sein.

➤ *Praxis*

Balkonkästen bepflanzen

Mit dem Pflanzen wächst die Vorfreude auf die Blütenpracht. Damit die Blumen gut wachsen, dürfen sie nicht zu eng gesetzt werden. Berücksichtigen Sie auch die unterschiedlichen Wuchsstärken: Starkwüchsige Pflanzen können zarte Partner schnell unterdrücken.

Je sorgfältiger Sie beim Bepflanzen der Kästen vorgehen, desto besser gelingt den Pflanzen der Start ins Balkon-Leben. Das beginnt schon mit den Vorbereitungen:

➤ Reinigen Sie bereits gebrauchte Kästen gründlich mit heißem Wasser, Schmierseife und Bürste. Gegen Kalkbeläge hilft Essigwasser (nicht erhitzen, sonst aggressive Dämpfe!).

➤ Neue Balkonkästen brauchen eventuell noch Wasserabzugslöcher, wozu man meist nur entsprechende Vorstanzungen durchstoßen muss.

➤ Kästen aus unglasiertem Ton sollten zunächst 1–2 Tage komplett in ein Wasserbad kommen, damit sie später dem Substrat keine Feuchtigkeit entziehen.

Pflanzpraxis

Schmale Kästen bepflanzt man nur einreihig. Ab wenigstens 18 cm Breite ist zweireihige Bepflanzung möglich: Höhere Pflanzen kommen dabei in der Regel nach hinten, in der

1

Drainage einbringen

Tonscherben und Blähton auf dem Kastenboden sorgen für guten Wasserabfluss.

2

Pflanzen einsetzen

Pflanzen so einsetzen, dass die Oberfläche des Erdballens etwa 2 cm unter dem Kastenrand zu stehen kommt.

vorderen Reihe werden mittelgroße und hängende Arten dazu versetzt „auf Lücke“ gepflanzt. Bei entsprechender Kastenbreite können Sie kleine Hängepflanzen in einer dritten Reihe am vorderen Rand platzieren.
Beachten Sie möglichst die im Porträtteil (→ Seite 82–181) empfohlenen Abstände.

➤ Überdecken Sie vor dem Einfüllen der Erde die Abzugslöcher, besser noch den ganzen Kastenboden mit Kies, Blähton, Styroporflocken oder Tonscherben, damit überschüssiges Wasser besser ablaufen kann.

➤ „Einlagen“ besonderer Art sind Bewässerungsmatten oder -vliese, die man auf dem Kastenboden ausbreitet. Sie saugen Gieß- und Regenwasser auf und geben es nach und nach an die Wurzeln ab. Das erspart so manchen Gießgang.

➤ Geben Sie anschließend in den Kasten etwa bis zur Hälfte Erde und setzen Sie zuerst die größten Pflanzen ein. Beginnen Sie bei mehrreihiger Anordnung mit der Bepflanzung von hinten.

➤ Füllen Sie nach dem Einsetzen jeder einzelnen Pflanze schon etwas Erde nach und drücken sie seitlich am Ballen leicht an.

➤ Zum Schluss wird der Kasten mit Erde aufgefüllt. Gleichen Sie dabei Unebenheiten aus und drücken Sie die Erde dann etwas an. Ein Gießrand von etwa 2 cm bis zur Kastenoberkante erspart Ihnen später lästiges Überschwappen von Gießwasser.

➤ Nach dem Pflanzen muss die Erde gut durchfeuchtet werden. Gießen Sie dazu direkt in den Wurzelbereich.

Balkonkästen befestigen

Zur Befestigung der Kästen an Geländern und Brüstungen gibt es im Handel spezielle Blumenkastenhalter.

➤ Die Halterungen sollten stabil gefertigt, am besten mehrfach verstellbar und mit Kippsicherung ausgestattet sein.

➤ Besonders wichtig ist die sichere Anbringung, vor allem die Stabilität von Befestigungselementen (Dübel, Schrauben), bei schweren Ton-, Terrakotta- und Eternitkästen sowie Wasserspeichergefäßen.

➤ Im gut sortierten Fachhandel finden Sie auch verschiedene Speziallösungen, z. B. Kastenhalter mit Ecksicherung für Fensterbänke und Brüstungen, auch als „Blumenkastensicherung“ geführt, sowie Halterungen, die sich in beliebiger Höhe an senkrechten Geländerstreben anbringen lassen.

➤ *Praxisinfo*

BALKONKÄSTEN BEPFLANZEN

Zeitbedarf:
✗ 20–30 Min. je Kasten

Material:
✗ Balkonkästen
✗ Pflanzsubstrat, Balkonblumenerde (etwa 25–35 Liter pro Kasten, je nach Größe)
✗ Dränagematerial (Kies, Blähton, Tonscherben, Styroporflocken)
✗ evtl. Bewässerungsvliese

Werkzeug, Zubehör:
✗ Schraubenzieher oder Metallstift zum Durchstoßen von Abzugslöchern
✗ Pflanzschaufel
✗ Gießkanne
✗ Kastenhalter

3 *Pflanzen angießen*
Gießen Sie mehrmals direkt in den Wurzelbereich, mit kleinen Pausen, in denen das Wasser einsickern kann.

4 *Kasten befestigen*
Solche verstellbaren Halterungen mit Kippsicherung erlauben eine einfache, sichere Anbringung.

➤ *Praxis*

Andere Gefäße bepflanzen

• • • Mit Töpfen, Schalen, Ampeln und Hanging Baskets lassen sich auf Balkon wie Terrasse vielfältige Gestaltungsmöglichkeiten ausschöpfen. Dies gelingt um so besser, je mehr man dabei die Ansprüche der Pflanzen und die Erfordernisse der Pflegepraxis berücksichtigt.

1 *Unterpflanzen*
Verteilen Sie die Pflanzen vor dem Einsetzen, um Abstände und Wirkung zu prüfen.

2 *Pflanzen einsetzen*
Pflanzen Sie von der Mitte her; dies vorsichtig, um die Wurzeln der Kübelpflanze zu schonen.

Vor dem Bepflanzen von Töpfen, Kübeln, Schalen und Ampeln empfehlen sich dieselben Vorbereitungen wie bei den Balkonkästen (→ Seite 60/61): gründliches Säubern bereits benutzter Behältnisse, Vorwässern von Ton- und Terrakottagefäßen und, wenn nötig, Anbringen von Wasserabzugslöchern.

Töpfe, Kübel & Schalen

Der eigentliche Pflanzvorgang ist im Prinzip derselbe wie bei Balkonkästen (→ Seite 60/61). Einige Besonderheiten gilt es zu beachten:

➤ Sind die Verkaufstöpfe von Kübelpflanzen und Topfgehölzen zu eng, wählt man die neuen Gefäße so groß, dass etwa 2–4 cm Platz zwischen Wurzelballen und Gefäßwand bleibt.

➤ Die Dränageschicht sollte bei größeren Gefäßen 2–3 cm stark sein, vor allem für Kübelpflanzen und Topfgehölze.

➤ Bei großen Kübeln lässt man oben einen Gießrand von bis zu 3 cm. Bei flachen Schalen muss man sich oft mit einem Zentimeter begnügen, da ohnehin nicht viel Platz für Pflanzsubstrat vorhanden ist.

➤ Für Kübelpflanzen und Topfgehölze sowie Blumenzwiebeln erweist sich oft das Untermischen von etwas auflockerndem Sand und Gesteinsmehl als vorteilhaft.

Unterpflanzung

Eine Mischpflanzung spezieller Art stellt das Unterpflanzen von Kübelgewächsen dar, das sich vor allem bei Hochstämmchen anbietet.

➤ Sollen Kübelpflanzen unterpflanzt werden, dann benötigen sie einen etwas größeren Topf als für die Einzelpflanze üblich.

➤ Wählen Sie für die Unterpflanzung keine allzu starkwüchsigen Arten aus, da diese dem Kübelgewächs Wasser und Nährstoffe „rauben". Besonders reizvoll sind Hängepflanzen.

➤ Setzen Sie die Unterpflanzung erst ein, wenn die Kübelpflanzen bereits gut entwickelt sind.

Kleine Topfgärten

Wenn Sie Sommerblumen, Kleinstauden und Zwerggehölze nicht in Kästen und Schalen kombinieren, sondern einzeln in Töpfe setzen, eröffnen sich neue Möglichkeiten: Sie können auf diese Weise Pflanzen zueinander gesellen, die recht unterschiedliche Ansprüche an Substrat, Düngung und Wasserversorgung haben. Solche „Mini-Topfgärten" müssen nicht unbedingt auf dem Boden stehen. Dank Pflanzenregalen oder speziellen Blumentopfhaltern für Geländer und Wände können sie auch höhere Regionen erobern. Solche Einzeltopfgemeinschaften lassen sich auch gut in einem großen, stabil befestigten Blumenkasten unterbringen. Füllen Sie in diesem Fall die Zwischenräume zwischen den Töpfen mit Erde oder Blähton aus, das hält die Feuchtigkeit besser.

Hängegefäße

Ampeln bestückt man vorzugsweise mit langtriebigen Hängepflanzen. Oft genügen schon ein, höchstens zwei Exemplare, um die gewünschte optische Fülle zu erzielen.

➤ Da herablaufendes Gießwasser äußerst lästig ist, verzichtet man hier häufig auf ein Abzugsloch an der Gefäßunterseite. Sie können aber die Ampel als Übergefäß nutzen, unten etwas Blähton auffüllen und die Pflanzen in kleineren Töpfen mit Wasserabzugsloch einsetzen. So beugen Sie Staunässe vor.

Hanging Baskets (Hängekörbe aus Draht- oder Kunststoffgeflecht) werden nicht nur von oben, sondern auch an den Seiten bepflanzt. Das verleiht ihnen ihr besonders üppiges Aussehen.

➤ Sofern man keinen vorgefertigten Pflanzeinsatz verwendet, werden die Körbe mit Moos, Kokosmaterial oder Filz ausgelegt. Darüber kann von innen noch eine kräftige Folie kommen, die ein kleines Wasserabflussloch erhält.

➤ Setzen Sie den vorbereiteten Korb zum Bepflanzen auf einen großen Eimer und füllen Sie ihn dann etwa zur Hälfte mit Substrat.

➤ Schneiden Sie für die seitlich einzusetzenden Pflanzen kleine Löcher in die Einlage.

➤ Schieben Sie nun die Wurzelballen der ausgewählten „Seitenpflanzen" behutsam von außen durch diese Öffnungen. Umwickelt man sie vorher mit kräftiger Folie, geht das besonders einfach (Folie nach dem Einsetzen vorsichtig herausziehen).

➤ Bringen Sie nach Abschluss der seitlichen Bepflanzung am besten eine Lage Moos ein, darüber kommt dann wieder Erde bis knapp unter dem Korbrand.

➤ Setzen Sie die oberen Pflanzen ein und gießen Sie gründlich an.

Tipps zur Aufhängung

Ob Ampel oder Hanging Basket – stets ist eine besonders sichere, stabile Aufhängung erforderlich.

➤ Tauschen Sie im Zweifelsfall die mitgelieferten Befestigungen gegen längere, kräftigere Schrauben und Dübel aus.

➤ Neben den üblichen Deckenhaken und Wandhaltern gibt es auch interessante Sonderlösungen, etwa Vorrichtungen zum Anbringen an Regenfallrohre.

➤ Bringen Sie die Gefäße so an, dass sie zum Gießen und für andere Pflegearbeiten gut erreichbar sind. Bedenken Sie, dass sich bei Hanging Baskets das Herabtropfen von Wasser nicht ganz verhindern lässt.

➤ *Praxisinfo*

HANGING BASKETS BEPFLANZEN

Zeitbedarf:
✗ bepflanzen: 30–50 Min.
✗ anbringen: 20–50 Min.

Material:
✗ Gefäße und Erde
✗ Moos, Kokosmaterial, Filz, Folie

Werkzeug, Zubehör:
✗ Pflanzschaufel
✗ Schere
✗ Gießkanne
✗ diverse Aufhängungs- und Befestigungsvorrichtungen
✗ Dübel, Schrauben
✗ Bohrer, Akkuschrauber

1 *Korb vorbereiten*
Zunächst erhält der Korb eine Einlage, die das Herausrieseln von Erde verhindert.

2 *Seitlich bepflanzen*
Die seitlichen Pflanzen lassen sich sehr einfach einschieben, wenn man sie mit Folie umhüllt.

3 *Oben bepflanzen*
Zum Schluss sind die oberen Pflanzen an der Reihe; restliche Erde einfüllen und andrücken.

Pflanzenpflege rund ums Jahr

Wohl überlegte Arten- und Standortwahl, geeignete Gefäße und gutes Substrat – damit hat man schon allerhand getan, um Pflanzenfreuden auf Balkon und Terrasse wirklich zu genießen. Solche Voraussetzungen erleichtern die Pflege, der Aufwand hält sich in Grenzen.

Das Entfernen welker Blüten und Blätter hält die Pflanze gesund

Freilich währt die Pflanzenpracht ganz ohne regelmäßige Handgriffe nicht lange. Da die Balkon- und Terrassenschönheiten mit dem begrenzten Erdvorrat in ihren Behältnissen zurechtkommen und die Wurzeln ihre Suche nach Wasser und Nährstoffen an der Gefäßwand beenden müssen, ist Bewässern unerlässlich, Düngen zumindest sehr ratsam. Die sonstige Sommerpflege beschränkt sich oft auf das Entfernen verwelkter Blüten, sofern überhaupt nötig. Allerdings können Wetter sowie Schädlinge und Krankheiten so manchen Strich durch die Rechnung machen. Zuweilen sind kühle, verregnete Sommer Schuld daran, dass es trotz sorgfältiger Auswahl und Pflege nicht so grünt und blüht, wie man es gern hätte. Oder auch extrem heiße und trockene Jahre, in denen man mit dem Gießen kaum nachkommt und zwischendurch Gewitterböen die Blütenpracht arg zersausen. Da lässt sich wenig machen, abgesehen vom vorübergehenden Unterbringen in einer geschützten Ecke. Doch manchmal scheint, Wetter inklusive, alles zu stimmen – und trotzdem entwickeln sich manche Pflanzen schlecht oder blühen kaum. Das kann vielerlei Ursachen haben, oft sind es Wechselwirkungen zwischen verschiedenen Faktoren. Manchmal spielt der Witterungsverlauf im Frühjahr oder – bei Mehrjährigen – im vorangegangenen Herbst eine Rolle, manchmal frühere Düngefehler; bei Kübelpflanzen können es Folgen zu dunkler oder zu warmer Überwinterung sein. Zuweilen hilft sogar, ohne dass man es recht erklären kann, ein kleiner Standortwechsel oder vorzeitiges Umtopfen.

Mit einer automatischen Bewässerung lässt sich jeder Topf und jeder Kasten gezielt versorgen.

GARDENA Micro-Drip-System

Das A und O guten Wachstums: Gießen und Düngen

• • • Dass Wasser zu ihren unverzichtbaren „Betriebsstoffen" zählt, zeigen Pflanzen bei Gießfehlern schnell und sehr deutlich.

• • •

Gießt man direkt und ohne Brause in den Wurzelbereich, gelangt das Wasser am schnellsten dahin, wo es gebraucht wird.

PFLANZENGERECHTES GIESSEN beginnt bei der Wasserqualität. Oft macht Pflanzen schon das kalte und oft harte (stark kalkhaltige) Nass aus der Leitung zu schaffen. Einfache Gegenmaßnahme: Befüllt man die Kannen nach jedem Gießen gleich wieder, kann sich der Kalk etwas absetzen und das Wasser wird pflanzenfreundlich vorgewärmt. Hartes Wasser ab 20° dH (deutsche Härtegrade) sollte möglichst mit Wasseraufbereitungsmitteln oder Filtertorf (Garten-, Teichfachhandel) enthärtet werden. Für sehr kalkempfindliche Arten wie Rhododendren ist schon mittelhartes Wasser (ab 8° dH) kritisch und führt zu Kümmerwuchs, gelben Blättern, Knospen- oder Blütenabwurf. Wo die Möglichkeit zum Sammeln besteht, ist das weiche Regenwasser vorzuziehen.

TIPP

SPEZIALDÜNGER

Auf bestimmte Pflanzen zugeschnittene Dünger sind durchaus empfehlenswert, etwa für Petunien, Rhododendren und Zitruspflanzen. Besonders wichtig sind sie bei kalkempfindlichen Pflanzen, da die „normalen" Dünger durch Festlegung von Eisen Blattaufhellungen und Kümmerwuchs verursachen können.

Goldene Gießregeln

Bestimmte Gießpraktiken haben sich als besonders pflanzenfreundlich und zugleich wassersparend bewährt:

➤ Beachten Sie stets den Wasserbedarf je nach Art (→ Porträtteil), Entwicklungszustand der Pflanze und Witterung.

➤ Wässern Sie möglichst nur morgens oder abends, nicht in der prallen Mittagssonne, das führt zu unnötiger Verdunstung, die Tropfen können außerdem wie Brenngläser wirken.

➤ Gießen Sie vorzugsweise direkt in den Wurzelbereich und benetzen Sie die Blüten nicht. Abends sollten auch die Blätter möglichst wenig befeuchtet werden, damit sich in der kühleren Nacht keine Pilzkrankheiten ausbreiten.

➤ Bei den meisten Arten empfiehlt es sich, die Substratoberfläche bis zum nächsten Gießen etwa 2 cm tief abtrocknen zu lassen.

➤ Staunässe, d. h. ständig überschüssiges Wasser im Gefäß oder Untersetzer, muss bei den meisten Pflanzen vermieden werden, da sie zu Wurzelfäulnis führen kann. Deshalb sind auch Wasserabzugslöcher und Dränage in den Gefäßen so wichtig. Nässeempfindliche Pflanzen in Bodengefäßen stellt man am besten etwas erhöht auf, z. B. mit Hilfe so genannter Kübelfüßchen, damit überschüssiges Wasser gut ablaufen kann. Wassergefüllte Untersetzer und Übertöpfe sollten stets gleich geleert werden. Zu den wenigen Ausnahmen zählt der Oleander, dem die Bewässerung über einen gefüllten Untersetzer sehr gut bekommt. Freilich brauchen auch Sumpf- und Wasserpflanzen in Mini-Teichen ständig „nasse Füße".

Automatische Bewässerung

Es gibt verschiedene Verfahren der automatischen Bewässerung, die auch für Hobby- und Balkongärtner erschwinglich sind. Sie sparen Gießarbeit und Wasser, versorgen die Pflanzen bedarfsgerecht und stellen eine elegante Lösung für längere Abwesenheiten, etwa in der Urlaubszeit, dar (→ Bild Seite 65).
Meist gelangt das Wasser über Tropfer an dünnen Verteilerrohren oder -schläuchen zu den Pflanzen. Manche Tropfer sowie Dochtsysteme sind „selbstregulierend", d. h. reagieren aufgrund physikalischer Prinzipien auf zunehmende Trockenheit im Substrat. Eine gezieltere, vollautomatische Steuerung erlauben Verfahren, bei denen Feuchtefühler Rückmeldung an einen Bewässerungscomputer geben. Sie werden mit Reihentropfern für Balkonkästen oder Einzeltropfern für Töpfe angeboten, auch in praktischen, leicht zu montierenden Sets für ganze Balkone und Terrassen.

Hinweise zum Düngen

Der Nährstoffvorrat in der Topferde reicht in der Regel für die ersten 4–6 Wochen nach der Pflanzung aus. Erst dann beginnt die regelmäßige Düngung, die sich im Idealfall an den jeweiligen Ansprüchen (→ Porträtteil) orientiert. Im Zweifelsfall düngt man besser etwas zu wenig als im Übermaß. Nährstoffmangel äußert sich meist durch aufgehellte, kleiner bleibende Blätter und kann Wuchs wie Blüte beeinträchtigen.
Recht einfach gestaltet sich die Nährstoffversorgung mit **Flüssigdünger**, der in Wasser gelöst und mit der Gießkanne ausgebracht wird. Doch auch **Festdünger** machen nicht allzu viel Mühe (→ Bild rechts). Auf die Bedürfnisse von Balkon- und Kübelpflanzen zugeschnittene Fest- wie Flüssigdünger gibt es auch in rein organischer Form. Durch die allmähliche Abgabe der Nährstoffe kann es hier kaum zu einer Überdüngung kommen, die Versorgung erfolgt recht nachhaltig. Vorteilhaft sind organische Dünger mit beigemischten Mikroorganismen, die den Nährstoffaufschluss verbessern.
Nachhaltig wirken auch **Langzeitdünger**, die man dem Substrat untermischt oder zu Saisonbeginn einarbeitet. Bei mittlerem Nährstoffbedarf reicht dieser Vorrat bis zu 6 Monate.

Feste Dünger streut man trocken auf die Substratoberfläche, verteilt sie dabei gleichmäßig, arbeitet sie etwas ein (vorsichtig, ohne Wurzeln zu verletzen) und gießt dann gründlich an.

Praxis

Pflegemaßnahmen im Sommer

Neben Gießen und Düngen ist im Sommer noch der eine oder andere Handgriff nötig, um Blüte und Wuchs zu unterstützen. Das meiste lässt sich gewissermaßen nebenbei erledigen, so dass das Genießen des „grünen Wohnzimmers" keinesfalls zu kurz kommen muss.

Ausputzen

1

Bei Pelargonien bricht man verwelkte Blütenstände direkt an der Abzweigungsstelle aus.

Rückschnitt

2

Margeriten zeigen nach dem Einkürzen verblühter Triebe bald wieder volle Blütenpracht.

DIE HIER BESCHRIEBENEN Arbeiten fallen je nach Pflanzengruppe und Pflanzenart in verschiedenem Ausmaß und auf unterschiedliche Art und Weise an (→ Porträtteil).

Ausputzen und Blüte fördern

Der Begriff **„Ausputzen"** mag ein wenig an überzogenen Ordnungssinn erinnern. Doch diese Maßnahme dient häufig nicht nur dem besseren Erscheinungsbild, sondern auch dem Erhalten eines sommerlangen Flors. Man versteht darunter das – möglichst regelmäßige – Entfernen abgeblühter Teile, wodurch die Entwicklung neuer Blütenknospen gefördert wird. Besonders wichtig ist das Ausputzen bei Arten, die stark zur Frucht- bzw. Samenbildung neigen, da dies deutlich auf Kosten des nachfolgenden Flors geht.

➤ Oft lassen sich die welken Blüten einfach abzupfen oder mit den Fingernägeln abkneifen, andernfalls müssen Sie ein scharfes Messer oder die Gartenschere zu Hilfe nehmen.

➤ Bei Pelargonien bricht man die kompletten verwelkten Blütenstiele an ihrer Ansatzstelle vorsichtig aus. So genannte selbst reinigende Arten und Sorten, die es z. B. bei den Hängepelargonien gibt, werfen abgeblühte Blütenstände von sich aus ab.

➤ Entfernen Sie auch gelbe oder welke Blätter und abgeknickte oder anderweitig beschädigte Triebe bzw. schneiden Sie diese bis in den unverletzten Bereich zurück, damit sich keine Krankheiten ansiedeln können.

Bei manchen Pflanzen verhilft auch ein **Rückschnitt** zu fast durchgängiger Blüte. Dies betrifft vor allem Sommerblumen wie Männertreu und Duftsteinrich, die nach einem ersten Hauptflor im Juni/Juli eine Blühpause einlegen. Durch Zurückschneiden der abgeblühten Triebe um gut ein Drittel lässt sich der Austrieb neuer Knospen beschleunigen. Ähnlich verhält es sich mit den verschiedenen Margeriten, die man allerdings nur etwa um ein Viertel einkürzt.

Aufbinden und Stützen

Hochwüchsige, nur mäßig standfeste Pflanzen sollten frühzeitig eine Stütze erhalten, besonders an etwas windigen Plätzen. Auch Kübelpflanzen-Hochstämmchen und Obstbäumchen werden von Anfang an gestäbt. Noch besser als Holzstützen eignen sich dafür die leichten, aber sehr stabilen, recht verrottungsbeständigen Bambus- oder Tonkinstäbe. Man drückt sie vorsichtig mit etwas Abstand vom Stängel bzw. Stamm möglichst tief in die Erde.

Angebunden werden die Pflanzen am besten mit einer nicht zu strammen

Achterschleife, die Einschnürungen vorbeugt: Dazu Schnur um den Spross legen, zwischen Spross und Stab überkreuzen und schließlich die Schnur auf der gegenüber liegenden Seite der Stütze verknoten. Die Schnur liegt dann in Form einer liegenden Acht um Spross und Stütze.
Diese Bindetechnik empfiehlt sich auch beim Aufleiten von Kletterpflanzen, deren Triebe sich nicht von allein an der Unterlage festhalten.
Zum Stützen kommt außerdem verschiedenes Zubehör infrage, für buschige, zum Auseinanderfallen neigende Pflanzen z. B. Stützringe oder Staudenhalter, für Hochstämmchen mit schwerer Krone Spezialstützen aus Metall, für mäßig langtriebige Kletterpflanzen Drahtbögen o. Ä. zum Einstecken in Töpfe. Die meisten Kletterpflanzen brauchen jedoch ein richtiges Rankgerüst (→ Seite 21), wobei man oft durch Anbinden der Triebe etwas nachhelfen muss.

Schnittmaßnahmen

Neben dem meist im Frühjahr vorgenommenen Rückschnitt bei Kübelpflanzen (→ Seite 75) kann gelegentlich auch im Sommer die Schere in Aktion treten. Eher punktuell geschieht dies an störenden oder beschädigten Trieben, die man direkt an ihrer Ansatz- bzw. Abzweigungsstelle oder über einer nach außen weisenden Knospe wegschneidet.
Auch Topf- und Klettergehölze können auf diese Weise sanft korrigiert werden. Bei im Frühjahr oder Frühsommer blühenden Gehölzen wie Zierkirschen darf man radikaler vorgehen, indem man gleich nach der Blüte deutlich überalterte Äste und Zweige herausschneidet. Ansonsten ist intensiver Schereneinsatz im Sommer nur dann gefragt, wenn Blattschmuckpflanzen wie Buchs, Brautmyrte oder Lorbeer in dekorative Formen gebracht werden sollen. Es müssen nicht gleich komplizierte Ornamente oder Tierfiguren sein – für den Einstieg empfehlen sich etwas einfachere Vorhaben wie Kugeln oder Pyramiden.

➤ Beginnen Sie mit dem **Formschnitt** an möglichst jungen Gehölzen und fertigen Sie zunächst aus Draht eine Schablone in der gewünschten Gestalt an. Nehmen Sie für Pyramiden und Kegel zusätzlich Stäbe zur Hilfe.

➤ Stülpen Sie diese Schablone über die Pflanze und schneiden Sie überstehende Triebe ab, z. B. den eine angestrebte Kugelform überragenden Haupttrieb.

➤ Kürzen Sie Seitentriebe anfangs immer wieder ein, um so einen kompakten Wuchs zu erzielen.

➤ Sobald das Gehölz das Schablonengerüst ausfüllt, schneiden Sie nur noch den Teil des Neuaustriebs weg, der über die Konturen hinausragt.

Geschnitten wird ein- bis dreimal im Jahr. Der Hauptschnitt erfolgt im Mai/Juni, der letzte im August.

➤ *Praxisinfo*

WEITERE PFLEGEMASSNAHMEN

- ✗ Spannen Sie bei Dauerregen Folie mit etwas Abstand über empfindlichen Pflanzen auf.
- ✗ Setzen Sie Markisen oder Sonnenschirme als Schutz gegen intensive Sonnenstrahlung ein.
- ✗ Lockern Sie verhärtete Substratoberflächen mit einer kleinen Handhacke oder Gabel vorsichtig auf.
- ✗ Ersetzen Sie regelmäßig verdunstetes Nass in Mini-Teichen durch langsam zulaufendes Wasser.

3 *Aufbinden*
Für das Anbinden an Stützstäbe und Rankhilfen empfiehlt sich eine Achterschleife.

4 *Stützen*
Durch Stützringe oder Staudenhalter lassen sich Pflanzen unauffällig stabilisieren.

5 *Formschnitt*
Kleinblättrige Pflanzen kann man „scheren", ansonsten kürzt man die Triebe einzeln ein.

Alternative zum Spritzen: Gelbsticker schützen vor Weißen Fliegen.

Nützliche Insekten sollten keinesfalls durch Gifte gefährdet werden.

Pflanzen schützen – vorbeugen und behandeln

Leider trüben Schädlinge und Krankheiten nicht selten die Freude. Doch oft ist ungiftige Abwehr möglich.

In manchen Jahren kommt es wetterbedingt zu starker Massenvermehrung von Schädlingen wie Blatt- oder Schildläusen, Spinnmilben und Thripsen (→ Seite 72/73) oder Feuchte liebenden Pilzkrankheiten. Teils versagen dann selbst die besten Vorbeugungsmaßnahmen. Das häufig etwas wärmere, windgeschützte Kleinklima auf Balkon und Terrasse sowie die Ansammlung vieler Pflanzen auf engem Raum führen mit dazu, dass die Schützlinge in Kästen und Töpfen oft besonders geplagt sind.

Selbst bei ungünstigen Rahmenbedingungen gilt jedoch: Am richtigen Platz stehende, rundum gut versorgte Pflanzen haben beste Chancen, ohne oder mit nur geringem Befall davonzukommen.

Vorbeugende Maßnahmen

➤ Zu den wichtigen Vorbeugungsmaßnahmen zählt die Hygiene: Saubere Pflanzgefäße und Pflanzenstützen sowie nach jedem Gebrauch gereinigtes Arbeitsgerät können der Ausbreitung von Virus-, Bakterien- und Pilzkrankheiten entgegenwirken.

➤ Die Widerstandsfähigkeit der Pflanzen, vor allem gegen Schadpilze, lässt sich durch käufliche Pflanzenstärkungsmittel unterstützen.

➤ Des weiteren trägt eine vielfältige Bepflanzung zur Vorbeugung bei, da manche Schädlinge und Krankheiten nur an bestimmten Arten auftreten.

➤ Schließlich können Sie, soweit verfügbar, auf resistente bzw. tolerante Sorten achten, die für spezielle Krankheiten, z. B. Mehltau, nicht oder kaum anfällig sind.
➤ Sehen Sie sich Ihre Pflanzen regelmäßig und sorgfältig an. Je früher ein Befall bemerkt wird, desto einfacher gelingt meist die Abwehr.
➤ Nicht jede Blattverfärbung oder Wuchsstörung muss auf Schaderreger hinweisen. Wenn auch nach vorsichtigem Freilegen und Begutachten eines Teils der Wurzeln keine Hinweise auf Parasiten zu finden sind, sollten Sie zunächst eventuelle Pflege- oder Standortfehler und extreme Witterungsbedingungen als Ursache in Betracht ziehen.
➤ Sehr schwer zu diagnostizieren sind Viren, Bakterien, über die Wurzeln eindringende Pilze sowie die winzigen Nematoden (Wurzel-, Blatt- oder Stängelälchen). Im Zweifelsfall kann ein gut ausgebildeter Fachverkäufer oder der regional zuständige Pflanzenschutzdienst bei der Diagnose weiterhelfen.

Sanfte Abwehr

➤ Durch konsequentes Entfernen „merkwürdig" aussehender, verformter oder verfärbter Pflanzenteile lässt sich so mancher Befall von vornherein abbremsen.
➤ Bei sichtbaren Schädlingen hilft teils auch das Abschneiden besonders stark besetzter Triebe, das Absammeln bzw. Zerquetschen der Tiere oder mehrmaliges Absprühen mit kräftigem Wasserstrahl.
➤ Weiße Fliegen z. B. lassen sich im Wintergarten mit leimbeschichteten Gelbstickern oder Gelbtafeln unschädlich machen, auf deren Farbe sie wortwörtlich „fliegen".
➤ Ein besonders schonendes Verfahren ist der Einsatz von Nützlingen, die Schädlinge parasitieren oder auffressen. Allerdings funktioniert das meist nur unter den besonders geschützten Bedingungen im Wintergarten oder Haus sicher. Mit Einschränkungen lassen sich z. B. über den Fachhandel beziehbare Florfliegen noch auf Balkon und Terrasse gegen Blattläuse und Thripse einsetzen. Einfacher und auch draußen gut anwendbar sind winzige Nützlinge wie die pflanzenunschädlichen Nematoden gegen Dickmaulrüssler, die ähnlich wie ein „normales" Präparat in Wasser gelöst und ausgegossen werden.

Pflanzenschutzmittel

Nicht zuletzt aufgrund starker gesetzlicher Einschränkungen stehen dem Hobbygärtner heute hauptsächlich mindergiftige oder gar für Menschen ungiftige Pflanzenschutzmittel zur Verfügung. Dennoch ist stets höchste Vorsicht und Sorgfalt geboten:
➤ Setzen Sie Pflanzenschutzmittel nur für den ausgewiesenen Anwendungsbereich und genau nach den Angaben im Beipackzettel ein.
➤ Gehen Sie auch mit relativ ungiftigen oder aus Pflanzen gewonnenen Mitteln vorsichtig um und bewahren Sie diese unbedingt unzugänglich für Kinder auf.
Bewährt haben sich z. B. Präparate auf Rapsöl- oder Lecithinbasis, kombiniert mit dem aus Pflanzen gewonnenen Wirkstoff Pyrethrum in geringer, aber wirksamer Dosierung. Solche Mittel, teils als praktische Sprays oder in Sprühflaschen erhältlich, erfassen verschiedene Schädlinge, im Fall von Lecithin auch Mehltau, und sind gut pflanzenverträglich.
Andere recht schonende und umweltverträgliche Präparate basieren z. B. auf Paraffinöl, Extrakten des Neembaums, natürlichen Fettsäuren, Kali-Schmierseife oder auch auf rein chemisch hergestellten, jedoch bienen- und nützlingsschonenden Wirkstoffen.

Wichtig beim Anwenden von Pflanzenschutzmitteln: Besprühen Sie die befallenen Pfleglinge sehr gründlich und tropfnass, auch auf den Blattunterseiten. Beachten Sie dabei stets genau die Anwendungsvorschriften.

Schädlinge

Blattläuse

➤ **Schadbild:** stark eingerollte, gekräuselte Blätter; klebrige Pflanzenteile, häufig mit schwarzem Pilzbelag
➤ **Schädlinge:** grüne, schwarze oder graue Insekten, 1–5 mm groß, oft dicht gedrängt an Triebspitzen und Blattunterseiten
➤ **Vorbeugen:** übermäßige Düngung vermeiden; ausreichend gießen
➤ **Bekämpfen:** Läuse abstreifen oder abspritzen; bienen- und nützlingsschonende Präparate einsetzen

Spinnmilben (Rote Spinne)

➤ **Schadbild:** vergilbte, welkende Blätter mit gelben bis silbrigen Sprenkeln; bei starkem Befall weiße Gespinste
➤ **Schädlinge:** winzige, rundliche Tiere, gelbbraun bis rötlich, an den Blattunterseiten saugend
➤ **Vorbeugen:** sehr heiße, lufttrockene Plätze meiden; Kübelpflanzen nicht zu warm überwintern
➤ **Bekämpfen:** Pflanzen kühler stellen, feuchter halten, öfter besprühen; geeignetes Präparat einsetzen

Schildläuse

➤ **Schadbild:** vergilbende, abfallende Blätter; oft klebrige Beläge; pustelähnliche gelbe oder braune Schilde auf Blattunterseiten und Trieben, 1–3 mm groß; häufig an z. B. an Oleander
➤ **Schädlinge:** saugende Insekten, die sich unter festen Schilden verbergen
➤ **Vorbeugen:** Kübelpflanzen nicht zu warm überwintern; oft kontrollieren
➤ **Bekämpfen:** Schilde abkratzen, mit Schmierseife nachbehandeln; bei starkem Befall ölhaltige Präparate spritzen

Schädlinge

Weiße Fliegen

➤ **Schadbild:** vergilbende, abfallende Blätter; klebrige Pflanzenteile, häufig mit schwarzem Pilzbelag; bei Berührung fliegen kleine, weiße Insekten auf
➤ **Schädlinge:** 1–2 mm groß, mit mehlartig weißen Flügeln, saugend
➤ **Vorbeugen:** heiße, schlecht belüftete Standorte meiden; im Wintergarten Gelbsticker einsetzen
➤ **Bekämpfen:** mit Schmierseifenlösung oder zugelassenem Präparat mehrmals spritzen

Thripse (Blasenfüße)

➤ **Schadbild:** an Blättern silbrige Sprenkel, anfangs punktförmig, später fleckig; schwarze, lackartige Kotpunkte
➤ **Schädlinge:** winzige gelbliche oder schwarzbraune Insekten
➤ **Vorbeugen:** zu heiße, schlecht belüftete Standorte meiden; Kübelpflanzen nicht zu warm überwintern
➤ **Bekämpfen:** am geschützten Platz Einsatz von Florfliegen möglich; bei starkem Befall bienen- und nützlingsschonende Präparate verwenden

Dickmaulrüssler

➤ **Schadbild:** an Blatträndern große Fraßkerben; plötzliches Welken der Pflanze; des Öfteren an Rhododendren
➤ **Schädlinge:** grauschwarze Käfer, ca. 10 mm lang, nachtaktiv, fressen Blätter an; weißliche Larven in der Topferde, fressen an den Wurzeln
➤ **Vorbeugen:** häufig kontrollieren, beim Umtopfen Erde untersuchen
➤ **Bekämpfen:** Käfer abends mit Taschenlampe absammeln; Larven durch parasitäre Nematoden bekämpfbar

Krankheiten

Echter Mehltau

- **Schadbild:** weißlicher, mehliger Belag auf Blattoberseiten, auch an Blüten und Knospen; häufig z. B. an Begonien, Rosen, Chrysanthemen, Zinnien
- **Ursache:** Schadpilz
- **Vorbeugen:** ausgewogene Düngung; nicht zu dicht pflanzen; zu warme, prallsonnige Plätze meiden
- **Bekämpfen:** befallene Teile entfernen, mehrmals mit Pflanzenstärkungsmittel behandeln; bei starkem Befall Lecithin-Präparate einsetzen

Blattfleckenkrankheit

- **Schadbild:** auf Blättern verstreute Flecken unterschiedlichster Form und Farbe, oft mit dunkler Umrandung
- **Ursache:** meist verschiedene Pilzkrankheiten; evtl. auch Bakterien, dann Flecken bei Feuchte schleimig
- **Vorbeugen:** ausgewogene Düngung; nicht zu eng pflanzen; Pflanzen nicht zu feucht halten, Blätter wenig benetzen
- **Bekämpfen:** befallene Teile entfernen, mit Pflanzenstärkungsmittel behandeln; notfalls Pflanze entfernen

Grauschimmel

- **Schadbild:** braungraue, schmierige Beläge auf Blättern und anderen Pflanzenteilen; tritt öfter nach Dauerregen auf, z. B. an Begonien, Erdbeeren
- **Ursache:** Schadpilz
- **Vorbeugen:** ausgewogene Düngung; nicht zu eng pflanzen; Pflanzen nicht zu feucht halten, Blätter wenig benetzen
- **Bekämpfen:** befallene Teile entfernen, mehrmals mit Pflanzenstärkungsmittel behandeln; Pflanzen luftiger und trockener halten

Krankheiten

Rost

- **Schadbild:** rötliche oder gelbliche Pusteln, meist an Blattunterseiten, Oberseitenhell gefleckt, Blätter sterben mit der Zeit ab; häufig z. B. an Pelargonien, Fuchsien, Nelken, Rosen
- **Ursache:** Schadpilz
- **Vorbeugen:** ausgewogene Düngung; Pflanzen nicht zu feucht halten
- **Bekämpfen:** kranke Teile entfernen, mehrmals mit Pflanzenstärkungsmittel behandeln; bei starkem Befall ganze Pflanze beseitigen

Oleanderkrebs

- **Schadbild:** nur an Oleander: auf Blättern braune, kreisrunde, aufgewölbte Flecken, die sich vergrößern; krebsartige Wucherungen an Trieben
- **Ursache:** Bakterien *(Pseudomonas)*
- **Vorbeugen:** möglichst optimale Pflege und Überwinterung; bei Befallsverdacht keine Stecklingsvermehrung
- **Bekämpfen:** befallene Triebe großzügig bis in gesunde Bereiche wegschneiden; notfalls die ganze Pflanze entfernen

Bakterienwelke

- **Schadbild:** hauptsächlich an Pelargonien: Blätter welken, oft V-förmige Verbräunung am Blattrand, teils Stängelfäule; bei Aufschneiden von Stängeln tritt braunweißlicher Schleim aus
- **Ursache:** Bakterien (*Xanthomonas* oder Schleimkrankheit)
- **Vorbeugen:** Hygiene bei der Pflege
- **Bekämpfen:** befallene Pflanzen umgehend entfernen; vom zuständigen Pflanzenschutzamt untersuchen lassen (Schleimkrankheit ist meldepflichtig)

➤ *Praxis*

Überwintern, Schneiden, Umtopfen

• • • Während die letzten Sommerblumen noch für bunte Tupfer sorgen, gilt es, sich Gedanken um die mehrjährigen Kübel- und Topfpflanzen zu machen. Gerade für die Gäste aus warmen Ländern beginnt nun eine schwere Zeit, die gut vorbereitet und überbrückt sein will.

Pelargonien säubern 1

Pelargonien vor dem Überwintern gründlich ausputzen; auch die letzten Blüten entfernen.

Kübelpflanzen einräumen 2

Beim Transport großer, schwerer Exemplare helfen Traggurte, Sackkarre oder Kübelroller.

ZU DEN WICHTIGEN Voraussetzungen für eine problemlose Überwinterung von Topf- und Kübelpflanzen gehört das frühe Einstellen der Düngung – etwa Anfang August –, damit alle neu gebildeten Triebe bis zum Herbst noch gut ausreifen können.

Überwinterung im Freien

Die meisten Topfstauden und -gehölze inklusive Kübelobst, die auch im Garten wachsen, lassen sich mit etwas Schutz im Freien gut über den Winter bringen.

➤ Am besten rücken Sie die Töpfe an einen geschützten Platz nahe der Hauswand.

➤ Isolieren Sie die – unbedingt frostfesten – Gefäße von unten her, indem Sie sie auf dicke Styroporplatten oder Holzbretter stellen, damit der Wurzelballen nicht durchfrieren kann.

➤ Umhüllen Sie die Töpfe mit alten Wolldecken, Sackleinen, Jutestoff, Noppenfolie, Kokosübertöpfen oder Kokosmatten.

➤ Decken Sie bei starken Frösten am besten auch die Substratoberfläche mit Laub, Fichtenzweigen, Stroh, Kokosmaterial oder mit Zeitungen und Pappe (mit Steinen beschweren) ab.

➤ Schützen Sie die Triebe empfindlicher Pflanzen zusätzlich mit Leintüchern, Jutegewebe oder Abdeckvlies für den Gartenbau.

➤ Eine besonders gute Gefäßisolierung brauchen Mini-Teiche, die aufgrund ihrer Größe und Schwere im Freien bleiben müssen.

➤ Denken Sie daran, vor allem die immergrünen Pflanzen an frostfreien Tagen gelegentlich zu gießen, da sie auch im Winter Wasser verdunsten.

Überwinterung im Haus

Kandidaten für eine Überwinterung im Haus oder frostfreien Nebengebäuden sind Kübelpflanzen, empfindliche Topfgehölze und einige Sommerblumen, die mehrjährig kultiviert werden können, vor allem Pelargonien; außerdem Wasserpflanzen in Miniteichen.

➤ Räumen Sie die Pflanzen vor den ersten Frösten, also etwa ab Mitte Oktober, ein.

➤ Manche Kübelpflanzen vertragen einige Minusgrade (→ Porträtteil) und sollten dann auch nicht allzu früh ins Winterquartier kommen.

➤ Bringen Sie nicht winterharte Wasserpflanzen wie Zwergseerosen hell und frostfrei in wassergefüllten Eimern unter.

➤ Die meisten Überwinterungsgäste wollen kühl und hell stehen (Ausnahmen → Porträtteil).

➤ Untersuchen Sie drinnen überwinternde Pflanzen am besten wöchentlich auf Schädlinge und Krankheiten.

➤ Gießen Sie nur so viel, dass der Ballen nicht ganz austrocknet, und halten Sie dunkel untergebrachte Pflanzen fast trocken.
➤ Vor dem endgültigen Umzug ins Freie (meist ab Mitte bis Ende Mai) sollten Sie die Pflanzen langsam abhärten (→ Seite 56).

Schneiden und Umtopfen

Kübelpflanzen und Topfgehölze werden am besten gegen Ende ihrer Ruhezeit, also im Spätwinter geschnitten, im Freien überwinternde Arten jedoch nur bei frostfreiem Wetter. Stets sollte man dabei folgende Grundregeln beherzigen:
➤ Verwenden Sie nur gut geschärftes Werkzeug, und vermeiden Sie unbedingt Quetschungen und Rindenrisse.
➤ Schneiden Sie Zweige und Seitentriebe direkt an ihrer Ansatzstelle ab und lassen Sie keine Stummel stehen.
➤ Setzen Sie beim Rückschnitt bzw. Einkürzen die Schere etwas schräg kurz oberhalb einer nach außen weisenden Knospe an.
Beim Schneiden von Kübelpflanzen und Topfgehölzen unterscheidet man zwischen Rückschnitt und Auslichtungsschnitt. Der **Rückschnitt** dient in erster Linie dazu, die Pflanzen zu stärkerer Verzweigung oder Bildung neuer Blütentriebe anzuregen. In der Regel kürzt man dazu die Triebe um mindestens ein Drittel ein.

Ein **Auslichtungsschnitt** wird vor allem an älteren Kübelpflanzen und Topfgehölzen nötig. Dazu werden abgestorbene, schwache und zu dicht stehende Triebe entfernt, ebenso wie überalterte Äste, die kaum noch Blüten hervorbringen. Da je nach Art Blütenansatz und Zuwachs an verschiedenen „Triebgenerationen“ erfolgen (mehrjährig, vorjährig oder diesjährig), sollte man die Pflanzen während der Wachstumszeit genau in Augenschein nehmen, um nicht aus Versehen Blütenzweige abzuschneiden.
Das **Umtopfen** ist erst etwas später an der Reihe, bei Austriebsbeginn zwischen Ende Februar und Mai, und kann notfalls noch im Frühsommer nachgeholt werden.
Bei jungen Kübelpflanzen und Topfgehölzen steht das Umtopfen jährlich an, später reichen je nach Entwicklung alle 2–4 Jahre.
Erreicht der benötigte Kübel irgendwann „untragbare“ Dimensionen, können Sie den Wurzelballen reduzieren, z. B. bei Engelstrompete und Oleander. Schneiden Sie dazu zunächst unten mit einem scharfem Messer eine mehrere Zentimeter dicke Scheibe ab und machen Sie dann an den Seiten bis zu drei keilförmige Einschnitte in den Wurzelballen.
Beim eigentlichen Eintopfen können Sie so vorgehen, wie beim Bepflanzen von Gefäßen beschrieben (→ Seite 62).

➤ *Praxisinfo*

SCHNEIDEN UND UMTOPFEN

Zeitpunkt:
✗ Schnitt: Ende Januar bis Anfang März; frühjahrsblühende Gehölze erst nach der Blüte; alle 1–2 Jahre

✗ Umtopfen: ab Austrieb bis Ende Mai; anfangs jährlich, später alle 2–4 Jahre, je nach Wuchsstärke

Zubehör, Werkzeug:
✗ Zum Schneiden: Gartenschere, scharfes Messer, Astsäge, ggf. Wundverschlussmittel

✗ Zum Umtopfen: neue Gefäße (je nach Alter 2–8 cm größer), Dränagematerial, Topferde, scharfes Messer

Draußen überwintern 3
Eine gute Topfisolierung bewahrt die Pflanzen vor dem Durchfrieren des Erdballens.

Schnitttechnik 4
Rückschnitt: Schere etwas schräg, knapp über einer Knospe ansetzen.

Umtopfen 5
Durch keilförmige Einschnitte lässt sich Platz für frische Erde schaffen.

Arbeitskalender

Februar – Mai: Das Blühen beginnt

FEBRUAR

- **Überwinternde Balkon- und** Kübelpflanzen regelmäßig kontrollieren; draußen gelegentlich den Winterschutz überprüfen; Immergrüne nach Frostperioden gießen
- Kübelpflanzen und Topfgehölze schneiden, bei Austrieb umtopfen
- Gegen Monatsende vorgezogene zeitige Frühjahrsblüher, z. B. Krokusse, pflanzen
- Samen kaufen, erste Balkonblumen vorziehen

MÄRZ

- **Frühjahrsgefäße mit** gekauften Pflanzen bestücken; Sommerblumen, Gemüse und Kräuter vorziehen, erste Saaten pikieren
- Pflanzgefäße gründlich reinigen, bei Bedarf neue kaufen; Kastenhalter und sonstige Befestigungen nicht vergessen
- Kübelpflanzen wärmer stellen, gründlich auf Schädlinge kontrollieren; letzte Kübelpflanzen und Topfgehölze schneiden, umtopfen; Zier- und Obstgehölze in Kübel pflanzen

Juni – September: Pflegen, Gießen und Genießen

JUNI

- **Düngung bei Balkonblumen** beginnen; regelmäßig gießen und Verblühtes entfernen; Kletterpflanzen aufleiten; auf Schädlinge und Krankheiten achten
- Automatische Bewässerung installieren, wenn gewünscht; Probelauf durchführen
- Bei Bedarf noch Pflanzen nachkaufen; Zweijährige wie Tausendschön und Vergissmeinnicht vorziehen; Mini-Teiche bepflanzen; Frühjahrskästen räumen, wenn verblüht

JULI

- **Regelmäßig gießen, düngen** und Verblühtes entfernen; hoch wachsende Pflanzen stützen, Kletterpflanzen aufleiten; auf Schädlinge und Krankheiten achten
- Je nach Wetter Pflanzen vor sengender Sonne (Markisen o. Ä.) oder Dauerregen (Folienüberspannung) schützen
- Vorm Urlaub Gießvertretung abklären (Freunde, Nachbarn) oder automatische Bewässerung überprüfen

Oktober – Januar: Ausklang, Winterruhe, Neustart

OKTOBER

- **Herbst- und Winterbepflanzung** vornehmen; Frühjahrskästen und -schalen mit Zwiebeln und Knollen bepflanzen; Sommerkästen räumen, wenn verblüht
- Empfindliche mehrjährige Pflanzen vor den ersten Frösten einräumen, dann nach und nach – je nach Frostverträglichkeit – alle weiteren Kübelpflanzen
- Draußen überwinternde Pflanzen und Mini-Teiche mit Schutz versehen

NOVEMBER

- **Überwinternde Balkon-** und Kübelpflanzen regelmäßig kontrollieren; Frostschutz draußen überprüfen, Immergrüne nach Frostperioden wässern
- Letzte Wasserinstallationen draußen frostfest machen; Pflanzgefäße am besten gleich gründlich reinigen, ebenso die Arbeitsgeräte; Samentüten kühl und trocken unterbringen
- In Katalogen und Gartenzeitschriften schmökern, neue Bepflanzungen und Gestaltungen planen

APRIL

- **Jungpflanzen und neue** Kübelpflanzen bestellen, gegen Ende des Monats Angebot von Gärtnereien und Gartencentern begutachten
- Noch Sommerblumen, Gemüse und Kräuter vorziehen, pikieren; Jungpflanzen entspitzen
- Düngung bei Kübelpflanzen beginnen, etwas häufiger gießen; Zier- und Obstgehölze in Kübel pflanzen
- An warmen Tagen Pflanzen draußen abhärten

MAI

- **Balkonblumen kaufen und** in Gefäße pflanzen
- Letzte Kübelpflanzen umtopfen; Zier- und Obstgehölze in Kübel pflanzen
- Nach Mitte Mai Kästen und Pflanzen nach draußen stellen, sofern nicht noch zu kalt und zu nass; mit besonders empfindlichen Arten bis Ende Mai warten
- Vor drohenden Spätfrösten Abdeckvlies oder Tücher auflegen

AUGUST

- **Regelmäßig gießen, düngen** und Verblühtes entfernen; Pflanzen stützen und aufleiten; auf Schädlinge und Krankheiten achten
- Pflanzen vor sengender Sonne oder Dauerregen schützen (siehe Juli)
- Wenn Urlaub ansteht, Vorbereitungen wie beim Juli beschrieben
- Spätestens Mitte August bei allen Überwinterungskandidaten Düngung einstellen

SEPTEMBER

- **Balkonblumen weiterhin** gießen, düngen und ausputzen; erste verblühte Kästen räumen
- Herbstbepflanzung vornehmen; Frühjahrskästen und -schalen mit Zwiebeln und Knollen bepflanzen
- In rauen Lagen gegen Ende des Monats Frostwarnungen beachten, wenn nötig, empfindliche Kübelpflanzen einräumen; Überwinterungsquartiere für mehrjährige Balkon- und Kübelpflanzen sowie Mini-Teiche vorbereiten

DEZEMBER

- **Überwinternde Balkon-** und Kübelpflanzen regelmäßig kontrollieren; Frostschutz draußen überprüfen, Immergrüne nach Frostperioden wässern
- In Katalogen und Gartenzeitschriften schmökern, neue Gestaltungen planen; sich über Winterbepflanzungen freuen
- Das verflossene Balkon- und Terrassenjahr Revue passieren lassen: Was lässt sich nächstes Jahr noch verbessern?

JANUAR

- **Überwinternde Balkon-** und Kübelpflanzen regelmäßig kontrollieren; Frostschutz draußen überprüfen, Immergrüne nach Frostperioden wässern
- Saatgut bestellen; wenn ein ausreichend heller und warmer Platz vorhanden, samenvermehrbare Pelargonien und andere zeitig zu säende Arten vorziehen
- Ab Mitte des Monats Kübelpflanzen und Topfgehölze schneiden

Pflanzen für Balkon und Terrasse

Hinweise zur Pflanzen-auswahl und den Porträts

• • • Nutzen Sie die Vielfalt der vorgestellten Pflanzen. Darunter findet sich Schönes und Nützliches für jeden Balkon und jede Terrasse.

Balkon- und Zwiebelblumen, Kübelpflanzen, zunehmend auch Gartenpflanzen wie Topfstauden und Topfgehölze – das Angebot an Pflanzen für Balkon und Terrasse ist immens. Da man das „grüne Wohnzimmer" jährlich neu ausgestaltet, lässt sich zumindest bei den kurzlebigen Arten immer wieder aus dem Vollen schöpfen.

Namensdschungel und Sortenwahl

Für eine standortgerechte Auswahl und schön abgestimmte Gestaltung ist es natürlich gut zu wissen, was man sich da genau auf den Balkon holt. Doch gerade neu eingeführte Pflanzen findet man oft unter einer Vielzahl verschiedener Bezeichnungen. Da hilft es schon viel, wenn man den ausgewiesenen botanischen Namen kennt, der sogar international einheitlich gehandhabt wird. Allerdings sind sich bei den oft aus fernen Ländern eingeführten Arten die Botaniker manchmal nicht ganz einig, teils kommt es auch zu Umbenennungen.
Spezielle Züchtungen innerhalb einer Art erhalten Sortennamen in einfachen Anführungszeichen, so etwa die Pelargonie 'Ville de Paris'. Verschiedene Sorten können sich in Blütenfarben und -formen, Wuchseigenschaften und sogar in ihren Standortansprüchen unterscheiden (→ Seite 82).
Oft sind jedoch die Sortennamen am Verkaufsort nicht ausgewiesen, so dass man sich auf beigefügte Kurzbeschreibungen oder gar nur Angaben zur Blütenfarbe verlassen muss.

• • •

Kleine Topfgehölze wie Hortensie und Buchs erweitern die Bepflanzungsmöglichkeiten. Dies nicht nur auf der Terrasse, sie können auch Balkone mittlerer Größe zieren.

Gezielterer Einkauf nach Sorten ist eher bei Bestellung nach Katalogen möglich. Diese stellen – neben Gartenzeitschriften oder auch Internetseiten der Züchter – zugleich gute Informationsquellen dar, wenn man sich für bestimmte Neuheiten interessiert.

Pflanzenauswahl und Giftigkeit

Eine Pflanzenwahl, an der man nachhaltig Freude hat, muss in jedem Fall die Standortverhältnisse auf Balkon oder Terrasse berücksichtigen (→ Seite 46–48). Zu diesem Zweck bieten die nachfolgenden Porträts Hinweise zu den Ansprüchen sowie Symbole zum jeweiligen Lichtbedarf.
Ein weiteres Symbol (→ nebenstehende Übersicht) weist darauf hin, wenn eine Pflanze Giftstoffe enthält. Da sich immer wieder zeigt, dass manche Personen wesentlich empfindlicher reagieren als andere, wurden die Giftsymbole relativ „großzügig" eingesetzt, d. h. auch dann, wenn nur ein Verdacht besteht oder der Giftstoffgehalt gering ist. Entsprechende Substanzen rufen auch nicht unbedingt schwere Vergiftungen hervor, sondern äußern sich teils nur in Hautreizungen oder anderen allergischen Reaktionen.
Und wo kleine Kinder im Haus sind, kann auch schwächere Giftigkeit zum Ausschlusskriterium werden, besonders bei Pflanzen mit „appetitlichen" Früchten oder Blüten. Eine Gifttabelle finden Sie auf Seite 185.

Die Pflanzenporträts

Unterteilt nach den drei Großgruppen „Balkonblumen", „Kübelpflanzen und Topfgehölze" sowie „Kräuter, Gemüse und Obst" finden Sie auf den folgenden Seiten Kurzbeschreibungen und Pflegehinweise zu einer Vielzahl von Pflanzen. Diese sind jeweils wieder nach botanischen Eigenschaften und Verwendung untergliedert. Innerhalb dieser Unterkapitel wurden die Pflanzen alphabetisch nach ihren botanischen Namen angeordnet. Beim Zugriff über die deutschen Namen hilft das Register.
Unter dem verbreitetsten deutschen Namen steht jeweils die botanische Bezeichnung, die die Pflanze zweifelsfrei benennt. Darunter folgen Angaben zur Wuchshöhe, Blütezeit sowie zur Pflanzengruppe, der die jeweilige Art angehört. Der schnellen Orientierung dienen die Symbole (→ nebenstehende Übersicht) sowie jeweils ein Hinweis auf besondere Merkmale oder Vorzüge.
Die beschreibenden Texte zu den einzelnen Arten sind – je nach Pflanzengruppe etwas unterschiedlich – eingeteilt in:
Andere Namen: im Handel gebräuchlichste weitere Namen für die jeweilige Pflanze
Herkunft: kurzer Hinweis auf die ursprüngliche Heimat der Stammart
Familie: deutscher und botanischer Namen der Pflanzenfamilie
Blüten: Hauptfarbtöne und Blütenformen; sofern sich aus den Blüten zierende Früchte entwickeln, findet sich hierzu eine kurze Beschreibung
Wuchs: Wuchsform und Wuchseigenschaften, bei Arten mit zierendem Laub auch Form und Farbe der Blätter
Vorziehen: Zeitpunkt und Keimtemperaturen (nur bei ein- und zweijährigen Sommerblumen, die sich ganz leicht aus Samen anziehen lassen)
Pflanzen: Termin des Einpflanzens bzw. Nachdraußen-Stellens, erforderliche Pflanzabstände
Standort: hier wird, wenn nötig, der durch das Symbol angegebene Lichtanspruch differenziert; außerdem Angaben zu eventueller Wind- und Regenempfindlichkeit
Pflegen: wichtigste Pflegemaßnahmen, spezielle Bedürfnisse und Handgriffe
Überwintern: bei allen überwinterungsfähigen Pflanzen Angaben zu den optimalen Bedingungen
Vermehren: mögliche Vermehrungsmethoden (Aussaat bei den ein- und zweijährigen Sommerblumen gesondert und ausführlicher unter „Vorziehen")
Gestaltung: Tipps und Anregungen, um die jeweilige Pflanze besonders gut zur Geltung zu bringen
Arten/Sorten: verwandte Arten oder besonders bewährte Sorten
Hinweise: erscheint dort, wo spezielle Punkte und Besonderheiten zu beachten sind.
Kultur: das Wichtigste zu Aussaat und/oder zum Pflanzen (nur bei Kräutern, Gemüse und Obst)
Ernten: Angaben zu Reifezeitpunkt und Erntetechnik (nur bei Kräutern, Gemüse und Obst).

VERWENDETE SYMBOLE

- Die Pflanze will es hell und weitgehend sonnig
- Die Pflanze gedeiht am besten im Halbschatten
- Die Pflanze gedeiht noch im Schatten
- Viel gießen (im Allgemeinen täglich)
- Mäßig gießen (etwa alle 2–3 Tage)
- Wenig gießen (nicht austrocknen lassen)
- Kann Ampeln und Hängekörbe zieren
- Frühjahrsblüher
- Herbstblüher oder herbstschöne Pflanze
- Enthält giftige oder hautreizende Stoffe

Balkonblumen

Leuchtende Blütenfarben, zarte Töne oder hübsche Blätter, buschiger Wuchs oder herabwallende Triebe, Frühjahrs-, Sommer-, Herbst- oder Winterblüher, kurzlebige Schönheiten oder mehrjähriger Gefäßschmuck – das Angebot lässt kaum Wünsche offen.

Die grösste Vielfalt findet sich bei den einjährigen bzw. meist einjährig kultivierten Balkonblumen mit ihrem sommerlangen Blütenflor. Sie werden im nachfolgenden Unterkapitel zusammen mit den ebenfalls kurzlebigen Zweijährigen vorgestellt, die für Blütenschmuck im Frühjahr und Frühsommer sorgen.
Ergänzt wird dieses Angebot durch mehrjährige Blütenstauden, durch die bunte Pracht der Zwiebel- und Knollenblumen, durch einjährige, raschwüchsige Kletterpflanzen sowie hübsche Blattschmuck- und Strukturpflanzen. Diesen Pflanzengruppen sind im Porträtteil jeweils eigene Unterkapitel gewidmet.

Die ganze Vielfalt nutzen

Bei aller Angebotsfülle ergeben sich doch immer wieder ähnliche „Charts" der beliebtesten Balkonpflanzen: Die führenden Positionen sind meist besetzt mit Pelargonien, Petunien, Fleißigen Lieschen, Fuchsien, Begonien sowie Stiefmütterchen, Kissenprimeln und Topfheide für die Frühjahrs- bzw. Herbstsaison. Doch auch zahlreiche nicht ganz so bekannte Pflanzen lohnen durchaus mehr als einen Versuch und machen die Balkon- oder Terrassengestaltung zum kreativen Erlebnis. Der umfangreiche Porträtteil soll nicht zuletzt auch Anregungen für eine vielseitige Pflanzenwahl bieten. Schon einige wenige, bisher nicht genutzte Arten können neuen Schwung in das „grüne Wohnzimmer" bringen. Allerdings werden Sie seltenere Balkonblumen bisweilen nur bei spezialisierten Pflanzenversendern finden. Manche Arten kommen auch vorübergehend ganz aus der Mode, um dann nach Jahren plötzlich wieder ein Comeback zu erleben.

Mit Balkonblumen können Sie kräftig in den Farbtopf der Natur greifen. Gerade die einjährigen Blumen sind oft besonders farbenprächtig und blühen den ganzen Sommer lang.

Sorten, Serien, Farbmischungen

Obwohl es auch bei Balkonblumen bewährte, teils schon seit Jahrzehnten kultivierte Sorten gibt, ist das Sortenangebot ständig im Fluss. Gerade die besonders beliebten Arten erfreuen sich intensiver Züchtungsarbeit, so dass teils jährlich neue Sorten auf den Markt kommen. Bei den samenvermehrten Züchtungen handelt es sich oft um F_1-Hybriden, das sind Kreuzungen, die die besten Eigenschaften sorgfältig ausgewählter Elternsorten in sich vereinen und diese häufig noch übertreffen.
Sehr verbreitet sind so genannte Serien. Dabei handelt es sich um Züchtungen mit einheitlichem Wuchs, meist auch gleicher Blütenform und -größe, jedoch mit unterschiedlichen Blütenfarben. So umfasst z. B. die Hängepetunien-Serie 'Famous' Züchtungen mit etwa 50 cm langen Trieben und großen Blüten, die in verschiedenen Farbsorten wie 'Famous Blue' oder 'Famous Yellow' angeboten werden.
Bei kompakt wachsenden Arten, von denen man mehrere Exemplare in ein Gefäß einsetzen kann, erhält man unterschiedliche Farbsorten einer Serie häufig schon in der Samentüte. Sie werden dann als so genannte Farb- oder Prachtmischungen angeboten.

Mehrjährige Blütenstauden, hier Rudbeckien und Prachtscharten, ergänzen die Fülle einjähriger Sommerblumen und bringen neue Akzente auf Balkon und Terrasse.

Ein- und zweijährige Balkonblumen

Die meisten Balkonblumen gehören zu den kurzlebigen Blumen, deren Lebenszyklus nach nur einem Sommer mit verschwenderischer Blütenfülle schon beendet ist. Deshalb nennt man sie auch Sommerblumen.

EINJÄHRIGE Sommerblumen werden im zeitigen Frühjahr gesät bzw. vorgezogen, entfalten die ersten Blüten meist ab Juni und liefern dann durch neue Knospen immer wieder Nachschub bis zum Herbst. Danach sterben sie ab und müssen im nächsten Jahr neu gesät werden. Neben den „echten“ Einjährigen verwenden wir aber auch zahlreiche Arten, die in ihrer wärmeren Heimat ausdauernd wachsen. Bei uns lassen sie sich jedoch oft nur schwer oder mit mäßigem Erfolg überwintern, so dass man sie wie Sommerblumen jedes Jahr neu anzieht.
Die Samen zweijähriger Sommerblumen keimen meist im Sommer. Bis zum Herbst wachsen daraus überwinterungsfähige Pflanzen heran. Ihre Blüten erscheinen erst im darauf folgenden Frühling und Frühsommer. Diese Pflanzengruppe beschert uns – zusammen mit den farbenprächtigen Zwiebelblumen – die wichtigsten Frühjahrsblüher.

Leberbalsam

Ageratum houstonianum

HÖHE: 15–25 cm
BLÜTEZEIT: Mai – Oktober
einjährig kultivierter Halbstrauch

➤ *wetterfester Dauerblüher*

Familie: Korbblütler *(Asteraceae)*
Herkunft: Mittel- und Südamerika
Blüten: blau, violett, pink, rosa, weiß; Doldentrauben mit rundlichen Blütenköpfchen
Wuchs: breit buschig, kompakt
Vorziehen: Januar – März; 18–20 °C Keimtemperatur; Sämlinge bald pikieren
Pflanzen: ab Mitte Mai; 15–20 cm Abstand
Standort: am besten sonnig, gedeiht aber noch im Halbschatten; windfest; recht regenverträglich
Pflegen: gleichmäßig feucht halten, Staunässe vermeiden; alle 2 Wochen düngen; Verblühtes entfernen
Überwintern: wird selten praktiziert: hell, bei 10–15 °C; im Frühjahr Triebe um 1/3 einkürzen
Vermehren: durch Kopfstecklinge im zeitigen Frühjahr möglich
Gestaltung: Blaue und violette Sorten passen besonders gut zu Studentenblumen, Pantoffelblumen, gelben oder orangefarbenen Kapkörbchen.

Fuchsschwanz

Amaranthus caudatus

HÖHE: 40–75 cm
BLÜTEZEIT: Juli – Oktober
einjährige Sommerblume

➤ *tropische Üppigkeit*

Familie: Fuchsschwanzgewächse *(Amaranthaceae)*
Herkunft: Südamerika
Blüten: rote, lang herabhängende Blütenähren
Wuchs: aufrecht, buschig; große, länglich ovale Blätter
Vorziehen: März – April; 15–18 °C Keimtemperatur; ab Ende April auch Aussaat direkt ins Gefäß möglich
Pflanzen: ab Ende Mai; 30–40 cm Abstand
Standort: vollsonnig und warm
Pflegen: gleichmäßig feucht halten; alle 2 Wochen schwach dosiert bzw. stickstoffarm düngen; verwelkte Blütenstände regelmäßig entfernen
Gestaltung: die unter guten Bedingungen sehr wuchsfreudigen Pflanzen setzt man besser in große Töpfe als in Kästen; schöne Partner sind z. B. gelbblühender Goldtaler und Zweizahn
Arten/Sorten: Der verwandte *A. cruentus* wird nur 30–50 cm hoch und hat aufrecht stehende Blütenstände in Rot- oder Grüntönen.

Gauchheil

Anagallis monelli

HÖHE: 10–25 cm
BLÜTEZEIT: Juni – Oktober
einjährig kultivierte Staude

➤ *bietet herrliche Blautöne*

Familie: Primelgewächse *(Primulaceae)*
Herkunft: Mittelmeerraum, Nordwestafrika
Blüten: blau, rot; schalenförmig; bis 2 cm Durchmesser
Wuchs: buschig; mit flach liegenden bis hängenden Trieben
Vorziehen: Februar – April; 20 °C Keimtemperatur; Jungpflanzen unbedingt entspitzen
Pflanzen: ab Mitte Mai; 20–25 cm Abstand
Standort: sonnig oder halbschattig; warm; geschützt
Pflegen: mäßig feucht halten; alle 3 Wochen düngen
Gestaltung: sehr schön als Ampelpflanze oder Hängepflanze in gemischten Kästen mit gelben, roten oder weißen Partnern; nicht mit allzu starkwüchsigen Arten kombinieren
Arten/Sorten: 'Skylover' hat enzianblaue, 'Sunrise' orangerote Blüten; beide Sorten mit bis 50 cm langen, hängenden Trieben

Löwenmäulchen

Antirrhinum majus

HÖHE: 15–30 cm
BLÜTEZEIT: Juni – Oktober
einjährig kultivierte Staude

➤ *in bunten Farbmischungen*

Familie: Braunwurzgewächse *(Scrophulariaceae)*
Herkunft: Südeuropa, Nordafrika
Blüten: gelb, rot, orange, rosa, weiß, auch zweifarbig; je nach Sorte kräftig oder pastellig, klein- oder großblütig; in Trauben; Einzelblüten öffnen sich bei leichtem Druck wie „Mäulchen"
Wuchs: buschig bis polsterartig; auch Hängesorten
Vorziehen: ab Februar; 15–20 °C Keimtemperatur; bei Jungpflanzen Mitteltriebe stutzen
Pflanzen: ab Ende April/Anfang Mai; 20 cm Abstand
Standort: bevorzugt sonnig, aber auch halbschattig
Pflegen: mäßig feucht halten; alle 2 Wochen schwach dosiert düngen
Gestaltung: verträglicher Pflanzpartner mit vielen Farbtönen, dadurch vielseitig kombinierbar; zu Löwenmäulchen-Farbmischungen passen blaue oder weiße Blumen besonders gut, z. B. Männertreu, Nierembergien, Margeriten oder weiße Pelargonien

Goldtaler

Asteriscus maritimus

HÖHE: 25–30 cm
BLÜTEZEIT: April/Mai – Oktober
einjährig kultivierte Staude

➤ *verträgt sogar pralle Sonne*

Andere Namen: Goldmünze, Dukatenblume, Strandstern
Familie: Korbblütler *(Asteraceae)*
Herkunft: Mittelmeerraum, Kanarische Inseln
Blüten: goldgelb; kleinen Sonnenblumen ähnlich
Wuchs: breit, leicht überhängend; recht starkwüchsig
Vorziehen: nur aus Stecklingen möglich
Pflanzen: ab Mitte Mai; 20–25 cm Abstand
Standort: möglichst sonnig; regen- und wetterfest
Pflegen: gleichmäßig feucht halten, Staunässe vermeiden; wöchentlich düngen; Verblühtes abschneiden
Überwintern: hell, bei ca. 10 °C; im Frühjahr Triebe 1/3 zurückschneiden
Vermehren: durch Kopfstecklinge ohne Blütenknospen; ab August bis März schneiden
Gestaltung: gut für seitliche Kastenränder oder Vorpflanzung in großen Schalen geeignet

Eisbegonie

*Begonia-Semperflorens-*Gruppe

HÖHE: 15–30 cm
BLÜTEZEIT: Mai – Oktober
einjährig kultivierte Staude

➤ *zart wirkende Blütenpracht*

Familie: Schiefblattgewächse *(Begoniaceae)*
Herkunft: Brasilien
Blüten: weiß, rosa, rot, auch zweifarbig; bis 5 cm Durchmesser
Wuchs: aufrecht, kompakt; manche Sorten mit braunrotem, schwarzbraunem oder bronzefarbenem Laub
Vorziehen: schwierig, da Aussaat im Winter bei 22 °C und Zusatzbeleuchtung erforderlich
Pflanzen: ab Mitte Mai; 15–25 cm Abstand
Standort: halbschattig bis sonnig; windverträglich
Pflegen: stets gut feucht halten, doch Staunässe unbedingt vermeiden; alle 2–3 Wochen schwach dosiert düngen
Gestaltung: gute Partner sind Petunien, Verbenen, Vanilleblume, kleine Fuchsien, Salbei und Buntnessel
Arten/Sorten: Als besonders reichblütig und robust gilt *Begonia obliqua* 'Mariebel' mit weißen Blüten. Zur selben Gattung gehören die Knollenbegonien (→ Seite 118).

Tausendschön

Bellis perennis

HÖHE: 15–50 cm
BLÜTEZEIT: März – Juni
zweijährige Sommerblume

➤ *vielseitig einsetzbar*

Andere Namen: Maßliebchen, Gänseblümchen
Familie: Korbblütler *(Asteraceae)*
Herkunft: Europa, Kleinasien
Blüten: weiß, rosa, rot, teils mit gelber Mitte; meist gefüllt; auch pompon- oder knopfartig
Wuchs: kompakte Blattrosette, darüber blattlose Blütenstiele
Vorziehen: im Juni/Juli; Lichtkeimer (→ Seite 52/53); halbschattig aufstellen; in Einzeltöpfe pikieren
Pflanzen: im Herbst oder Frühjahr; 10–15 cm Abstand
Standort: sonnig bis halbschattig
Pflegen: an warmen Tagen reichlich gießen, sonst mäßig feucht halten; alle 2 Wochen düngen; Verblühtes regelmäßig entfernen
Überwintern: bei Herbstpflanzung draußen mit etwas Schutz oder drinnen hell und kühl überwintern; Erde nicht ganz austrocknen lassen
Gestaltung: hübsch in Kombination mit blauen Frühjahrsblühern (z. B. Hyazinthen und Traubenhyazinthen)

Zweizahn

Bidens ferulifolia

HÖHE: 15–30 cm
BLÜTEZEIT: Mai – Oktober
einjährig kultivierte Staude

➤ *gelb leuchtender Dauerblüher*

Andere Namen: Goldzweizahn, Goldmarie, Goldfieber
Familie: Korbblütler *(Asteraceae)*
Herkunft: Südarizona, Mexiko
Blüten: goldgelb; sternförmig; mit etwa 3 cm Durchmesser
Wuchs: breit überhängend; mit bis 1 m langen Trieben; wuchsstark
Vorziehen: Januar – März; 18–20 °C Keimtemperatur; Jungpflanzen entspitzen (Samen werden recht selten angeboten, daher einige Blüten bis zur Samenreife an der Pflanze lassen)
Pflanzen: ab Mitte Mai; 25–30 cm Abstand
Standort: sonnig, auch in praller Sonne; wind- und wetterfest
Pflegen: sehr hoher Wasserbedarf, Trockenheit führt zu abfallenden Blüten; am besten bereits beim Pflanzen Langzeitdünger verabreichen, andernfalls wöchentlich düngen
Überwintern: hell, bei 5–10 °C; vor dem Einräumen Triebe auf 15–20 cm zurückschneiden
Vermehren: durch Stecklinge im August oder von überwinterten Exemplaren im Januar – März
Gestaltung: passt gut zu violetten, blauen oder roten Hängepetunien und Hängeverbenen (Tapien) sowie zu roten oder weißen Hängepelargonien
Hinweis: Vorsicht, kann schwachwüchsige Pflanzen überwuchern! Bei Ampelpflanzung unbedingt hinreichend große Gefäße verwenden!
Arten/Sorten: 'Golden Star' wächst etwas kompakter und weniger stark als andere Sorten. Als sehr gute Ampelsorte gilt 'Goldrush'.

Blaues Gänseblümchen

Brachyscome iberidifolia

HÖHE: 20–30 cm
BLÜTEZEIT: Juli – September
einjährige Sommerblume

➤ *wirkt zart und natürlich*

Andere Namen: Australisches Gänseblümchen
Familie: Korbblütler *(Asteraceae)*
Herkunft: Australien
Blüten: blau, violett, purpurfarben, rosa, weiß; margeritenähnlich; duftend
Wuchs: halb hängend; mit bis 30 cm langen Trieben
Vorziehen: im März/April; 20–22 °C Keimtemperatur
Pflanzen: ab Mitte Mai; 15–20 cm Abstand
Standort: sonnig, kann auch leicht beschattet stehen
Pflegen: gleichmäßig leicht feucht halten; alle 2 Wochen schwach dosiert düngen, bei starken Blattaufhellungen Eisenpräparat verabreichen; Verblühtes regelmäßig entfernen
Gestaltung: schön in Ampeln oder als Unterpflanzung für Hochstämmchen; in Kästen am vorderen Rand oder seitlich einsetzen
Arten/Sorten: *B. multifida* blüht hellblau oder violett, ist ausdauernd und kann überwintert werden.

Pantoffelblume

Calceolaria integrifolia

HÖHE: 20–30 cm
BLÜTEZEIT: Mai – September
einjährig gezogener Halbstrauch

➤ *leuchtende Farbtöne*

Familie: Braunwurzgewächse *(Scrophulariaceae)*
Herkunft: Chile
Blüten: gelb, auch rot gefleckt; Rispen mit rundlichen Einzelblüten
Wuchs: buschig verzweigt; Triebe mit der Zeit überhängend
Vorziehen: samenvermehrbare Sorten im Januar/Februar; 15 °C Keimtemperatur
Pflanzen: ab Mitte Mai; 20–25 cm Abstand
Standort: hell (aber nicht vollsonnig), oder halbschattig; regengeschützt
Pflegen: reichlich gießen; wöchentlich schwach dosiert düngen; Verblühtes regelmäßig entfernen
Überwintern: hell, bei 5–10 °C
Vermehren: durch Stecklinge, die im August/September oder von überwinterten Pflanzen Ende Januar/Februar geschnitten werden
Gestaltung: passt gut z. B. zu Pelargonien, Männertreu, Vanilleblume, Petunien, Feuersalbei, Nelken, Begonien und Leberbalsam

Ringelblume

Calendula officinalis

HÖHE: 15–30 cm
BLÜTEZEIT: Juni – Oktober
einjährige Sommerblume

➤ *robust, mit natürlichem Charme*

Familie: Korbblütler *(Asteraceae)*
Herkunft: Mittelmeerraum
Blüten: gelb, orange, apricot, cremefarben, oft mit dunkler Mitte; einfach oder gefüllt; bis 6 cm Durchmesser
Wuchs: kompakt, aufrecht
Vorziehen: aus Samen im Februar/März; 14–16 °C Keimtemperatur, oder ab April direkt ins Pflanzgefäß säen; Lichtkeimer (→ Seite 52/53)
Pflanzen: ab Anfang Mai; 20 cm Abstand
Standort: sonnig bis halbschattig
Pflegen: mäßig feucht halten; alle 2 Wochen düngen; Verblühtes regelmäßig entfernen
Gestaltung: schön z. B. mit blauen Salvien, Vanilleblume, Kapkörbchen, Feuersalbei, Margeriten, Leberbalsam; passt gut zu naturnahen, rustikalen oder auch mediterranen Gestaltungen; lässt sich gut mit Balkongemüse und Kräutern kombinieren
Arten/Sorten: nur klein bleibende Topfsorten wählen, z. B. 'Little Ball' oder 'Gitana'-Serie

Zauberglöckchen

Calibrachoa-Hybriden

HÖHE: 20–30 cm
BLÜTEZEIT: Mai – Oktober
einjährig kultivierte Staude

➤ *überwältigende Blütenfülle*

Andere Namen: Mini-Petunien
Familie: Nachtschattengewächse *(Solanaceae)*
Herkunft: vermutlich Brasilien
Blüten: rot, blau, violett, gelb, orangefarben, apricot, weiß; kleine trichterförmige Blüten; sehr zahlreich
Wuchs: hängend, rundlich ausladend, oft starkwüchsig
Vorziehen: entfällt; nur als Jungpflanze im Angebot
Pflanzen: ab Mitte Mai; 25–30 cm Abstand; in Substrat mit niedrigem pH-Wert (um 5,5), am besten in Petunienerde; gute Dränage im Gefäß wichtig
Standort: sonnig, auch leicht beschattet; neuere Sorten in der Regel regenfest und windunempfindlich
Pflegen: feucht, aber keinesfalls staunass halten, möglichst mit kalkarmem Wasser gießen; alle 1–2 Wochen düngen; bei Aufhellung der jüngsten Blätter können Eisendünger Abhilfe schaffen, Ursache ist zu hoher Kalkgehalt in der Topferde oder im Gießwasser; kein Ausputzen erforderlich
Gestaltung: für Kästen, Ampeln und Hanging Baskets; Vorsicht, nicht mit ausgesprochen zart- bzw. schwachwüchsigen Partnern zusammenpflanzen! Passt gut z. B. zu großblütigen Hängepetunien, Zweizahn, Verbenen, Wandelröschen, Schneeflockenblume und Lakritzkraut *(Helichrysum petiolare)*. Durch die Farbenvielfalt der Zauberglöckchen ergeben sich zahlreiche Kombinationsmöglichkeiten.
Arten/Sorten: Zauberglöckchen wurden früher und werden heute noch teils zu den Hängepetunien (*Petunia* → Seite 106) gezählt, mit denen sie eng verwandt sind. Zu ihnen gehören Serien bzw. Sortengruppen mit Bezeichnungen wie 'Million Bells', 'Trailing Million Bells', 'Super Bells' (krankheitsresistent), 'Carillon', 'Mini Famous' und 'Celebration' (besonders witterungsstabil und regenunempfindlich), die es jeweils in mehreren unterschiedlichen Blütenfarben gibt. Neben satten, leuchtenden Farbtönen finden sich auch zarte, pastellige Nuancen, z. B. bei den Sorten 'Million Bells Terracotta', 'Mini Famous White Pink' oder 'Celebration Apricot'. Auf Grund der großen Beliebtheit der Zauberglöckchen wird das Sortenangebot ständig erweitert.

Sommeraster

Callistephus chinensis

HÖHE: 15–35 cm
BLÜTEZEIT: Juli – Oktober
einjährige Sommerblume

➤ *für Sommer- und Herbstpflanzung*

Familie: Korbblütler *(Asteraceae)*
Herkunft: China
Blüten: weiß, creme, rosa, rot, violett, blau, oft mit auffälliger gelber Mitte; meist dicht gefüllt, halbkugelig bis pomponartig; 4–10 cm Durchmesser
Wuchs: breit aufrecht
Vorziehen: im März/April; 15 °C Keimtemperatur; auch Direktsaat in Pflanzgefäße möglich
Pflanzen: ab Mitte Mai – Juni; 20–25 cm Abstand
Standort: sonnig
Pflegen: bei Hitze kräftig gießen, sonst mäßig feucht halten und Staunässe unbedingt vermeiden; wöchentlich düngen; Verblühtes regelmäßig entfernen
Gestaltung: in Prachtmischungen mit verschiedenen Blütenfarben auch ohne Begleiter attraktiv; gute Partner sind Margeriten, Duftsteinrich, Männertreu, Salbei und – im Herbst – Kissenastern.
Arten/Sorten: Wählen Sie für Gefäßbepflanzung so genannte Zwerg-, Topf- oder Beetastern, die oft nur 20 cm hoch wachsen.

Federbusch

Celosia argentea var. *argentea*

HÖHE: 20–40 cm
BLÜTEZEIT: Juli – September
einjährige Sommerblume

➤ *dicht besetzte Blütenschöpfe*

Andere Namen: Brandschopf; botanisch auch *C. argentea* var. *plumosa*
Familie: Fuchsschwanzgewächse *(Amaranthaceae)*
Herkunft: tropisches Afrika
Blüten: rot, rosa, gelb, orange; federbuschartige, aufrechte Blütenähren
Wuchs: buschig aufrecht
Vorziehen: im März; um 18 °C Keimtemperatur; Lichtkeimer (→ Seite 52/53)
Pflanzen: ab Mitte Mai; 20–25 cm Abstand
Standort: sonnig und warm
Pflegen: gleichmäßig feucht halten; alle 1–2 Wochen düngen; verwelkte Blütenstände herausschneiden
Gestaltung: wirkt am schönsten, wenn man Exemplare verschiedener Blütenfarben in einem Kasten miteinander kombiniert
Arten/Sorten: Eine weitere Varietät ist der Hahnenkamm *(C. argentea* var. *cristata)*. Seine zusammengewachsenen, verbänderten Blütenstände erinnern tatsächlich an den Kamm eines Hahns oder Truthahns.

Kaskadenblume

Centradenia-Hybriden

HÖHE: 20–25 cm
BLÜTEZEIT: April – September
oft einjährig kultivierter Halbstrauch

➤ *legt kurze Blühpausen ein*

Andere Namen: botanisch auch als *Heterocentron* eingestuft
Familie: Schwarzmundgewächse *(Melastomataceae)*
Herkunft: Mittelamerika
Blüten: klein, zart, intensiv violettrosa, pink; 2 cm Durchmesser
Wuchs: überhängende, bis 70 cm lange Triebe; zierende, unterseits kupferfarbene Blätter
Vorziehen: nur aus Stecklingen
Pflanzen: nach Mitte Mai; 20–25 cm Abstand
Standort: sonnig bis halbschattig
Pflegen: gleichmäßig leicht feucht halten; alle 2 Wochen schwach dosiert düngen; selbstreinigend (→ Seite 183), verblühte Triebe keinesfalls entfernen
Überwintern: nach kräftigem Rückschnitt im Herbst, hell und kühl
Vermehren: durch Stecklinge, die man von überwinterten Pflanzen im zeitigen Frühjahr schneidet
Gestaltung: geeignet für Ampeln, gemischte Kästen und zur Unterpflanzung von Hochstämmchen

Herbstchrysantheme

Chrysanthemum x *grandiflorum*

HÖHE: 20–40 cm
BLÜTEZEIT: September – November
meist einjährig kultivierte Staude

➤ *verträgt einige Frostgrade*

Andere Namen: Winteraster; botanisch auch *Dendranthema*-Hybriden
Familie: Korbblütler *(Asteraceae)*
Herkunft: Ostasien
Blüten: alle Farben außer Blau; meist gefüllt oder pomponartig, aber auch mit einfachem Blütenkranz; groß- oder kleinblumig
Wuchs: buschig, verzweigt
Vorziehen: nur aus Stecklingen
Pflanzen: für Saisonbepflanzung im August/September; 20–30 cm Abstand
Standort: sonnig
Pflegen: gleichmäßig feucht halten; nach voller Blütenentfaltung einmal düngen; Verblühtes entfernen
Überwintern: kann nach Rückschnitt hell und kühl überwintert werden, lohnt jedoch kaum
Vermehren: ganzjährig über Grundstecklinge
Gestaltung: niedrige Sorten für Kästen und Schalen, hochwüchsige auch für Kübel und Tröge; schöne Begleiter sind blaue Kissenastern und weiße oder kräftig rosa Besenheide

Gelbe Zwergmargerite

Coleostephus multicaulis

HÖHE: 20–25 cm
BLÜTEZEIT: Mai – September
einjährige Sommerblume

➤ *vielseitig kombinierbar*

Familie: Korbblütler *(Asteraceae)*
Herkunft: Algerien
Blüten: gelb; strahlenförmig; bei Regen geschlossen
Wuchs: buschig, polsterartig, leicht überhängend; blaugrünes Laub
Vorziehen: im März/April; 15–18 °C Keimtemperatur; Samen nur dünn abdecken
Pflanzen: ab Mitte Mai; 20 cm Abstand
Standort: sonnig; windverträglich
Pflegen: gleichmäßig leicht feucht halten; alle 1–2 Wochen düngen; Verblühtes regelmäßig entfernen
Gestaltung: lässt sich mit allen nicht zu stark wachsenden Blumen kombinieren; attraktiv z. B. mit roten Pelargonien oder Nelken, Vanilleblume, Salbei, Blauer Mauritius; auch für Unterpflanzung von Kübelpflanzen-Hochstämmchen geeignet
Arten/Sorten: Weiß blühende Verwandte sind die Weiße Zwergmargerite (→ Seite 97), Wucherblume (→ Seite 111) und Balkonsorten der Strauchmargerite (→ Seite 134).

Blaue Mauritius

Convolvulus sabatius

HÖHE: 15–25 cm
BLÜTEZEIT: Mai – Oktober
einjährig kultivierter Halbstrauch

➤ *zarte Blautöne und silbriges Laub*

Familie: Windengewächse *(Convolvulaceae)*
Herkunft: Südeuropa, Nordafrika
Blüten: hellblau bis hellviolett; trichterförmig; bei Regen geschlossen
Wuchs: halb hängend; bis 1m lange Triebe; silbrig grünes Laub
Vorziehen: im März; 15 °C Keimtemperatur
Pflanzen: ab Mitte Mai; 20–30 cm Abstand
Standort: sonnig, auch vollsonnig
Pflegen: gleichmäßig leicht feucht halten; bis Mitte August alle 2 Wochen schwach dosiert düngen; verblühte Triebe zurückschneiden
Überwintern: hell, bei 10 °C möglich
Vermehren: durch Stecklinge von Herbst bis Frühjahr
Gestaltung: schmucke Ampelpflanze, auch verträglicher Begleiter in gemischten Kästen
Arten/Sorten: Die ähnlich zu verwendende Dreifarbige Winde *(C. tricolor)* blüht blau, rot, rosa oder weiß mit gelbweißem Schlund.

Zigarettenblümchen

Cuphea ignea

HÖHE: 25–30 cm
BLÜTEZEIT: Mai – Oktober
einjährig kultivierte Staude

➤ *glänzend dunkelgrüne Blätter*

Andere Namen: Köcherblümchen
Familie: Weiderichgewächse *(Lythraceae)*
Herkunft: Mexiko
Blüten: leuchtend rote Röhrenblüten mit weiß-schwarzem, an Zigarettenasche erinnernden Saum
Wuchs: stark verzweigt; dünne, überhängende Triebe
Vorziehen: im Februar/März; 15–18 °C Keimtemperatur; Jungpflanzen mehrmals entspitzen
Pflanzen: nach Mitte Mai; 20–25 cm Abstand
Standort: sonnig bis halbschattig, keine pralle Sonne; windgeschützt
Pflegen: leicht feucht halten; alle 2–3 Wochen düngen; kann nach Bedarf zurückgeschnitten werden
Vermehren: über Kopfstecklinge im Frühjahr
Gestaltung: schön mit gelb- oder weißblühenden Partnern
Arten/Sorten: *C. ilavea* 'Tiny Mice' hat aparte rote Röhrenblüten mit blauviolettem Ende.

Sommernelke

Dianthus chinensis

HÖHE: 20–30 cm
BLÜTEZEIT: Juni – September
einjährige Sommerblume

➤ *Rosa und Rot in allen Nuancen*

Andere Namen: Kaiser-, Chinesen-, Heddewigsnelke
Familie: Nelkengewächse *(Caryophyllaceae)*
Herkunft: China, Korea
Blüten: rosa, rot, violett, weiß, auch zweifarbig; gefranste Blütenblattränder; einfach oder gefüllt; bis 8 cm Durchmesser
Wuchs: breit buschig
Vorziehen: im Februar/März; 15–20 °C Keimtemperatur
Pflanzen: ab Mitte Mai; 20–25 cm Abstand
Standort: sonnig; regengeschützt
Pflegen: gleichmäßig leicht feucht halten; alle 2 Wochen düngen; Verblühtes regelmäßig wegschneiden
Gestaltung: sehr schön in Farbmischungen, zu denen Männertreu (→ Seite 100) sehr gut passt
Arten/Sorten: Für Gefäßbepflanzung kommen auch die recht ähnlichen Bartnelken *(D. barbatus)* infrage, die etwas kürzer blühen, dafür aber duften, und Gartennelken (*D. caryophyllus*).

Elfensporn

Diascia-Hybriden

HÖHE: 25–30 cm
BLÜTEZEIT: Mai – Oktober
einjährig kultivierte Staude

➤ *reich blühend und wetterfest*

Familie: Braunwurzgewächse *(Scrophulariaceae)*
Herkunft: Südafrika
Blüten: Rosa- und Rottöne oder weiß; kleine Rachenblüten
Wuchs: buschig, kompakt; Triebe teils überhängend
Vorziehen: Samen selten angeboten; Aussaat Januar – März
Pflanzen: nach Mitte Mai; 20 cm Abstand
Standort: sonnig bis halbschattig; luftig; regen- und windtolerant
Pflegen: gleichmäßig feucht halten; alle 2 Wochen düngen
Überwintern: hell bei 8–10 °C
Vermehren: durch Stecklinge im Frühjahr
Gestaltung: hübsche Ampelpflanze, auch für Kästen und Hochstämmchenunterpflanzung; nicht mit starkwüchsigen Arten kombinieren
Arten/Sorten: Neben den Hybriden wird auch *D. vigilis (= D. elegans)* angeboten sowie die einjährige *D. barbarea*, beide blühen rosa.

Mittagsblume

Dorotheanthus bellidiformis

HÖHE: 5–15 cm
BLÜTEZEIT: Juli – September
einjährige Sommerblume

➤ *zart wirkender Sonnenblüher*

Familie: Eiskrautgewächse *(Aizoaceae)*
Herkunft: Südafrika
Blüten: weiß, gelb, orange, rosa, rot, violett; Strahlenblüten mit bis 5 cm Durchmesser; nur bei Sonne geöffnet
Wuchs: flach ausgebreitet, polsterartig; fleischige, blaugrüne Blätter
Vorziehen: im März/April, am besten einzeln in Töpfe säen; 16–18 °C Keimtemperatur; auch Direktsaat in Kästen Anfang Mai möglich
Pflanzen: ab Mitte Mai; 10–20 cm Abstand
Standort: vollsonnig; regengeschützt
Pflegen: fast trocken halten; nicht düngen; Verblühtes entfernen
Gestaltung: wirkt, da meist in Farbmischungen angeboten, auch ohne Begleiter schön; geeignete Partner sind Kapkörbchen und Portulakröschen
Hinweis: In Aussehen und Pflege ähnlich sind *Lampranthus*-Arten, ebenfalls unter dem Namen Mittagsblume im Handel, und „Sonnenblitzerli“ *(Delosperma pruinosum)*.

Topfheide

Erica gracilis

HÖHE: 20–30 cm
BLÜTEZEIT: September – Dezember
einjährig kultivierter Halbstrauch

➤ *kräftige, leuchtende Rottöne*

Andere Namen: Sommerheide, Glockenheide
Familie: Heidekrautgewächse *(Ericaceae)*
Herkunft: Südafrika
Blüten: rote, rosa oder weiße Blütenglöckchen; sehr üppig in dichten Trauben
Wuchs: buschig verzweigt; Blätter sattgrün, nadelförmig
Pflanzen: ab Ende August; 20–25 cm Abstand
Standort: sonnig bis halbschattig; verträgt feucht-kühle Witterung
Pflegen: gleichmäßig feucht halten, am besten mit kalkarmem Wasser gießen
Gestaltung: in Herbstbepflanzungen attraktiver Partner für Zwerggehölze, Kissenastern und Herbstchrysanthemen; auch als Unterpflanzung für herbstblühende Topfgehölze wie Strauchveronika oder Bartblume geeignet
Arten/Sorten: Anders als die verwandte Schneeheide (→ Seite 117) ist die Topfheide wenig frosthart und wird deshalb stets einjährig verwendet.

Spanisches Gänseblümchen

Erigeron karvinskianus

HÖHE: 20–30 cm
BLÜTEZEIT: Mai – September
einjährig kultivierte Staude

➤ *zarter, naturnaher Blüher*

Familie: Korbblütler *(Asteraceae)*
Herkunft: Südamerika, Südeuropa, Nordwestafrika
Blüten: anfangs weiß, dann rosa bis rot; kleine Strahlenblüten; zahlreich
Wuchs: stark verzweigt, kissenartig; Triebe teils überhängend
Vorziehen: Januar – März; 15–18 °C Keimtemperatur, Lichtkeimer (→ Seite 52/53)
Pflanzen: ab Mitte Mai; 20–30 cm Abstand
Standort: sonnig
Pflegen: mäßig feucht halten; alle 2 Wochen düngen, Verblühtes regelmäßig entfernen
Überwintern: hell und frostfrei (0–5 °C), vorher lange Triebe einkürzen
Gestaltung: für Ampeln, gemischte Kästen oder Schalen; lässt sich mit nahezu allen nicht zu starkwüchsigen Balkonblumen kombinieren; passt gleichermaßen in mediterrane wie in naturnahe Gestaltungen
Arten/Sorten: Gut bewährt hat sich die kompakt wachsende Sorte 'Blütenmeer'.

Goldlack

Erysimum cheiri

HÖHE: 25–35 cm
BLÜTEZEIT: April – Juni
zweijährig kultivierter Halbstrauch

➤ *warme, leuchtende Blütenfarben*

Familie: Kreuzblütler *(Brassicaceae)*
Herkunft: Südeuropa
Blüten: gelb, orange, rot, violett, braun; 2–3 cm groß; in Trauben; einfach oder gefüllt; honigartiger Duft
Wuchs: aufrecht, buschig verzweigt
Vorziehen: ab Mai – Juli; einzeln in Töpfe pikieren
Pflanzen: im Herbst oder Frühjahr; 15–20 cm Abstand
Standort: sonnig bis halbschattig
Pflegen: gleichmäßig leicht feucht halten; alle 2 Wochen düngen; Verblühtes regelmäßig entfernen.
Überwintern: bei Herbstpflanzung draußen mit Schutz überwintern; Erde nicht ganz austrocknen lassen
Gestaltung: passt zu allen Frühjahrsblühern, besonders gut aber zu blau- und weißblühenden Partnern
Arten/Sorten: Die kompakten, für Gefäßpflanzung geeigneten Sorten, z. B. 'Zwergbusch'- oder 'Bedder'-Serie, werden auch als „Buschlack“-Sorten bezeichnet und meist als Farbmischungen angeboten.

Goldmohn

Eschscholzia californica

HÖHE: 25–40 cm
BLÜTEZEIT: Juni – Oktober
einjährige Sommerblume

➤ *robuste Schönheit*

Andere Namen: Schlafmützchen, Kalifornischer Mohn
Familie: Mohngewächse *(Papaveraceae)*
Herkunft: Nordamerika
Blüten: gelb, orange, rot, rosa, cremeweiß; becherförmig; einfach oder gefüllt; nur spät vormittags bis spät nachmittags und bei Sonne geöffnet
Wuchs: buschig verzweigt, polsterartig
Vorziehen: März – April direkt ins Pflanzgefäß säen; später auf 25 cm Abstand ausdünnen; 15 °C Keimtemperatur
Pflanzen: wegen früh entwickelter Pfahlwurzel schlecht zu verpflanzen
Standort: sonnig, auch vollsonnig
Pflegen: leicht feucht halten; keine Düngung; Samenkapseln abknipsen
Gestaltung: oft in Farbmischungen angeboten, die sehr schön in großen Kästen, Schalen oder Kübeln wirken
Arten/Sorten: auf niedrige Sorten achten, z. B. 'Dalli' (orangerot), 'Rose Chiffon' (rosarot) oder 'Ballerina' (gefüllt blühende Farbmischung)

Kapaster

Felicia amelloides

HÖHE: 20–50 cm
BLÜTEZEIT: Mai – Oktober
einjährig kultivierter Halbstrauch

➤ *herrlich blaue Blütenfülle*

Andere Namen: zuweilen auch nach der englischen Bezeichnung „Blue Daisy“ als Blaues Gänseblümchen geführt, jedoch nicht zu verwechseln mit *Brachyscome* (→ Seite 88)
Familie: Korbblütler *(Asteraceae)*
Herkunft: Südafrika
Blüten: himmel- bis lavendelblau mit gelber Mitte; margeritenähnlich; 3–4 cm Durchmesser; zahlreich
Wuchs: aufrecht, buschig, stark verzweigt, polsterartig
Vorziehen: Februar – März; 15–18 °C Keimtemperatur; Jungpflanzen für bessere Verzweigung mehrmals entspitzen
Pflanzen: ab Mitte Mai; 25–30 cm Abstand
Standort: sonnig, gedeiht auch an vollsonnigen Plätzen gut; windverträglich
Pflegen: gleichmäßig leicht feucht halten, Ballentrockenheit und Staunässe unbedingt vermeiden; alle 2 Wochen düngen; verblühte Mittel- und Seitentriebe regelmäßig entspitzen
Überwintern: besonders bei Hochstämmchen lohnend; hell, bei 10–12 °C; vor dem Einräumen oder im folgenden Frühjahr Triebe um etwa 1/3 einkürzen; über Winter fast trocken halten
Vermehren: durch Kopfstecklinge die im August/September oder von überwinterten Pflanzen im Frühjahr geschnitten werden; Jungpflanzen mehrmals entspitzen
Gestaltung: kann allein große Töpfe zieren und auch als Hochstämmchen gezogen bzw. als solches gekauft werden; sehr hübsch wirken Hochstämmchen, die mit Gelben Gänseblümchen *(Thymophylla)*, Gelben oder Weißen Zwergmargeriten oder Husarenknöpfchen unterpflanzt sind. In gemischten Pflanzungen setzt die Kapaster als optisch auffällige, aber recht verträgliche Art Akzente, etwa in Begleitung von Pantoffelblumen, Studentenblumen, Mittagsgold oder Petunien; sie sollte bevorzugt einzeln an den Kastenrändern platziert werden.
Hinweis: In warmen Sommern ein unermüdlicher Dauerblüher, bei anhaltend feucht-kühlem Wetter dagegen fällt der Flor spärlich aus. Im temperierten, während des Winters nicht zu warmen Wintergarten blüht die Kapaster fast ganzjährig.

Fuchsie

Fuchsia-Hybriden

HÖHE: 20–40 cm
BLÜTEZEIT: Mai – Oktober
oft einjährig kultivierter Strauch

➤ *teils auch für sonnigen Stand*

Familie: Nachtkerzengewächse *(Onagraceae)*
Herkunft: Süd- und Mittelamerika, Neuseeland
Blüten: rot, rosa, weiß, blauviolett, oft zweifarbig (unterschiedliche Färbung von Kelchröhre und Kronblättern); trichterartige Glöckchen; einfach, halb gefüllt oder gefüllt; in Trauben oder Rispen
Wuchs: je nach Sorte buschig aufrecht, halb hängend oder hängend
Vorziehen: Samenanzucht ohne gärtnerische Spezialeinrichtungen schwierig, besser Jungpflanzen kaufen oder über Stecklinge vermehren
Pflanzen: ab Mitte Mai; 20–25 cm Abstand
Standort: für viele Fuchsien ist ein halbschattiger oder heller, aber nicht direkt besonnter Platz ideal; vertragen auch stärkeren Schatten, jedoch keine komplette Düsternis; manche Sorten gedeihen bei sonnigem (nicht prallsonnigem!) Stand ebenso gut; etwas windgeschützten Platz wählen
Pflegen: stets feucht, aber keinesfalls nass halten, bei sonnigem Stand häufiges Gießen erforderlich; bis Mitte August wöchentlich düngen; Verblühtes regelmäßig entfernen
Überwintern: hell oder dunkel, bei 6–8 °C; im Frühjahr Rückschnitt stärkerer Triebe auf 1–3 Knospen; Überwinterung bei kleinen Balkonfuchsien nicht immer lohnend, wird hauptsächlich bei Ampel- und Kübelpflanzen praktiziert
Vermehren: durch Stecklinge, Schnitt im Frühjahr oder im Spätsommer (dann halbreife Stecklinge schneiden, kühl und schattig überwintern); Jungpflanzen entspitzen
Gestaltung: Hängende Formen geben bezaubernde Ampelpflanzen ab; niedrige, kompakte, dabei oft kleinblütige Sorten für Kästen und Schalen. Besondere Bedeutung haben Fuchsien in gemischten Halbschatten- und Schattenpflanzungen, etwa zusammen mit Fleißigen Lieschen, Efeu, Harfenstrauch oder Begonien. Für die mehrjährige Kübelkultur (→ Seite 143) verwendet man bis über 150 cm hoch wachsende Sorten bzw. Hochstämmchen.
Arten/Sorten: Es gibt tausende von Fuchsiensorten, so dass man am besten nach Augenschein auswählt.

Mittagsgold

Gazania-Hybriden

HÖHE: 20–25 cm
BLÜTEZEIT: Juni – Oktober
meist einjährig gezogene Staude

➤ *ein echtes „Sonnenkind“*

Andere Namen: Gazanie
Familie: Korbblütler *(Asteraceae)*
Herkunft: Südafrika
Blüten: gelb, gelborange, rot, rosa, weiß, oft mit ringförmiger Zeichnung in der Mitte; Strahlenblüten mit bis 10 cm Durchmesser; öffnen sich nur bei Sonne
Wuchs: flache Blattrosette, darüber kurze Blütenstiele
Vorziehen: Februar – April; 18–20 °C Keimtemperatur
Pflanzen: ab Mitte Mai; 15–20 cm Abstand
Standort: sonnig, bevorzugt vollsonnig; regengeschützt
Pflegen: nur leicht feucht halten; wöchentlich düngen
Überwintern: hell, bei 5–10 °C
Vermehren: durch im Spätsommer geschnittene Stecklinge, hell und kühl überwintern
Gestaltung: sehr attraktiv in leuchtenden Farbmischungen; gute Partner sind z. B. Kapaster, Kapkörbchen, Vanilleblume oder Mittagsblume

Sonnenblume

Helianthus annuus

HÖHE: 40–60 cm
BLÜTEZEIT: Juli – Oktober
einjährige Sommerblume

➤ *Topfsorten wählen*

Familie: Korbblütler *(Asteraceae)*
Herkunft: Nordamerika, Europa
Blüten: gelb, orange, rotbraun, mit dunkler Mitte; einfach oder gefüllt
Wuchs: aufrecht mit kräftigem Stängel; niedrige Sorten teils stärker verzweigt und mehrblütig
Vorziehen: aus Samen im April; 15–20 °C Keimtemperatur; Körner einzeln in Anzuchttöpfe säen
Pflanzen: ab Mitte Mai; 20–30 cm Abstand
Standort: sonnig bis vollsonnig
Pflegen: hoher Wasserbedarf; wöchentlich düngen; hochwachsende Sorten mit Stäben stützen
Gestaltung: fröhlich wirkende Sommerzierde; Zwergsorten lassen sich sogar in großen Balkonkästen unterbringen, höhere Sorten einzeln in Kübeln
Arten/Sorten: Bewährte Sorten sind 'Sunspot' (einfach blühend, 40–50 cm hoch), 'Zwerg Sonnengold' (dicht gefüllt, 40 cm) und 'Pacino' (einfach, gut verzweigt, 30–40 cm).

Strohblume

Helichrysum bracteatum

HÖHE: 30–40 cm
BLÜTEZEIT: Juni – Oktober
einjährig kultivierte Staude

➤ *intensive Blütenfarben*

Familie: Korbblütler *(Asteraceae)*
Herkunft: Australien
Blüten: gelb, orange, rosa, rot, weiß; halb gefüllt oder gefüllt
Wuchs: buschig bis polsterförmig
Vorziehen: März – April; 18 °C Keimtemperatur; speziell für Gefäßpflanzung angebotene Sorten allerdings oft nicht samenvermehrbar
Pflanzen: ab Mitte Mai; 20–30 cm Abstand
Standort: sonnig bis vollsonnig
Pflegen: gleichmäßig leicht feucht halten, Staunässe unbedingt vermeiden; alle 2–3 Wochen schwach dosiert düngen; Ausputzen bei modernen Balkonsorten teils nicht mehr nötig
Gestaltung: Farbmischungen bringen ein Flair von Bauerngarten auf den Balkon; hübsche Begleiter sind Männertreu (→ Seite 100).
Arten/Sorten: verstärkte Bedeutung als Topfpflanze durch neuere, stecklingsvermehrte Sorten, allen voran die goldgelb blühende 'Golden Beauty', die sich auch für Ampeln eignet

Vanilleblume

Heliotropium arborescens

HÖHE: 30–60 cm
BLÜTEZEIT: Mai – September
einjährig gezogener Halbstrauch

➤ *mit zartem Vanilleduft*

Andere Namen: Sonnenwende
Familie: Raublattgewächse *(Boraginaceae)*
Herkunft: Peru
Blüten: violett, dunkelblau; große Dolden aus zahlreichen Blütchen; Duft gegen Abend am stärksten
Wuchs: aufrecht, buschig; auch als Hochstämmchen erhältlich
Vorziehen: Februar – März; 18–20 °C Keimtemperatur; Lichtkeimer (→ Seite 52/53); Jungpflanzen entspitzen
Pflanzen: ab Mitte Mai; 25 cm Abstand
Standort: sonnig; am besten wind- und regengeschützt
Pflegen: gleichmäßig leicht feucht halten; wöchentlich düngen; Verblühtes regelmäßig entfernen
Überwintern: lohnt nur bei Hochstämmchen; hell, bei 12–15 °C
Vermehren: durch Stecklinge; Schnitt im Herbst oder Frühjahr
Gestaltung: Kompakte Sorten wie 'Mini Marine' harmonieren in Kästen mit Pelargonien, Studentenblumen, Zwergmargeriten und Duftsteinrich.

Weiße Zwergmargerite

Hymenostemma paludosum

HÖHE: 15–30 cm
BLÜTEZEIT: Mai – Oktober
einjährige Sommerblume

➤ *rundet vielerlei Pflanzungen ab*

Familie: Korbblütler *(Asteraceae)*
Herkunft: Südeuropa, Nordafrika
Blüten: weiß mit goldgelber Mitte; einfach oder gefüllt
Wuchs: breit buschig, überhängend
Vorziehen: im März/April; 15–18 °C Keimtemperatur; Samen nur dünn abdecken
Pflanzen: ab Mitte Mai; 20–30 cm Abstand
Standort: sonnig; windverträglich
Pflegen: gleichmäßig leicht feucht halten; alle 1–2 Wochen schwach dosiert düngen; Verblühtes entfernen; nach dem ersten Hauptflor zurückschneiden
Gestaltung: mit dem neutralen, aufhellenden Weiß ihrer Blüten eignet sich die Zwergmargerite hervorragend, um die unterschiedlichsten Pflanzen- und Farbkombinationen zu ergänzen und zu unterstreichen; nicht jedoch mit sehr starkwüchsigen Arten kombinieren
Hinweis: Die Blüten ähneln sehr stark denen der Strauchmargerite (→ Seite 134); siehe auch Gelbe Zwergmargerite (→ Seite 91).

Fleißiges Lieschen

Impatiens-Hybriden

HÖHE: 20–40 cm
BLÜTEZEIT: Mai – Oktober
einjährig kultivierte Staude

➤ *„fleißiger" Dauerblüher*

Andere Namen: Die „klassischen" Fleißigen Lieschen sind die *Impatiens-Walleriana*-Hybriden; die *I.-Neuguinea*-Hybriden werden auch als Edellieschen bezeichnet.
Familie: Springkrautgewächse *(Balsaminaceae)*
Herkunft: Afrika, Neuguinea
Blüten: weiß, rosa, pink, orange, rot, violett, teils zweifarbig; tellerförmig; bis 5 cm ø; einfach oder gefüllt
Wuchs: buschig verzweigt bis breitwüchsig, auch überhängend; Blätter der Neuguinea-Hybriden teils bronzefarben oder gelbgrün mit hübscher Zeichnung
Vorziehen: im Februar/März; 18–22 °C Keimtemperatur; Jungpflanzen entspitzen; von den *Neuguinea*-Hybriden sind nur wenige Sorten samenvermehrbar
Pflanzen: nach Mitte Mai; 20–30 cm Abstand; frostempfindlich, nicht zu früh nach draußen stellen
Standort: vorzugsweise halbschattig, blühen selbst im Schatten noch recht gut; vertragen auch sonnigen (nicht jedoch prallsonnigen) Stand; regengeschützt
Pflegen: stets gut feucht halten, am sonnigen Platz häufig gießen, aber Staunässe vermeiden; alle 2 Wochen schwach dosiert düngen; wenn bessere Verzweigung gewünscht, des öfteren entspitzen
Überwintern: nur bei Jungpflanzen aus Stecklingsvermehrung sinnvoll; hell, bei 15 °C
Vermehren: aus Stecklingen; Schnitt im Spätsommer oder Frühjahr
Gestaltung: eine der wichtigsten Pflanzenzierden für Halbschatten und Schatten, vor allem weiße Sorten hellen hier auf; oft in Farbmischungen angeboten, die auch ohne andere Begleiter Kästen und große Schalen aufs Schönste schmücken; geeignete Kombinationspartner sind z. B. Fuchsien, Begonien, Efeu, Leberbalsam, Pantoffelblume, Männertreu und Glockenblumen.
Arten/Sorten: Zu den herausragenden neueren Züchtungen der *Walleriana*-Hybriden gehören die 'Fiesta'- und die 'Double Diamond'-Serie mit gefüllten Blüten in vielen Rosatönen, Violett, Rot, Orange und Weiß; sie erinnern mit ihrer Blütenform an kleine Rosen oder Kamelien.

Gestaltung: fröhlich-bunt

Warme Gelb-, Rot- und Orangetöne machen Laune und entfalten große Leuchtkraft. Dezentere Begleitfarben wie Blau oder Violett unterstützen ihre Wirkung, bieten dem Auge aber auch Ruhepunkte.

ROTSIGNALE
Wenige andere Blumen haben so leuchtende Rottöne zu bieten wie Pelargonien, hier als Hochstämmchen gezogen.

HELL UND HEITER
Warme Farben, kombiniert mit strahlendem Weiß von Rosen, Rittersporn und Oleander – das wirkt beschwingt und luftig.

TENDENZ: SONNIG
Sonnenblumen sind fast schon ein Sinnbild für heitere Bepflanzung. Mit gelben Blüten harmonieren Pinktöne sehr schön.

FARBINTENSIV
Kräftig orange blühende Tagetes gewinnen im starken Kontrast zu violetten Begleitern noch an Wirkung.

BUNTES BLÜTENMEER
Zweizahn, pinkfarbene Verbenen und Männertreu vereinen sich zum fröhlichen Farbdreiklang, untermalt von weißen Petunien.

ERNTESPASS
Auch Früchte, hier von Tomaten und Zitrusbäumchen, steuern muntere Farben bei und erfreuen nicht nur Kinderaugen.

Männertreu

Lobelia erinus

HÖHE: 10–20 cm
BLÜTEZEIT: Mai – Oktober
einjährig kultivierte Staude

➤ *sehr vielseitig einsetzbar*

Andere Namen: Lobelie
Familie: Glockenblumengewächse *(Campanulaceae)*
Herkunft: Südafrika
Blüten: in vielen Blautönen, violett, rosa, teils mit weißem Auge, weiß; klein mit 1–1,5 cm Durchmesser
Wuchs: buschig aufrecht bis polsterartig oder hängend; mit bis zu 50 cm langen Trieben
Vorziehen: Januar – März; 18 °C Keimtemperatur, Lichtkeimer (→ Seite 52/53); in Büscheln in Töpfe pikieren
Pflanzen: ab Mitte Mai; 20 cm Abstand
Standort: sonnig bis halbschattig
Pflegen: gleichmäßig feucht halten; alle 2 Wochen schwach dosiert düngen; bei Nachlassen des Flors (meist im Juli) um 1/3 zurückschneiden
Gestaltung: rundet als Füllpflanze oder Vorpflanzung am Kasten- oder Schalenrand nahezu jede Pflanzenkombination ab; Hängeformen eignen sich z. B. für den seitlichen Kastenrand, für Ampeln und für die Unterpflanzung von Hochstämmchen

Duftsteinrich

Lobularia maritima

HÖHE: 8–15 cm
BLÜTEZEIT: Juni – Oktober
einjährige Sommerblume

➤ *angenehm süßlicher Duft*

Familie: Kreuzblütler *(Brassicaceae)*
Herkunft: Azoren, Kanarische Inseln, Mittelmeerraum
Blüten: weiß, rosa, violett; klein; in bis zu 5 cm langen Trauben; duftend
Wuchs: flach polsterartig, leicht überhängend; Blätter schmal
Vorziehen: im März/April; 18 °C Keimtemperatur
Pflanzen: ab Mitte Mai; 15 cm Abstand
Standort: sonnig bis halbschattig
Pflegen: mäßig feucht halten; bei Nachlassen des ersten Flors zurückschneiden, danach einmal düngen
Gestaltung: anspruchslose, hübsche Begleit- und Füllpflanze für Kasten- und Schalenränder oder Unterpflanzung von Hochstämmchen; vor allem die weißen Sorten lassen sich nahezu beliebig zu anderen Balkonblumen oder Kübelpflanzen gesellen, sie unterstreichen kräftige Blütenfarben ebenso gut wie zarte Töne; attraktive Duftgestaltungen ergeben sich z. B. durch Kombination mit Vanilleblume, Sternjasmin, Ziertabak oder Duftwicken

Levkoje

Matthiola incana

HÖHE: 20–40 cm
BLÜTEZEIT: Juni – September
einjährig kultivierter Halbstrauch

➤ *duftende Bauerngartenblume*

Familie: Kreuzblütler *(Brassicaceae)*
Herkunft: Südeuropa, Afrika, Kleinasien
Blüten: weiß, gelb, rosa, rot, blau; gefüllt oder einfach; in lockeren Trauben; intensiv duftend
Wuchs: aufrecht, buschig verzweigt
Vorziehen: Ende März/Anfang April; 15–18 °C Keimtemperatur; nur die kräftigsten Sämlinge pikieren, dann bei 10–12 °C halten
Pflanzen: nach Mitte Mai; 15–20 cm Abstand; kalkhaltiges Substrat verwenden
Standort: sonnig, notfalls auch halbschattig
Pflegen: leicht feucht halten; alle 2–3 Wochen schwach dosiert düngen
Gestaltung: Für die Gefäßbepflanzung eignen sich Zwerglevkojen oder niedrige Buschlevkojen, die meist in Farbmischungen angeboten werden; platziert man Lilien, Taglilien und Ringelblumen in gesonderten Gefäßen daneben, wird der Balkon zum Bauerngarten en miniature – herrlicher Duft inbegriffen.

Sterntalerblume

Melampodium paludosum

HÖHE: 20–40 cm
BLÜTEZEIT: Mai – September
einjährig kultivierte Staude

➤ *leuchtend gelbe Blütensterne*

Familie: Korbblütler *(Asteraceae)*
Herkunft: Südamerika
Blüten: satt gelb, orange- oder zitronengelb; margeritenähnlich; 3–4 cm Durchmesser
Wuchs: buschig verzweigt, kompakt kissenartig; frisch grüne, herzförmige Blätter, die die Blütenwirkung unterstreichen
Vorziehen: im Februar/März; 20–22 °C Keimtemperatur
Pflanzen: gegen Ende Mai (recht frostempfindlich); 25–30 cm Abstand
Standort: sonnig, auch leicht beschattet; warm; etwas geschützt
Pflegen: gut feucht halten, bei Hitze kräftig gießen; alle 2 Wochen düngen; Verblühtes regelmäßig entfernen
Gestaltung: sehr schön zu anderen Blühern mit kräftigen Farben, etwa roten Pelargonien, blauvioletten Petunien, Verbenen oder Vanilleblume; wirkt auch hübsch in großen Schalen und Kübeln, in denen sich die Sterntalerblume selbst mit Balkontomaten oder Kräutern kombinieren lässt

Gauklerblume

Mimulus x hybridus

HÖHE: 15–30 cm
BLÜTEZEIT: Juni – September
einjährig kultivierte Staude

➤ *farbenprächtig gezeichnete Blüten*

Andere Namen: Affenblume
Familie: Braunwurzgewächse *(Scrophulariaceae)*
Herkunft: Nord- und Südamerika
Blüten: gelb, creme, orange, rot, braun, oft mehrfarbig, teils getigert oder gesprenkelt; trompetenähnlich
Wuchs: buschig, teils überhängend
Vorziehen: ab Februar – April; 15 °C Keimtemperatur; auch Aussaat Anfang Mai direkt in Kasten möglich; Jungpflanzen entspitzen
Pflanzen: nach Mitte Mai; 15–25 cm Abstand
Standort: halbschattig bis hell, aber nicht in der prallen Sonne, auch auf hellem Nordbalkon; eher kühl; luftig
Pflegen: mäßig feucht halten; wöchentlich düngen; nach dem ersten Flor zurückschneiden
Gestaltung: Meist in prächtigen Farbmischungen angeboten, brauchen die Gauklerblumen keine auffälligen Partner. Männertreu oder Duftsteinrich können ihre Wirkung jedoch ganz dezent unterstreichen.

Wunderblume

Mirabilis jalapa

HÖHE: 60–100 cm
BLÜTEZEIT: Juni – Oktober
einjährig kultivierte Staude

➤ *interessanter Abenddufter*

Familie: Wunderblumengewächse *(Nyctaginaceae)*
Herkunft: Südamerika
Blüten: weiß, gelb, rosa, rot, violett; auch zweifarbig; verschiedene Farben auf einer Pflanze; trichterförmig; Blüten öffnen sich erst spät nachmittags und schließen sich frühmorgens; duftend
Wuchs: buschig aufrecht; ansehnliche herzförmige Blätter; Stängel oft rötlich
Vorziehen: März – April; 18–20 °C Keimtemperatur
Pflanzen: ab Mitte Mai; einzeln oder mit 40 cm Abstand in große Töpfe oder in geräumige Gefäße
Standort: sonnig; warm
Pflegen: gleichmäßig feucht halten; alle 2 Wochen düngen; Verblühtes regelmäßig entfernen
Gestaltung: Die Wunderblume ist eine Besonderheit, die man dort platzieren sollte, wo man den Feierabend verbringt, denn erst abends kommt man in den vollen Genuss der sich spät öffnenden, hübschen Blüten und des zarten Dufts.

Vergissmeinnicht

Myosotis sylvatica

HÖHE: 15–25 cm
BLÜTEZEIT: April – Juni
zweijährig gezogene Staude

➤ *lockert Frühjahrspflanzungen auf*

Familie: Raublattgewächse *(Boraginaceae)*
Herkunft: Europa, Vorderasien
Blüten: in vielen Blautönen, rosa oder weiß; zahlreiche kleine Einzelblüten in dichten Büscheln
Wuchs: buschig, kompakt
Vorziehen: Aussaat im Juli; halbschattig stellen, einzeln in Töpfe pikieren
Pflanzen: im März oder bereits im Herbst; 15 cm Abstand
Standort: am besten halbschattig, aber auch sonnig; eher kühl
Pflegen: an warmen Tagen reichlich gießen, aber nicht nass halten; keine Düngung
Überwintern: bei Herbstpflanzung Winterschutz geben, Gefäße vor Frost schützen; oder hell und kühl drinnen überwintern
Gestaltung: eignet sich sehr gut zur Kombination mit Frühjahrszwiebelblumen wie Tulpen und Narzissen, ebenso als hübscher Begleiter für Goldlack, Stiefmütterchen, Tausendschön oder Primeln

Elfenspiegel

Nemesia-Hybriden

HÖHE: 15–30 cm
BLÜTEZEIT: Mai – September
einjährige Sommerblume

➤ *vielfarbige Blütenpracht*

Familie: Braunwurzgewächse *(Scrophulariaceae)*
Herkunft: Südafrika
Blüten: weiß, gelb, orange, rosa, rot, blau; becherförmig; bis 3 cm Durchmesser; in Dolden; teils duftend
Wuchs: buschig oder hängend
Vorziehen: im März/April; 12 °C Keimtemperatur; ab Mai Aussaat direkt in Balkonkasten möglich
Pflanzen: ab Mitte Mai; 15–20 cm Abstand
Standort: sonnig, auch leicht beschattet; windgeschützt
Pflegen: gleichmäßig leicht feucht halten; Verblühtes entfernen; Rückschnitt nach der ersten Blüte im Juni/Juli bewirkt einen Nachflor; nach Rückschnitt einmal düngen
Gestaltung: hübsch in Farbmischungen; dezente Begleiter sind Männertreu oder Schneeflockenblume
Hinweis: Neuzüchtungen wie die 'Karoo'- oder 'Sunsatia'-Serie erübrigen Ausputzen und Rückschnitt und sind zudem wetterfest.

Ziertabak

Nicotiana x sanderae

HÖHE: 30–35 cm
BLÜTEZEIT: Juli – September
einjährige Sommerblume

➤ *zarter, süßlicher Abendduft*

Familie: Nachtschattengewächse *(Solanaceae)*
Herkunft: Südamerika
Blüten: weiß, creme, gelb, gelbgrün, rosa, rot, violett; Röhren mit sternförmiger Krone; teils duftend
Wuchs: aufrecht, buschig
Vorziehen: im Februar/März; 18–20 °C Keimtemperatur; Lichtkeimer (→ Seite 52/53); am besten zweimal pikieren
Pflanzen: ab Mitte Mai; 25–30 cm Abstand
Standort: sonnig; windgeschützt
Pflegen: hoher Wasserbedarf; wöchentlich düngen; verwelkte Blütenrispen abschneiden
Gestaltung: oft in Farbmischungen angeboten, die nicht unbedingt Begleiter brauchen; passende Partner sind Männertreu, Husarenknöpfchen, niedrige Studentenblumen; für Ziertabaksorten mit zarteren Farbtönen auch Petunien und Pelargonien; in gemischten Bepflanzungen nicht einzeln, sondern wenigstens 2–3 Exemplare als Grüppchen verwenden

Becherblume

Nierembergia hippomanica

HÖHE: 15–20 cm
BLÜTEZEIT: Juni/Juli – Oktober
einjährig kultivierte Staude

➤ *kräftige Blau- und Rottöne*

Andere Namen: Nierembergie
Familie: Nachtschattengewächse *(Solanaceae)*
Herkunft: Argentinien
Blüten: blau, violett, rot, weiß, mit goldgelber Mitte; schalen- bzw. becherförmig; 2–3 cm Durchmesser
Wuchs: breit polsterartig, später mit überhängenden Trieben; zarte frischgrüne Blätter
Vorziehen: im Februar/März; 18–20 °C Keimtemperatur
Pflanzen: ab Mitte Mai; 20 cm Abstand
Standort: sonnig bis halbschattig; recht wetterfest
Pflegen: gut feucht halten, aber Staunässe vermeiden; wöchentlich düngen; Verblühtes entfernen
Überwintern: hell, bei etwa 5–10 °C
Vermehren: durch im August geschnittene Stecklinge; Jungpflanzen entspitzen
Gestaltung: schön in Kästen und Schalen; auch für Ampeln und als Unterpflanzung von Hochstämmchen geeignet

Kapkörbchen

Osteospermum-Hybriden

HÖHE: 20–40 cm
BLÜTEZEIT: Mai – Oktober
einjährig kultivierte Staude

➤ *lange haltbare Einzelblüten*

Andere Namen: Kapmargerite, Bornholmer Margerite; auch unter dem botanischen Namen der Stammform *O. ecklonis* im Handel oder als *Dimorphoteca* ausgewiesen
Familie: Korbblütler *(Asteraceae)*
Herkunft: Südafrika
Blüten: weiß, gelb, orange, rosa, rot, lila, auch zweifarbig, oft mit dunkler Mitte; bis 8 cm Durchmesser; teils mit löffelartigen Strahlenblüten; öffnen sich nur bei Sonne
Wuchs: aufrecht, buschig bis kissenartig, teils mit überhängenden Trieben
Pflanzen: ab Mitte Mai; 15–20 cm Abstand
Standort: bevorzugt volle Sonne; windverträglich; verträgt Dauerregen schlecht
Pflegen: gleichmäßig leicht feucht halten, aber keinesfalls vernässen; alle 2 Wochen düngen; ab Ende Juni Verblühtes wegschneiden
Überwintern: meist nur sinnvoll, wenn eigene Stecklingsvermehrung vorgesehen; hell, bei 8–12 °C
Vermehren: durch Stecklinge – jedoch nicht ganz einfach –, die man im Januar/Februar schneidet; mehrfach entspitzen
Gestaltung: gut kombinierbar mit anderen sonnenhungrigen Blumen, je nach Farbe z. B. mit Gazanien, Blauer Mauritius, Mittagsblumen, die allerdings auch bei trübem Wetter die Blüten schließen; gegen „Schlechtwetterausfälle" helfen weniger empfindliche Partner wie Kapaster, Duftsteinrich, Glockenblumen oder Salvien
Arten/Sorten: *Dimorphoteca sinuata* und *D. pluvialis* sowie ihre Hybriden sind dem beschriebenen *Osteospermum* so ähnlich, dass sie ebenfalls Kapkörbchen (oder auch Kapringelblume) genannt werden. Es handelt sich dabei allerdings um „echte" Einjährige, die über Samen vermehrt werden können. Sie sind noch regenempfindlicher. Die Züchtung hat sich in den letzten Jahren stärker auf die *Osteospermum*-Kapkörbchen konzentriert, von denen ständig verbesserte Sorten auf dem Markt erscheinen. Diese wachsen kompakter, zeigen nur noch kurze oder gar keine Blühpausen und sind teils schon „toleranter" gegen trübes Wetter, z. B. 'Symphony'-Serie in Gelb- und Weißtönen, 'Cape-Daisy'-Sorten in vielen Farben.

Hängepelargonien

Pelargonium-Peltatum-Gruppe

HÖHE: 25–35 cm
BLÜTEZEIT: Mai – Oktober
teils einjährig kultivierter Halbstrauch

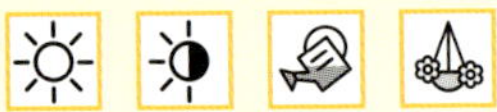

➤ *robuster Blumenschmuck*

Andere Namen: Hängegeranie, Efeupelargonie
Familie: Storchschnabelgewächse *(Geraniaceae)*
Herkunft: Südafrika
Blüten: rot, rosa, lila, weiß, auch zweifarbig; einfach oder gefüllt
Wuchs: halb hängend bis hängend; mit bis 150 cm langen, verzweigten Trieben
Vorziehen: samenvermehrbare Sorten bei Hängepelargonien selten; Anzucht und Aussaat wie Aufrechte Pelargonien (→ Seite 105)
Pflanzen: ab Mitte Mai; 20–30 cm Abstand

Standort: sonnig, im Halbschatten etwas schwächere Blüte; wind- und wetterfest; gefüllt blühende Sorten allerdings etwas regenempfindlich
Pflegen: gleichmäßig feucht halten, aber nicht vernässen; wöchentlich düngen; sollen die Pflanzen überwintert werden, Mitte August Düngung einstellen; sofern keine selbstreinigenden Sorten, Verwelktes entfernen, dazu Blütenstiele am Stielansatz ausbrechen
Überwintern: Pflanzen vor den ersten Frösten nach drinnen holen, gründlich von welken Blättern und Blüten befreien, Triebe etwa um die Hälfte einkürzen; Überwinterung hell und kühl (bei 2–5 °C), fast trocken halten; im Februar Triebe auf 3–4 Augen (Knospen) zurückschneiden; bei Neuaustrieb Pflanzen umtopfen

Vermehren: durch Stecklinge, die man im August (hell und kühl überwintern) oder im Februar/März schneidet
Gestaltung: mit fast allen Balkonblumen mit ähnlichen Ansprüchen kombinierbar, in Kästen, Ampeln oder Hanging Baskets; große Ampeln lassen sich schön mit verschiedenfarbigen Hängepelargonien bestücken, z. B. in plakativem Rot-Weiß-Kontrast
Hinweis: Um 1700 wurden die ersten Pflanzen dieser Gattung aus Südafrika nach Europa eingeführt. Anfangs stufte man sie als Angehörige der Gattung *Geranium* (Storchschnabel) ein, gegen Ende des 18. Jahrhunderts schließlich erfolgte die heute noch gültige Einordnung als *Pelargonium*. Trotzdem hat sich die Bezeichnung „Geranie" bis heute hartnäckig gehalten.

Aufrechte Pelargonien

Pelargonium-Zonale-Gruppe

HÖHE: 30–35 cm
BLÜTEZEIT: Mai – Oktober
teils einjährig kultivierter Halbstrauch

➤ *reich blühender „Klassiker"*

Andere Namen: Geranie, Zonalpelargonie
Familie: Storchschnabelgewächse *(Geraniaceae)*
Herkunft: Südafrika
Blüten: rosa, rot, orange, lila, violett, weiß, auch zweifarbig; einfach oder gefüllt
Wuchs: buschig aufrecht; Blätter oft mit auffälliger dunkler Ringzone, deshalb die Bezeichnung Zonalpelargonie; auch dunkellaubige Sorten
Vorziehen: samenvermehrbare Sorten im Dezember/Januar säen; 20–24 °C Keimtemperatur; zweimal pikieren
Pflanzen: ab Mitte Mai; 20–25 cm Abstand
Standort: wie Hängepelargonien
Pflegen: wie Hängepelargonien
Überwintern: wie Hängepelargonien
Vermehren: wie Hängepelargonien
Gestaltung: sehr vielfältig kombinierbar; unter all den hübschen Blütenfarben sind die kräftigen Rottöne besonders erwähnenswert, die bei Balkonblumen sonst recht selten sind

Duftpelargonien

Pelargonium-Arten

HÖHE: 30–120 cm
BLÜTEZEIT: Mai – August
teils einjährig kultivierter Halbstrauch

➤ *verschiedenste Duftnoten*

Familie: Storchschnabelgewächse *(Geraniaceae)*
Herkunft: Südafrika
Blüten: meist rosa, auch weiß oder rot; klein; weniger zahlreich als bei den anderen Pelargonien
Wuchs: buschig aufrecht, breitwüchsig; teils mit überhängenden Trieben, mit – bei Berührung besonders intensiv – duftenden Blättern
Pflanzen: ab Mitte Mai; hohe Arten und Sorten einzeln in große Töpfe oder Schalen; ansonsten je nach Wuchshöhe 30–40 cm Abstand
Standort: sonnig, *P. odoratissimum* und *P. tomentosum* halbschattig
Pflegen: zurückhaltend gießen, nur leicht feucht halten; bis Mitte August alle 4 Wochen düngen
Überwintern: wie Hängepelargonien
Vermehren: durch Stecklinge wie Hängepelargonien; bevorzugt im Spätsommer
Gestaltung: hochwüchsige Arten und Sorten lassen sich wie Kübelpflanzen einsetzen und mit reicher blühenden Topfgewächsen arrangieren; niedrige, kompakte Sorten eignen sich für Kastenbepflanzung, leicht hängende für Ampeln
Arten/Sorten: Zu den Duftpelargonien zählt eine Fülle verschiedener Arten und Hybriden, wobei teils schon die Sorten ein und derselben Art verschiedene Duftnoten aufweisen, z. B.:
➤ fruchtiger Duft: *Pelargonium* 'Concolour Lace' (blüht rosa, für Kästen); *P. odoratissimum* (Apfelduft, weiß, für Kästen und Ampeln); *P. x fragrans* 'Lilian Pottinger' (Ananasduft, weiß, für Kästen und Ampeln)
➤ Rosenduft: *P.* x *graveolens*-Sorten, z. B. 'Queen of Roses'; *P.* x *andersonii* (blüht rosa, halb hängend)
➤ Zitronenduft: *P. crispum* 'Minor' (hellrosa, für Kästen geeignet); *P. graveolens* 'Prinzess Ann' (rosa, hoch- und breitwüchsig)
➤ Orangenduft: *P. citriodorum* 'Prince of Orange' (rosa, für Kästen)
➤ herb-würziger Duft: *P. fragrans* 'Old Spice' (weiß, überhängend)
➤ Möhrenduft: *Pelargonium* 'Scarlet Pet' (rot, hängender Wuchs)
➤ Minze- oder Mentholduft: *P. graveolens* 'Lady Plymouth' (rosaviolett, weißbunte Blätter)

Hängepetunien

Petunia-Hybriden

HÖHE: 15–30 cm
BLÜTEZEIT: Mai – Oktober
teils einjährig, teils Halbsträucher

➤ *dichte Blütenvorhänge*

Familie: Nachtschattengewächse *(Solanaceae)*
Herkunft: Südamerika
Blüten: in nahezu allen Farben, auch mehrfarbig, kräftige ebenso wie zarte Töne; große oder kleine Trichterblüten; meist einfach, aber auch gefüllte Sorten; vereinzelt duftend
Wuchs: halb oder ganz hängend; mit 25–150 cm Trieblänge; teils sehr kleinblättrig
Vorziehen: aus Samen nur bei den F_1-Hybridsorten möglich, Anzucht hier wie bei den aufrechten Petunien, ohne spezielle Kultureinrichtungen jedoch etwas heikel
Pflanzen: ab Mitte Mai; 20–30 cm Abstand; am besten in Petunienerde setzen
Standort: sonnig, im Halbschatten schwächere Blüte; die meisten Sorten sind recht regenfest, selbst die modernen gefüllten Züchtungen
Pflegen: hoher Wasserbedarf, Staunässe jedoch vermeiden, möglichst kalkarmes Wasser verwenden; wöchentlich düngen, vorzugsweise mit Petunien-Spezial-Dünger, dieser beugt gerade bei kalkhaltigem Gießwasser und/oder Substrat Eisenmangelerscheinungen (Aufhellung der jüngsten Blätter) vor; im akuten Fall mit Eisenpräparat versorgen; kein Ausputzen oder Rückschnitt erforderlich
Überwintern: bei manchen Surfinia-Sorten praktikabel, dann im August Düngung einstellen; vor dem Einräumen Triebe auf etwa 20 cm einkürzen; hell, bei 5–10 °C
Vermehren: durch Stecklinge, die man im Februar/März von überwinterten Exemplaren schneidet
Gestaltung: sehr attraktiv in Ampeln, Hanging Baskets oder erhöht angebrachten Kästen, von denen die reich blühenden Triebe herabhängen; starkwüchsige Sorten wie Surfinien nur mit „ebenbürtigen" Partnern kombinieren, etwa Zweizahn, Harfenstrauch oder Kapkörbchen
Arten/Sorten: Das Sortiment ist durch intensive Züchtungsarbeit seit Jahren in Bewegung. Die nebenstehende Übersicht soll einen kleinen Einblick in die vielfältigen, immer wieder verbesserten und erweiterten Sortengruppen geben, die jeweils Farbsorten in einer Fülle von Tönen umfassen.

HÄNGEPETUNIEN MIT MITTELGROSSEN BIS GROSSEN BLÜTEN

Sortengruppen	Hinweise
'Surfinia'	meist starkwüchsig, bis 150 cm lange Triebe, wetterfest
'Famous'	Triebe um 50 cm lang, große Blüten, wetterfest
'Cascadias'	mittelstark hängend, verschiedene Wuchsformen und Blütengrößen, wetterfest
weitere vegetativ vermehrte Serien	z. B. 'Surprise', 'Sylvana' (beide mit zweifarbigen Sorten), wetterfest
F_1-Hybriden (samenvermehrt)	z. B. 'Fortuna Wave'-, (starkwüchsig), 'Lady'-, 'Kahuna'-Sorten, recht wetterfest

HÄNGEPETUNIEN MIT KLEINEN BIS MITTELGROSSEN BLÜTEN

Sortengruppen	Hinweise
'Conchita'	bis 60 cm lange Triebe, mittelgroße Blüten, gilt als sehr hitzestabil, wetterfest
'Microtunia'	starkwüchsig, mittelgroße Blüten, wetterfest
'Piccolo'	starkwüchsig, kleinblütig, wetterfest
'Petitunia'	starkwüchsig, klein- und sehr reichblütig, wetterfest

AUFRECHT WACHSENDE PETUNIEN

Sortengruppen	Hinweise
Grandiflora-F_1-Hybriden	großblumig, frühe Blüte, recht regenempfindlich
Multiflora-F_1-Hybriden	mittelgroßblumig, gut verzweigt, etwas regenfester
Floribunda-F_1-Hybriden	mittelgroßblumig, recht regenfest
Milliflora-F_1-Hybriden	kleinblumig, kompakt, etwas regenempfindlich

Aufrechte Petunien

Petunia-Hybriden

HÖHE: 20–30 cm
BLÜTEZEIT: Mai – September
einjährige Sommerblume

➤ *teils mit zart blumigem Duft*

Familie: Nachtschattengewächse *(Solanaceae)*
Herkunft: Südamerika
Blüten: alle Farben, auch mehrfarbig; trichter- oder tellerförmig; groß- oder kleinblumig; einfach oder gefüllt
Wuchs: buschig aufrecht, teils leicht überhängend
Vorziehen: ab Januar – März; 18–20 °C Keimtemperatur; einzeln in Töpfe pikieren
Pflanzen: ab Mitte Mai; 20–30 cm Abstand
Standort: sonnig, im Halbschatten nicht ganz so prächtig blühend; mehr oder weniger regenempfindlich
Pflegen: hoher Wasserbedarf; wöchentlich düngen; Verblühtes regelmäßig entfernen
Gestaltung: beliebte Pelargonienpartner, ebenso schön z. B. mit Strauchmargeriten, Studentenblumen, Ziertabak oder in farblich abgestimmter Mischung ganz ohne Begleiter
Arten/Sorten: verschiedene Sortengruppen (→ Tabelle Seite 106)

Flammenblume

Phlox drummondii

HÖHE: 15–30 cm
BLÜTEZEIT: Juli – September
einjährige Sommerblume

➤ *niedrige, kompakte Sorten wählen*

Andere Namen: Einjahrsphlox
Familie: Sperrkrautgewächse *(Polemoniaceae)*
Herkunft: Nordamerika
Blüten: weiß, gelb, rosa, violett; bis zu 2 cm große Einzelblüten; dicht in doldenartigen Blütenständen
Wuchs: buschig, breit
Vorziehen: März – Mai; 15 °C Keimtemperatur; Jungpflanzen bei etwa 7 cm Höhe entspitzen
Pflanzen: ab Mitte Mai; 20 cm Abstand
Standort: sonnig
Pflegen: gut feucht halten, aber Staunässe unbedingt vermeiden; wöchentlich schwach dosiert düngen; Verblühtes regelmäßig entfernen; ein Rückschnitt nach dem erstem Hauptflor fördert Nachblüte
Gestaltung: oft in Farbmischungen angeboten, die Kästen oder Schalen auch ohne Partner schmücken; Kombinationen sind problemlos und etwa mit gelbblühenden Begleitern wie Pantoffelblume oder Gelbem Gänseblümchen sehr hübsch

Portulakröschen

Portulaca grandiflora

HÖHE: 10–15 cm
BLÜTEZEIT: Juni – August
einjährige Sommerblume

➤ *leuchtend pastellige Farben*

Familie: Portulakgewächse *(Portulacaceae)*
Herkunft: Südamerika
Blüten: gelb, orange, rot, pink, rosa, weiß; schalenförmig; bis 8 cm Durchmesser; einfach oder gefüllt; öffnen sich nur bei Sonne
Wuchs: niederliegende bis überhängende, flache Triebe
Vorziehen: März – Mai; 18 °C Keimtemperatur; auch Saat nach Anfang Mai direkt in Balkonkasten möglich
Pflanzen: ab Mitte Mai; 15 cm Abstand
Standort: vollsonnig; regengeschützt
Pflegen: zurückhaltend gießen, Staunässe unbedingt vermeiden; alle 4–6 Wochen düngen
Gestaltung: Die bunten Farb- und Prachtmischungen vermögen trotz ihres niedrigen Wuchses Kästen, Schalen oder auch Ampeln allein zu zieren. Eventuelle Pflanzpartner müssen ebenfalls mit voller Sonne und recht wenig Wasser zurechtkommen, geeignet sind z. B. Kapkörbchen, Mittagsblumen oder Mittagsgold.

Kissenprimel

Primula vulgaris ssp. vulgaris

HÖHE: 5–15 cm
BLÜTEZEIT: Februar – Mai
einjährig gezogene Staude

➤ *bunte Frühjahrspracht*

Familie: Primelgewächse *(Primulaceae)*
Herkunft: Europa, Kleinasien, Nordafrika
Blüten: alle Farben außer reinem Blau, aber inkl. Violett, auch mehrfarbig, kontrastierende gelbe oder orange Mitte; tellerförmig; 2–5 cm Durchmesser; in Dolden; leicht duftend
Wuchs: kissenartige Blattrosette
Vorziehen: schwierig; ab Februar Pflanzen kaufen
Pflanzen: im Frühjahr; 15–20 cm Abstand
Standort: sonnig bis halbschattig
Pflegen: gleichmäßig leicht feucht halten; Düngung nicht nötig
Gestaltung: Schalen mit verschiedenfarbigen Sorten sorgen für fröhliche Frühlingsstimmung, passende Pflanzpartner sind Frühlingszwiebelblumen, Stiefmütterchen und Vergissmeinnicht.
Hinweis: Wer einen Garten hat, kann die Kissenprimeln nach der Blüte dort auspflanzen und dann mehrjährig weiterkultivieren.

Trompetenzunge

Salpiglossis sinuata

HÖHE: 50–100 cm
BLÜTEZEIT: Juni – September
einjährige Sommerblume

➤ *überaus aparter Blütenschmuck*

Familie: Nachtschattengewächse *(Solanaceae)*
Herkunft: Chile
Blüten: weiß, gelb, rosa, rot, purpurn, violett, mit mehrfarbiger Zeichnung und Aderung; trichterförmig; Öffnung mit 5–6 cm Durchmesser
Wuchs: aufrecht; mit dünnen Stielen; leicht verästelt
Vorziehen: im März; 18 °C Keimtemperatur
Pflanzen: nach Mitte Mai; 20–30 cm Abstand
Standort: sonnig; möglichst regen- und windgeschützt
Pflegen: gleichmäßig leicht feucht halten; alle 2 Wochen schwach dosiert düngen; Verblühtes regelmäßig entfernen; hohe Pflanzen, wenn nötig, mit Stäben oder Staudenring stützen
Gestaltung: überaus attraktiv in großen Kästen oder Schalen; kann mit Männertreu oder Duftsteinrich unterpflanzt werden
Hinweis: Die Trompetenzunge wird meist in Farbmischungen angeboten.

Mehlsalbei

Salvia farinacea

HÖHE: 30–80 cm
BLÜTEZEIT: Mai – Oktober
einjährig kultivierte Staude

➤ *aufragende Blütenähren*

Andere Namen: Salvie, Blauähre
Familie: Lippenblütler *(Lamiaceae)*
Herkunft: Nordamerika, Mexiko
Blüten: blau, violett, weiß; kleine Lippenblüten, in dicht besetzten, ährenartig angeordneten Quirlen
Wuchs: straff aufrecht, dicht verzweigt; lanzettliche, überhängende, teils weißgrau befilzte Blätter
Vorziehen: Februar – April; 18–20 °C Keimtemperatur
Pflanzen: nach Mitte Mai; je nach Wuchshöhe 20–35 cm Abstand
Standort: sonnig
Pflegen: gleichmäßig feucht, aber nicht nass halten; wöchentlich schwach dosiert düngen
Gestaltung: gibt im Hintergrund größerer Kästen oder Schalen eine schöne Kulisse ab, vor der gelbe, rote oder weiße Blüten anderer Sommerblumen gut zur Geltung kommen; gute Partner sind z. B. Ringel- und Studentenblumen oder Pelargonien; hohe Sorten, in gesonderte Kübel gepflanzt, sind hübsche Begleiter für Topfrosen

Feuersalbei

Salvia splendens

HÖHE: 20–30 cm
BLÜTEZEIT: Mai – September
einjährig kultivierte Staude

➤ *kräftig leuchtende Blütenfarben*

Familie: Lippenblütler *(Lamiaceae)*
Herkunft: Brasilien
Blüten: leuchtend rot, violett oder lachsrosa; Lippenblüten in langen Trauben
Wuchs: aufrecht, buschig
Vorziehen: im Februar/März; 20–22 °C Keimtemperatur; Jungpflanzen bei 8 cm Höhe entspitzen; die Triebspitzen können als Stecklinge gepflanzt werden
Pflanzen: ab Mitte Mai; 20–30 cm Abstand
Standort: sonnig; möglichst regen- und windgeschützt
Pflegen: gleichmäßig feucht halten; wöchentlich schwach dosiert düngen; welke, braun gewordene Blütenstände abschneiden
Gestaltung: farbkräftiger Partner für gelbe, blaue oder weiße Blumen, z. B. Studenten- und Pantoffelblumen, Vanilleblume oder Zwergmargeriten
Arten/Sorten: Bewährte, kompakte Sorten sind z. B. 'Johannisfeuer' (scharlachrot) und 'Laser Purple' (dunkelviolett), beide 25 cm hoch.

Husarenknöpfchen

Sanvitalia procumbens

HÖHE: 8–15 cm
BLÜTEZEIT: Juni – Oktober
einjährige Sommerblume

➤ *übersät mit kleinen gelben Blüten*

Andere Namen: Zwergsonnenblume
Familie: Korbblütler *(Asteraceae)*
Herkunft: Mexiko, Guatemala
Blüten: gelb mit braunschwarzer Mitte; sternförmig; 2–3 cm Durchmesser
Wuchs: verzweigte, niederliegende bis überhängende Triebe
Vorziehen: im März; 18 °C Keimtemperatur
Pflanzen: ab Mitte Mai; 10–15 cm Abstand
Standort: sonnig; regengeschützt
Pflegen: stets leicht feucht halten; alle 2 Wochen schwach dosiert düngen; verblühte Triebe wegschneiden
Gestaltung: hübsch als Vorpflanzung am Kastenrand, auch für Ampeln oder Unterpflanzung von Kübelpflanzen
Arten/Sorten: Eine weitere, zunehmend populäre Art ist *S. speciosa,* unter dem deutschen Namen Aztekengold bekannt. Sie hat goldgelb leuchtende Blüten und bis 80 cm lange Triebe, eignet sich sehr gut für Ampeln und lässt sich selbst mit starkwüchsigen Hängepetunien kombinieren.

Fächerblume

Scaevola saligna

HÖHE: 20–30 cm
BLÜTEZEIT: Mai – Oktober
meist einjährig kultivierte Staude

➤ *wetterfeste Ampelpflanze*

Familie: Goodeniengewächse *(Goodeniaceae)*
Herkunft: pazifische Inseln, Australien
Blüten: violett, blau; wie kleine Fächer geformt
Wuchs: buschig ausladend, halbhängend; bis 1 m lange Triebe
Vorziehen: entfällt, nur Stecklingsvermehrung möglich
Pflanzen: ab Mitte Mai; 20–30 cm Abstand
Standort: sonnig bis halbschattig; regenfest
Pflegen: feucht halten; verträgt zeitweise Trockenheit, aber keine Staunässe; wöchentlich schwach dosiert düngen; selbstreinigend (→ Seite 183)
Überwintern: hell, bei 10–15 °C; im Frühjahr zurückschneiden
Vermehren: durch Stecklinge; Schnitt im Herbst oder Frühjahr
Gestaltung: kann mit ihrem ausladenden Wuchs allein Ampeln ausfüllen, lässt sich aber auch gut in Kästen oder Hanging Baskets mit anderen Pflanzen kombinieren

Spaltblume

Schizanthus x wisetonensis

HÖHE: 20–40 cm
BLÜTEZEIT: Juli – September
einjährige Sommerblume

➤ *edle Blüten in großer Zahl*

Andere Namen: Orchidee des kleinen Mannes, Bauernorchidee
Familie: Nachtschattengewächse *(Solanaceae)*
Herkunft: Südamerika
Blüten: rosa, rot, pink, violett, oft gefleckt oder geadert; namengebende geschlitzte Blütenblätter
Wuchs: aufrecht, buschig verzweigt
Vorziehen: im März/April; 12–15° C Keimtemperatur
Pflanzen: ab Mitte Mai; 30 cm Abstand
Standort: sonnig; regen- und windgeschützt
Pflegen: stets leicht feucht halten; wöchentlich düngen; Verblühtes regelmäßig entfernen; Rückschnitt nach dem ersten Flor (etwa Anfang August) fördert Nachblüte
Gestaltung: meist in mehrfarbigen Mischungen angeboten, bezaubernd in großen Schalen oder Töpfen
Hinweis: Für die Wintergartenkultur ist auch eine Aussaat im Herbst möglich, Pflanzen über Winter kühl halten, dann blühen sie schon ab April.

Schneeflockenblume

Sutera diffusus

HÖHE: 20–25 cm
BLÜTEZEIT: April/Mai – Oktober
einjährig kultivierter Halbstrauch

➤ *robust und reich blühend*

Andere Namen: Bacopa
Familie: Braunwurzgewächse *(Scrophulariaceae)*
Herkunft: Südamerika
Blüten: weiß, zartrosa; klein; sternförmig; sehr zahlreich
Wuchs: kriechend bis hängend; bis 1m lange Triebe
Vorziehen: entfällt, nur als Jungpflanze erhältlich
Pflanzen: ab Mitte Mai; 20–25 cm Abstand
Standort: sonnig bis halbschattig; windverträglich
Pflegen: gleichmäßig feucht halten; alle 2 Wochen düngen; selbstreinigend (→ Seite 183)
Gestaltung: füllt mit üppigem Wuchs und Blütenreichtum Ampeln auch ohne Begleiter aus; lässt sich jedoch ebenso mit allen normalwüchsigen Balkonblumen kombinieren, in Hängegefäßen wie in Kästen oder großen Schalen
Hinweis: Vor allem Sorten mit etwas größeren Blüten legen zuweilen kurze Blühpausen ein.

Studentenblume

Tagetes-Arten und -Hybriden

HÖHE: 15–30 cm
BLÜTEZEIT: Mai – Oktober
einjährige Sommerblume

➤ *warme, leuchtende Farben*

Andere Namen: Tagetes, Sammetblume
Familie: Korbblütler *(Asteraceae)*
Herkunft: Mexiko
Blüten: gelb, orange, rot, rotbraun, auch mehrfarbig; *T. tenuifolia* mit zahlreichen einfachen Blütenkörbchen von etwa 2,5 cm Durchmesser (→ Bild Seite 111), *T.-Patula*-Hybriden meist gefüllt bis pomponartig, Blüten bis 6 cm Durchmesser (→ Bild oben)
Wuchs: aufrecht, buschig
Vorziehen: ab Januar – März; um 18 °C Keimtemperatur; ab Mitte April auch Aussaat direkt in das Pflanzgefäß
Pflanzen: ab Mitte Mai; 15–25 cm Abstand
Standort: sonnig, auch leicht beschattet; wind- und regenfest (*T. tenuifolia* ist besonders robust)
Pflegen: mäßig feucht halten; wöchentlich düngen; Verblühtes regelmäßig entfernen
Gestaltung: leuchtende, warme Farben, Wetterbeständigkeit, in der Wuchskraft durchsetzungsfähig, aber

verträglich – dies alles macht Studentenblumen zu idealen Partnern für zahlreiche Balkonblumen; sie passen in fröhlich-bunte Kästen im Landhausstil, etwa mit roten Pelargonien, Feuersalbei und Pantoffelblumen; ebenso gut als gelbe Farbtupfer in eher „noble" oder romantische Gestaltungen mit vorherrschenden blauen, violetten, rosa oder weißen Tönen; *T. tenuifolia* mit ihren einfachen Blüten z. B. mit Ringelblumen, Blauen Gänseblümchen und Weißen Zwergmargeriten kombiniert kann dem Balkon etwas Wildblumenflair verleihen, und selbst zwischen Kräutern und Gemüsen sind Studentenblumen gut aufgehoben.
Arten/Sorten: In erster Linie kommen für Gefäße Sorten von *T. tenuifolia* und niedrige *T.-Patula*-Hybriden, häufig mit prächtigen Blüten, infrage. Ähnlich wie letztere präsentieren sich die *T.-Erecta*-Hybriden, von denen es ebenfalls nur 15–30 cm hohe Topfsorten gibt. Bei den Sorten handelt es sich oft um Farbmischungen.
Hinweis: Studentenblumen duften teils herb bis streng, im ungünstigsten Fall penetrant. Eher angenehm aromatisch riechen *T.- tenuifolia*-Sorten, die man sogar als Duftpflanzen einstuft.

Margerite

Tanacetum parthenium

HÖHE: 25–60 cm
BLÜTEZEIT: Juni – September
einjährig kultivierte Staude

➤ *verbreitet Wiesenflair*

Andere Namen: Mutterkraut, Goldkamille
Familie: Korbblütler *(Asteraceae)*
Herkunft: Europa
Blüten: weiß mit gelber Mitte oder gelb; einfach oder gefüllt; teils duftend
Wuchs: aufrecht, breit buschig
Vorziehen: im März/April; 15–18 °C Keimtemperatur; Samen nur dünn abdecken
Pflanzen: ab Mitte Mai; 20–30 cm Abstand
Standort: am besten sonnig, im Halbschatten schwächere Blüte
Pflegen: gleichmäßig feucht halten; alle 2 Wochen düngen; Verblühtes regelmäßig entfernen
Gestaltung: niedrige, bis 30 cm hohe Sorten finden Verwendung in gemischten Balkonkästen oder Schalen; hochwüchsige Sorten werden in Gefäße seltener eingesetzt, sehen jedoch in großen Töpfen oder Kübeln hübsch aus
Hinweis: Recht ähnlich sind Weiße Zwergmargerite (→ Seite 97) und Gelbe Zwergmargerite (→ Seite 91).

Gelbes Gänseblümchen

Thymophylla tenuiloba

HÖHE: 15–20 cm
BLÜTEZEIT: Juni – Oktober
einjährige Sommerblume

➤ *lang anhaltende Blütenfülle*

Andere Namen: botanisch auch *Dyssodia tenuiloba*
Familie: Korbblütler *(Asteraceae)*
Herkunft: Mexiko
Blüten: gelb; margeritenähnliche Blütensterne; 1–2 cm Durchmesser
Wuchs: breitwüchsig; überhängende Triebe
Vorziehen: ab Februar – März; 18–20 °C Keimtemperatur
Pflanzen: ab Mitte Mai; 15–20 cm Abstand
Standort: sonnig, auch vollsonnig
Pflegen: stets leicht feucht halten, Staunässe unbedingt vermeiden; alle 2 Wochen schwach dosiert düngen; Verblühtes regelmäßig entfernen
Gestaltung: besonders attraktiv als Ampelpflanze, auch als hängende Beipflanze am Kastenrand oder Unterpflanzung von Hochstämmchen; sehr schön sind Kombinationen mit Blauen Gänseblümchen *(Brachyscome)*; nicht mit starkwüchsigen Pflanzen wie Hängepetunien oder Zweizahn zusammenpflanzen

Kapuzinerkresse

Tropaeolum majus

HÖHE: 25–30 cm/bis 3 m
BLÜTEZEIT: Juli – Oktober
einjährig kultivierte Staude

➤ *warme Töne, zierende Blätter*

Familie: Kapuzinerkressengewächse *(Tropaeolaceae)*
Herkunft: Südamerika
Blüten: gelb, cremeweiß, orange, rot; einfach, halb gefüllt oder gefüllt; bis 5 cm Durchmesser
Wuchs: buschig oder kriechend bis hängend; rankende Sorten mit bis 3 m Wuchshöhe; schildförmige Blätter
Vorziehen: im März/April; um 15 °C Keimtemperatur; kann auch im Mai direkt ins Pflanzgefäß gesät werden
Pflanzen: ab Mitte Mai; kompakte Sorten mit 25 cm Abstand, andere mit mindestens 30 cm Abstand
Standort: bevorzugt sonnig, im Halbschatten schwächer blühend
Pflegen: mäßig feucht halten; alle 2 Wochen möglichst stickstoffarm düngen; bei starkem Blattwachstum mit Düngung pausieren
Gestaltung: buschige Sorten schön in Töpfen oder Kästen; langtriebige Sorten als Ampel- oder Kletterpflanzen
Hinweis: Eng verwandt ist die kletternde Kanarische Kresse (→ Seite 127).

Verbene

Verbena-Hybriden und -Arten

HÖHE: 25 cm
BLÜTEZEIT: Juni – Oktober
einjährig kultivierte Staude

➤ *vielfältige Farben und Formen*

Andere Namen: Eisenkraut
Familie: Eisenkrautgewächse *(Verbenaceae)*
Herkunft: Südamerika
Blüten: blau, violett, weiß, rot, rosa; doldenähnliche Schirme, dicht besetzt mit kleinen Einzelblüten
Wuchs: je nach Sorte aufrecht, kriechend oder hängend; feinlaubig oder breitblättrig
Vorziehen: schwierig, da Langsamkeimer, der besondere Saatgutbehandlung (Kältereiz, Vorquellen) erfordert; etliche Sorten sind auch gar nicht samenvermehrbar
Pflanzen: ab Mitte Mai; 20–30 cm Abstand
Standort: sonnig; moderne Sorten gut wetterbeständig
Pflegen: hoher Wasserbedarf, jedoch empfindlich gegen Staunässe; alle 2 Wochen düngen, moderne Hängeverbenen wöchentlich; Verblühtes regelmäßig entfernen
Gestaltung: Aufrechte Sorten lassen sich in Kästen sehr schön etwa mit Pelargonien, Studentenblumen, Kapkörbchen, Zwergmargeriten oder Silberblatt kombinieren. Zu den starkwüchsigen Hängeverbenen gesellt man vorzugsweise konkurrenzstarke Arten wie Hängepelargonien, Zauberglöckchen, Goldtaler oder Zweizahn.
Arten/Sorten: Zum „klassischen“ Verbenen-Sortiment gehören die so genannten Sämlings-Verbenen mit Arten wie *V. rigida, V. canadensis* und ihren Hybriden *(V.* x *hybrida)*. Hierzu zählen bewährte, meist aufrecht wachsende Sorten, z. B. 'Derby' oder 'Novalis' (beides Serien in vielen Blütenfarben, mit kompaktem Wuchs).
Schon seit längerer Zeit bereichern zudem stecklingsvermehrte Verbenen wie *V. tenera* das Angebot. Eine deutliche Verbesserung erfuhren sie durch die in Japan gezüchteten Temari- und Tapien-Verbenen: starkwüchsige, reichblütige, farbkräftige Hängeverbenen mit geringer Mehltauanfälligkeit und guter Wetterfestigkeit. Diese Formen sowie entsprechende weitere Züchtungen (z. B. 'Tukana'-Serie) bestimmen heute das Bild bei den Verbenen, zunehmend ergänzt durch stecklingsvermehrte aufrechte, kompakte Sorten (z. B. 'Babylon'-Sortengruppe).

Mini-Stiefmütterchen

Viola-Cornuta-Hybriden

HÖHE: 10–15 cm
BLÜTEZEIT: April – Juli (Herbst)
meist zweijährig

➤ *oft mit bunten „Gesichtern“*

Andere Namen: Hornveilchen
Familie: Veilchengewächse *(Violaceae)*
Herkunft: Pyrenäen, Spanien
Blüten: alle Farben, meist mehrfarbig; klein; sehr zahlreich
Wuchs: kompakt, teils überhängend
Vorziehen: für die Frühjahrsblüte im Juli – August; halbschattig aufstellen; nach dem Pikieren heller stellen
Pflanzen: im März/April; 10–20 cm Abstand
Standort: sonnig bis halbschattig
Pflegen: an warmen Tagen reichlich gießen; höchstens einmal düngen; verwelkte Blütenstiele abschneiden
Überwintern: eigene Anzuchten hell und kühl (bei 2–5 °C) überwintern
Gestaltung: hübsche Begleiter für spät blühende Tulpen und Narzissen sowie für Goldlack
Hinweis: Je nach Sorte und Saatzeit blühen die Mini-Stiefmütterchen im Frühjahr, im Sommer oder erst im Herbst. Die größere Bedeutung haben sie jedoch als Frühjahrszierde.

Stiefmütterchen

Viola x wittrockiana

HÖHE: 15–25 cm
BLÜTEZEIT: März – Juni (Herbst)
zweijährige Sommerblume

➤ *gewaltiges Farbenspektrum*

Familie: Veilchengewächse *(Violaceae)*
Herkunft: Europa
Blüten: alle Farben, auch mehrfarbig; klein- oder großblumig
Wuchs: kompakt buschig
Vorziehen: im Juni/Juli; Saaten halbschattig platzieren; in Einzeltöpfe pikieren, danach heller stellen
Pflanzen: im Herbst oder Frühjahr; 10–15 cm Abstand
Standort: sonnig bis halbschattig
Pflegen: gleichmäßig feucht halten; alle 2–3 Wochen düngen; Verblühtes regelmäßig entfernen
Überwintern: eigene Anzuchten draußen mit gutem Winterschutz oder drinnen hell und kühl unterbringen
Gestaltung: häufig werden Farbmischungen angeboten, die zu herrlich bunten Frühjahrsschalen und -kästen verhelfen; Stiefmütterchen passen gut zu Tulpen, Narzissen, Hyazinthen oder Traubenhyazinthen; auch für Herbstpflanzungen verwendbar, dafür am besten im Spätjahr bereits blühende Pflanzen kaufen

Zinnie

Zinnia angustifolia, Zinnia elegans

HÖHE: 15–30 cm
BLÜTEZEIT: Juli – September
einjährige Sommerblume

➤ *bunte Sommerblumenpracht*

Familie: Korbblütler *(Asteraceae)*
Herkunft: Mexiko, Mittelamerika
Blüten: gelb, orange, weiß, rosa, rot, violett, auch zweifarbig; einfach oder gefüllt bis pomponartig; bis 10 cm Durchmesser
Wuchs: aufrecht, buschig verzweigt
Vorziehen: ab Februar – Mai; um 20 °C Keimtemperatur
Pflanzen: erst gegen Ende Mai, da frostempfindlich; 15–20 cm Abstand
Standort: sonnig; möglichst wind- und regengeschützt
Pflegen: gleichmäßig feucht halten; alle 2 Wochen düngen; Verblühtes regelmäßig entfernen
Gestaltung: Zinnien lassen sich mit einer Vielzahl anderer Balkonblumen kombinieren; die warmen, teils sehr kräftigen Farbtöne sorgen für lebhafte Wirkung.
Hinweis: Manche *Z.-elegans*-Sorten wirken mit ihren dicht gefüllten Blüten wie niedrige Dahlien; kleinblumige, einfache *Z.-angustifolia*-Sorten haben dagegen schon fast naturnahes Flair.

Mehrjährige Balkonblumen

Pflanzenschmuck vom Herbst bis zum Frühjahr oder an schattigen Plätzen – hier zeigen die Topfstauden ihre besonderen Stärken. Manche Stauden sind aber auch prächtige Sommerblüher mit ganz eigenem Flair.

MEHRJÄHRIGE, KRAUTIGE Pflanzen, die alljährlich erneut austreiben und blühen – das sind in Kürze die Merkmale der Blütenstauden. Anders als die fremdländischen, stets einjährig gehaltenen Stauden, die man vielfach unter den Sommerblumen findet, überstehen sie unsere Winter selbst in Töpfen oder Balkonkästen recht gut. Trotzdem werden solche Topfstauden nicht immer mehrjährig kultiviert, da man das ganze Jahr über Gefäße für sie reservieren muss und sie zum Teil nach der Blüte auch nur relativ wenig fürs Auge zu bieten haben.

Auf Grund ihrer Kälteverträglichkeit haben Stauden unter den Frühjahrs- und Herbstblühern besondere Bedeutung; manche zeichnen sich auch durch gute Schattentoleranz aus. Die Zahl spezieller Stauden-Züchtungen für die Gefäßkultur, die kleiner bleiben als Gartenstauden und bereits im Jahr der Pflanzung ihre volle Pracht entfalten, nimmt von Jahr zu Jahr zu. Botanische „Grenzfälle“ sind Pflanzen wie die Besenheide. Streng genommen handelt es sich hier um kleine Gehölze, gärtnerisch werden sie jedoch als Stauden eingestuft.

Kissenaster

Aster-Dumosus-Hybriden

HÖHE: 15–35 cm
BLÜTEZEIT: September – Oktober
Staude

➤ *wunderschöne Herbstblüher*

Familie: Korbblütler *(Asteraceae)*
Herkunft: Nordamerika
Blüten: weiß, rosa, rot, violett, blau, mit gelber Mitte; zahlreich
Wuchs: kompakte Polster bildend
Pflanzen: im August/September; 20–30 cm Abstand
Standort: sonnig, auch leicht beschattet
Pflegen: mäßig feucht halten; im Frühjahr mit Langzeitdünger versorgen, wenn nötig, im Sommer nachdüngen
Überwintern: frostfrei und hell oder draußen mit Winterschutz
Vermehren: durch Teilung im Frühjahr oder durch Stecklinge im Frühsommer
Gestaltung: attraktiver Partner für farblich abgestimmte Chrysanthemen, Fetthenne, Besenheide und andere Herbstblüher; besonders blaue und violette Sorten eignen sich gut, da diese Blütenfarben im Herbst sonst selten vorkommen
Hinweis: für die Kastenbepflanzung niedrigbleibende Sorten wie 'Schneekissen' (weiß) verwenden

Astilbe

Astilbe-Arten

HÖHE: 20–60 cm
BLÜTEZEIT: Juni – September
Staude

➤ *wertvolle Schattenpflanze*

Anderer Name: Prachtspiere
Familie: Steinbrechgewächse *(Saxifragaceae)*
Herkunft: Japan, China, Tibet
Blüten: rot, rosa, weiß; in kerzen- oder büschelartigen Rispen
Wuchs: aufrecht, buschig
Pflanzen: ab April; Zwergastilben im Kasten mit 20–25 cm Abstand
Standort: halbschattig bis schattig
Pflegen: stets gut feucht halten; jährlich im Frühjahr mit etwas Langzeitdünger versorgen
Überwintern: draußen mit Winterschutz; oder drinnen frostfrei, hell oder dunkel
Vermehren: durch Teilung oder Aussaat im zeitigen Frühjahr
Gestaltung: höhere Sorten setzt man am besten einzeln in Töpfe; Zwergastilben lassen sich auch mit anderen Kleinstauden und Zwerggehölzen in Kästen kombinieren
Arten/Sorten: Für die Topfpflanzung bieten sich in erster Linie Zwergastilben *(A. chinensis* var. *pumila)* an.

Bergenie

Bergenia-Arten

HÖHE: 20–50 cm
BLÜTEZEIT: März – Mai
meist immergrüne Staude

➤ *Blattschmuck- und Blütenstaude*

Familie: Steinbrechgewächse *(Saxifragaceae)*
Herkunft: Asien
Blüten: rosa, rot, weiß; Blütenglöckchen in großen Trugdolden
Wuchs: breit buschig; meist immergrüne, große, eiförmige Blätter, im Winter teils bronze oder rötlich, bei einigen Sorten ganzjährig rot
Pflanzen: ab Mai/Juni; für Saisonbepflanzung im Herbst einsetzen; kleine Exemplare mit 25 cm Abstand
Standort: sonnig bis schattig
Pflegen: nur leicht feucht halten; im Frühjahr mit organischem oder Langzeitdünger versorgen
Überwintern: draußen, in rauen Lagen mit Winterschutz
Vermehren: durch Teilung nach der Blüte
Gestaltung: sehr vielseitig einsetzbar, für Herbstkombinationen, als Frühjahrsblüher, als sommerliche Blattschmuckpflanze, für Schattengestaltungen
Arten/Sorten: Infrage kommen niedrige *B.*-Hybriden sowie *B. cordifolia*.

Besenheide

Calluna vulgaris

HÖHE: 20–80 cm
BLÜTEZEIT: je nach Sorte Juni – Dez.
immergrüner Zwergstrauch

➤ *niedrige Sorten wählen*

Andere Namen: Heidekraut
Familie: Heidekrautgewächse *(Ericaceae)*
Herkunft: Europa, Kleinasien
Blüten: rosa, weiß, rot, violett
Wuchs: aufrecht bis niederliegend; immergrün
Pflanzen: im Sommer oder Frühherbst; 10–20 cm Abstand, für Dauerbepflanzung 25–40 cm; in mit Sand vermischte Rhododendronerde setzen
Standort: sonnig bis halbschattig
Pflegen: gleichmäßig feucht halten, kalkarmes Wasser; im Frühjahr mit Rhododendrondünger versorgen
Überwintern: draußen, Schutz nur bei starkem Frost nötig; im Frühjahr um etwa 1/3 zurückschneiden
Vermehren: durch Stecklinge im August/September
Gestaltung: je nach Blütezeit für Sommer- oder Herbstbepflanzungen
Hinweis: Die so genannten Knospenblüher-Sorten öffnen ihre Blüten nicht ganz. So können sie bis in den Winter hinein „blühen“.

WEITERE BLÜTENSTAUDEN

Name	Höhe Wuchs	Blütenfarbe Blütezeit
sonniger Stand		
Steinkraut *Alyssum*-Arten	15–25 cm polsterartig	gelb April – Juni
Gänsekresse *Arabis caucasica*	10–20 cm polsterartig	weiß, rosa, zart gelb April – Mai
Blaukissen *Aubrieta*-Hybriden	10–15 cm polsterartig	blau, violett, rot April – Mai
Rittersporn *Delphinium* -Hybriden, -Arten	30–100 cm buschig	blau, violett, weiß Juni – Juli/Sept.
Prachtscharte *Liatris spicata* 'Kobold'	30–40 cm buschig	lila Juli – Sept.
Katzenminze *Nepeta* x *faasenii*	25–30 cm buschig	blau Juni – Sept.
sonniger bis halbschattiger Stand		
Frauenmantel *Alchemilla mollis*	25–40 cm breit buschig	zart gelb Juni – Juli
Akelei *Aquilegia*-Arten	15–50 cm buschig	blau, weiß, rosa, mehrfarbig April – Juni
Gemswurz *Doronicum orientale*	25–50 cm buschig	gelb April – Mai
Storchschnabel *Geranium*-Arten	20–60 cm buschig	violett, blau, rosa, rot, weiß Mai – Sept.
Taglilie *Hemerocallis*-Hybriden	30–120 cm buschig	viele Farben Mai – Sept.
Purpurglöckchen *Heuchera*-Arten	30–60 cm polsterartig	rosa, rot, weiß Juni – Aug.
Nachtkerze *Oenothera*-Arten	15–60 cm buschig	gelb Juni – Sept.
Dreimasterblume *Tradescantia* x *andersoniana*	40–50 cm buschig	blau, violett, rot, rosa, weiß Juni – Aug.
halbschattiger Stand		
Christrose *Helleborus*-Hybriden	25–40 cm horstartig	rosa, rot, gelblich Febr. – April
Primel *Primula*-Arten	20–50 cm Rosette	viele Farben März – Juni

Karpaten-Glockenblume

Campanula carpatica

HÖHE: 20–30 cm
BLÜTEZEIT: Juni – September
Staude

➤ *zart wirkende Blütenglocken*

Familie: Glockenblumengewächse *(Campanulaceae)*
Herkunft: Karpaten (Osteuropa)
Blüten: blauviolett oder weiß; schalenartig geöffnete Glockenblüten
Wuchs: dicht buschig, polsterartig
Pflanzen: ab April; 20–30 cm Abstand
Standort: sonnig bis halbschattig
Pflegen: mäßig feucht halten; alle 2 Wochen schwach dosiert düngen; Verblühtes entfernen
Überwintern: frostfrei und hell, notfalls auch draußen mit Winterschutz
Vermehren: durch Teilung im Frühjahr
Gestaltung: Die kompakt wachsende Art macht sich gut in Schalen oder Kästen; schön wirkt sie auch als Unterpflanzung von Hochstämmchen.
Arten/Sorten: Bewährte Sorten sind 'Blaue Clips' und 'Weiße Clips', beide nur 20 cm hoch. Für die Gefäßbepflanzung eignen sich auch einige andere Glockenblumen, z. B. die Hängepolster-Glockenblume *(C. poscharskyana)* und die Zwerg-Glockenblume *(C. cochleariifolia)*.

Tränendes Herz

Dicentra spectabilis

HÖHE: 50–80 cm
BLÜTEZEIT: April – Juni
Staude

➤ *interessante Blütenform*

Andere Namen: Herzblume
Familie: Erdrauchgewächse *(Fumariaceae)*
Herkunft: China, Japan, Korea
Blüten: rosa oder weiß; herzförmig, mit tropfenartig herausragenden weißen, inneren Blütenblättern
Wuchs: aufrecht mit überhängenden Blütenstielen; dekoratives, farnartiges Laub; zieht nach der Blüte ein
Pflanzen: Topfpflanzen im Frühjahr einsetzen; 25–30 cm Abstand
Standort: halbschattig
Pflegen: mäßig feucht halten
Überwintern: draußen mit Winterschutz (Topfisolierung) möglich
Vermehren: durch Stecklinge oder Teilung im Frühjahr
Gestaltung: Die aparten Frühjahrs- und Frühsommerblüher wirken sehr schön in großen Schalen oder Kübeln, in Kombination z. B. mit späten Tulpen, Tausendschön und Vergissmeinnicht.
Hinweis: Die Zierwirkung ist auf wenige Monate beschränkt, deshalb ist eine Dauerkultur kaum lohnend.

Schneeheide

Erica carnea

HÖHE: 15–35 cm
BLÜTEZEIT: Dezember – April
immergrüner Zwergstrauch

> *wertvoller Winterblüher*

Andere Namen: Winterheide
Familie: Heidekrautgewächse *(Ericaceae)*
Herkunft: Mitteleuropa
Blüten: rosa, weiß, rot, violett; zahlreiche Blütenglöckchen
Wuchs: buschig bis polsterartig; immergrün; teils attraktive Laubfärbung: rotbraun, gelbgrün, bronze
Pflanzen: im Herbst; 30 cm Abstand; in saures Substrat wie Rhododendronerde, mit Sand vermischt
Standort: sonnig bis halbschattig
Pflegen: gleichmäßig feucht halten, möglichst mit kalkarmem Wasser; im Frühjahr Rhododendrondünger geben, bei Bedarf bis Mitte August 1–2mal nachdüngen
Überwintern: draußen ohne Schutz möglich; Gefäße mit geringem Erdinhalt jedoch isolieren
Vermehren: durch halb verholzte Stecklinge im Sommer
Gestaltung: schön in (frostfesten) Schalen oder Kästen, als Farbtupfer zwischen immergrünen Kleingehölzen

Funkie

Hosta-Arten

HÖHE: 30–60 cm
BLÜTEZEIT: Juli – August
Staude

> *aparte Blattschmuckstaude*

Familie: Funkiengewächse *(Hostaceae)*
Herkunft: Japan, Korea, China
Blüten: weiß, lila, violett; trichterförmig in Trauben an langen Stielen
Wuchs: breitwüchsig, horstartig; große, breit lanzettliche bis herzförmige Blätter, diese je nach Art und Sorte grün, bläulich oder gelb, oft mit weißer oder gelber Zeichnung
Pflanzen: ab März/April; einzeln in große Töpfe; in nährstoffarmes Substrat (z. B. Vermehrungs- oder Pikiererde), organischen Volldünger und Blähton untermischen
Standort: halbschattig bis schattig
Pflegen: mäßig feucht halten; im Frühjahr Langzeitdünger geben
Überwintern: draußen mit Winterschutz oder drinnen frostfrei, hell oder dunkel
Vermehren: Teilung im Frühjahr oder Herbst möglich
Gestaltung: besondere Zierde für beschattete Plätze; passt (als Nachbar im separaten Topf) sehr gut zu Fuchsien, Astilben oder Farnen

Fetthenne

Sedum-Arten

HÖHE: 30–50 cm
BLÜTEZEIT: September – Oktober
Staude

> *auffälliger Herbstblüher*

Familie: Dickblattgewächse *(Crassulaceae)*
Herkunft: Europa, Sibirien, Asien
Blüten: rosa, karminrot, purpurrot; in großen Dolden
Wuchs: aufrecht, buschig; fleischige Blätter
Pflanzen: im Sommer Containerpflanzen einsetzen; einzeln in Töpfe oder mit 30–40 cm Abstand
Standort: sonnig
Pflegen: mäßig feucht halten; zur Pflanzung Langzeitdünger geben; nach Überwinterung bis August alle 4 Wochen düngen; abgeblühte Triebe im Frühjahr zurückschneiden
Überwintern: draußen mit Winterschutz oder drinnen hell und kühl
Vermehren: durch Stecklinge, Schnitt im Frühjahr/Frühsommer
Gestaltung: kann in Kübeln mit niedrigen Herbstblühern und Blattpflanzen kombiniert werden
Arten/Sorten: Attraktive Topf-Fetthennen sind *S. telephium* 'Herbstfreude' und *S. spectabile*.

Zwiebel- und Knollenblumen

Blumen, die aus Zwiebeln oder Knollen treiben, haben einen ganz besonderen Stellenwert. Sie können mit vielen beliebten Frühlingsboten aufwarten, ebenso mit Garanten für farbkräftigen Sommerflor.

BOTANISCH ZÄHLT man die Zwiebel- und Knollenblumen zu den ausdauernden Stauden, da sie nach Ende der Blütezeit mit Hilfe ihrer unterirdischen Organe überdauern und im nächsten Jahr wieder austreiben. Eine mehrjährige Kultur in Pflanzgefäßen lohnt sich jedoch oft nicht, da die Zwiebeln oder Knollen hier häufig nicht genug Reservestoffe für einen kräftigen Neuaustrieb einlagern. Wer einen Garten hat, kann sie jedoch nach dem Verblühen und dem Verwelken der Blätter dann draußen einpflanzen.

Etwas anders sieht dies bei so stattlichen Arten wie Lilien und Blumenrohr aus, die man von vornherein in große Töpfe setzt. Sie werden meist wie Kübelpflanzen (→ Seite 132) behandelt, so dass man sich an ihnen über Jahre erfreuen kann.
Die unterirdischen Organe dieser Pflanzen reagieren extrem empfindlich auf Dauernässe im Substrat. Um Fäulnis zu vermeiden, sollte man die Gefäße unbedingt mit einer guten Dränage versehen, stets mit Fingerspitzengefühl gießen und Wasser im Untersetzer bald ausleeren.

Knollenbegonie

Begonia-Tuberhybrida-Gruppe

HÖHE: 15–35 cm
BLÜTEZEIT: Mai – Oktober
Knollenpflanze

➤ *Blütenfarben mit Leuchtkraft*

Familie: Schiefblattgewächse *(Begoniaceae)*
Herkunft: Südamerika
Blüten: in Gelb-, Orange-, Rosa und Rottönen, weiß, auch zweifarbig; klein- oder großblumig, meist gefüllt
Wuchs: breit aufrecht oder hängend (Hänge- oder Girlandenbegonien)
Pflanzen: nach Mitte Mai; 20–25 cm Abstand; zum Vortreiben Knollen im Februar/März eng an eng in Kisten mit Torf oder Pikiererde legen, hell bei 20 °C aufstellen, leicht feucht halten
Standort: halbschattig bis schattig; manche Sorten (v. a. kleinblumige) auch sonnig; windgeschützt
Pflegen: gut feucht halten, jedoch Staunässe vermeiden; alle 2 Wochen schwach dosiert düngen; Verblühtes entfernen
Überwintern: bei Gefäßkultur bzw. Topfsorten nicht lohnend
Vermehren: durch Teilung der Knollen kurz nach dem Austrieb
Gestaltung: verschiedenfarbige Sorten kombinieren

Krokus

Crocus-Arten

HÖHE: 5–10 cm
BLÜTEZEIT: Februar – April
Knollenpflanze

➤ *bezaubernde Frühlingsboten*

Familie: Irisgewächse *(Iridaceae)*
Herkunft: Süd- und Südosteuropa, Kleinasien
Blüten: gelb, weiß, rosa, purpur, violett, auch mehrfarbig; becher- oder kelchförmig; Blütezeit variiert je nach Art und Sorte
Wuchs: aufrechte, kurze Blütenstiele; grasartige Blätter
Pflanzen: im zeitigen Frühjahr gekaufte Pflanzen einsetzen; oder Knollen im September/Oktober 6–8 cm tief stecken; 10 cm Abstand
Standort: sonnig, auch leichte Beschattung wird vertragen
Pflegen: mäßig gießen; nach Blühbeginn einmal düngen
Überwintern: bei Herbstpflanzung drinnen frostfrei und dunkel oder draußen mit Nadelreisigabdeckung; ab Austrieb hell stellen
Gestaltung: hübsche Begleiter für andere Frühjahrsblüher; schön auch als Farbtupfer in Dauerbepflanzungen oder in verschiedenen Blütenfarben in Schalen oder Kästen

Dahlie

Dahlia-Hybriden

HÖHE: 20–45 cm
BLÜTEZEIT: Mai – Oktober
Knollenpflanze

➤ *auch für Herbstarrangements*

Familie: Korbblütler *(Asteraceae)*
Herkunft: Mexiko
Blüten: weiß, gelb, rosa, pink, rot; einfach, halb gefüllt oder gefüllt; Topf- bzw. Zwergsorten meist mit 4–5 cm Durchmesser, seltener über 10 cm
Wuchs: aufrecht, buschig
Vorziehen: samenvermehrbare Sorten im Februar/März, je 2–3 Samenkörner in Töpfe säen, bei etwa 18–20 °C Keimtemperatur
Pflanzen: ab Mitte Mai; 30 cm Abstand, sehr kompakte Sorten auch etwas enger
Standort: sonnig, auch vollsonnig; windgeschützt
Pflegen: bei Hitze kräftig gießen, aber Staunässe vermeiden; wöchentlich düngen; Verblühtes regelmäßig abschneiden; hohe Sorten stützen
Überwintern: bei Gefäßhaltung oft nicht lohnend, kann aber ohne großen Aufwand probiert werden: bei Frosteinbruch auf eine Handbreit zurückschneiden, welke Blätter entfernen und dann frostfrei unterbringen; zuvor im August Düngung einstellen; bei Austriebsbeginn hell stellen
Vermehren: durch Teilung der Knollen oder Stecklinge im Frühjahr
Gestaltung: Kleine Sorten in verschiedenen Blütenfarben wirken sehr schön in Balkonkästen, größere setzt man einzeln oder zu wenigen in Töpfe und Kübel.
Arten/Sorten: Bewährte, niedrig wachsende Topf-Dahlien sind die einfach blühenden Mignon-Dahlien, in etwas höheren Sorten (30–40 cm) oder als nur 20–30 cm hohe Zwerg-Mignon-, Top-Mix- bzw. Baby-Dahlien. Samen dieser Sortengruppen werden häufig als Farbmischungen angeboten. Sie blühen in der Regel ab Juni.
Seit einiger Zeit kommen immer mehr kompakte Formen hinzu, häufig aus Stecklingsvermehrung, die teils schon im Mai ihre Blüten entfalten. Meist handelt es sich um Serien bzw. Sortengruppen, die es jeweils in einer Vielzahl von Blütenfarben gibt, z. B. 'Gallery' (30–45 cm hoch, gefüllte, große Blüten), niedrige 'Dahlinova'-Sorten (30–40 cm, halb gefüllt), 'Dahlietta' (25–35 cm, gefüllt), 'Dalina' (20–25 cm, gefüllt), 'Micronetta' (30–40 cm, gefüllt).

WEITERE ZWIEBEL- UND KNOLLENBLUMEN

Name	Höhe Standort	Blütenfarbe Blütezeit
Frühjahrsblüher		
Strahlenanemone *Anemone blanda*	10–20 cm	März – April
Schneestolz *Chionodoxa gigantea*	15–20 cm	blau, weiß März – April
Schachbrettblume *Fritillaria meleagris*	20–40 cm	purpurnweiß April – Mai
Schneeglöckchen *Galanthus*–Arten	10–15 cm	weiß Febr. – März
Gelbe Vorfrühlingsiris *Iris dandfordiae*	10–15 cm	gelb März – April
Zwergiris *Iris histroides, Iris reticulata*	10–20 cm	blau, violett, weiß Febr. – März
Traubenhyazinthe *Muscari armeniacum, M. botryoides*	10–25 cm	blau, weiß März – April
Blausternchen *Scilla siberica*	10–20 cm	blau, violett, weiß März – Mai
Sommerblüher		
Zierlauch *Allium moly*	20–45 cm	gelb Mai –Juni
Rosenlauch *Allium oreophilum, A. roseum*	15–30 cm	rosa, rot Juni – Juli
Schopflilie *Eucomis bicolor*	30–50 cm	grünlich gelb Juli – Aug.
Herbstblüher		
Herbstzeitlose *Colchicum*-Hybriden	10–25 cm	rosa, violett, weiß Aug. – Okt.

Hyazinthe

Hyacinthus orientalis

HÖHE: 20–30 cm
BLÜTEZEIT: April – Mai
Zwiebelpflanze

➤ *betörender Duft*

Familie: Hyazinthengewächse *(Hyacinthaceae)*
Herkunft: Mittelmeerraum, Vorderasien
Blüten: meist blau, violett, rosa, weiß, auch gelb, rot; in dicht besetzten, walzenförmigen Blütenständen
Wuchs: Rosette mit straff aufrechten, riemenförmigen Blättern
Pflanzen: im Frühjahr gekaufte, knospige Pflanzen einsetzen oder vorgetriebene Zwiebeln im Frühjahr 15–20 cm tief stecken; 15 cm Abstand
Standort: sonnig, auch leicht beschattet; regengeschützt
Pflegen: gepflanzte Zwiebeln bis zum Austrieb frostfrei und dunkel stellen, Erde nicht austrocknen lassen; dann hell stellen, mäßig gießen, nach Blühbeginn einmal düngen; vor Spätfrösten schützen; verblühte Stiele abschneiden
Gestaltung: Hübsche Begleiter sind krautige Frühjahrsblüher, die den kahlen Stängelgrund verdecken, z. B. Stiefmütterchen, Primeln, Tausendschön und Vergissmeinnicht.

Narzisse

Narcissus–Arten

HÖHE: 10–40 cm
BLÜTEZEIT: März – Mai
Zwiebelpflanze

➤ *fröhliches Gelb, strahlendes Weiß*

Familie: Amaryllisgewächse *(Amaryllidaceae)*
Herkunft: Mittelmeerraum
Blüten: gelb, orange, weiß; trompeten- oder sternförmig; teils duftend
Wuchs: aufrecht, riemenförmige Blätter, mit einem oder mehreren Blütenstielen
Pflanzen: im Frühjahr gekaufte Pflanzen einsetzen oder Zwiebeln im September 5–10 cm tief stecken; 10 cm Abstand
Standort: sonnig bis halbschattig
Pflegen: leicht feucht halten, nach Blühbeginn einmal düngen
Überwintern: wie Tulpe (→ Seite 121)
Gestaltung: in kleinen Gruppen pflanzen; bei Kombination mit anderen Arten unterschiedliche Blütenzeiten der Narzissen-Sorten beachten
Arten/Sorten: Für Gefäßbepflanzung eignen sich vor allem kleine Wildnarzissen wie *N. bulbocodium*, *N. cyclamineus*, *N. poeticus* und niedrige, kleinblumige Sorten von *N. pseudonarcissus* (Osterglocken).

Ranunkel

Ranunculus asiaticus

HÖHE: 20–40 cm
BLÜTEZEIT: März – Juni
Knollenpflanze

➤ *farbkräftige Blüten*

Familie: Hahnenfußgewächse *(Ranunculaceae)*
Herkunft: Mittelmeerraum, Afrika
Blüten: weiß, gelb, orange, rosa, rot; dicht gefüllt; 5–12 cm Durchmesser
Wuchs: breit aufrecht; Einzelpflanzen mit mehreren Blütenstielen
Pflanzen: gekaufte Pflanzen ab April oder die klauenartigen Knollen im Frühjahr oder Herbst höchstens 5 cm tief stecken („Klauenspitzen" nach unten); 20 cm Abstand
Standort: sonnig bis halbschattig
Pflegen: gleichmäßig feucht halten; alle 1–2 Wochen schwach dosiert düngen
Überwintern: bei Herbstpflanzung frostfrei und dunkel überwintern; Erde nicht ganz austrocknen lassen; ab Austrieb hell bis halbschattig stellen
Vermehren: durch Knollenteilung im Herbst, einige Sorten auch über Samen im Frühjahr
Gestaltung: besonders attraktiv in gemischten Blütenfarben in großen Schalen

Tulpen

Tulipa-Arten und -Hybriden

HÖHE: 10–40 cm
BLÜTEZEIT: März – Mai
Zwiebelpflanze

➤ *im Frühjahr fast unverzichtbar*

Familie: Liliengewächse *(Liliaceae)*
Herkunft: Asien
Blüten: alle Farben außer Blau, auch mehrfarbig und mit attraktiver Blütenzeichnung; kelch- bzw. trichter- bis glockenförmig, bei Wildtulpen oft sternförmig ausgebreitet; teils duftend; Blütezeit variiert je nach Art und Sorte
Wuchs: aufrecht; lanzettlich zugespitzte Blätter; eintriebig
Pflanzen: im zeitigen Frühjahr gekaufte Pflanzen einsetzen oder Zwiebeln im September 10 cm tief stecken; 10 cm Abstand
Standort: sonnig bis halbschattig
Pflegen: mäßig feucht halten; nach Blühbeginn einmal düngen (nicht bei Wildtulpen); verblühte Stiele bis zur Hälfte abschneiden
Überwintern: bei Herbstpflanzung über Winter drinnen frostfrei und dunkel unterbringen; Erde nicht austrocknen lassen; ab Austrieb hell bis halbschattig stellen
Gestaltung: bei Kombination mit anderen Frühjahrsblühern für optimale Wirkung in kleinen Gruppen zu 4–5 Stück setzen; Tulpen lassen sich mit allen farblich passenden Frühjahrsblühern kombinieren, besonders schön mit Narzissen, Vergissmeinnicht, Blausternen, Traubenhyazinthen und Krokussen. Apart: weiße Tulpen mit blau und rosa blühenden Begleitern
Arten/Sorten: Besonders reizvoll sind niedrige Wildtulpen, z. B. *T. clusiana* (Blüte weiß mit Rosa, April, 15–30 cm hoch), *T. linifolia* (scharlachrot, April – Mai, 10–15 cm) und *T. tarda* (gelbweiß, März – April, 10–15 cm).
Als Botanische Tulpen bezeichnet man Hybriden verschiedener Wildarten. Hierzu gehören die Kaufmanniana-Tulpen (breit glockige, sternförmig geöffnete Blüten, oft zweifarbig, schon früh im März), die Fosteriana-Tulpen (große Blütenkelche, ab März/April) und die Greigii-Tulpen (glockige, oft mehrfarbige Blüten, ab April). Niedrige Sorten dieser Gruppen sind in zahlreichen Blütenfarben erhältlich.
Recht klein bleibende Sorten für die Gefäßbepflanzung finden sich schließlich auch unter den Einfachen Frühen Tulpen, der am zeitigsten (ab März) blühenden Klasse der Gartentulpen, mit edlen Blütenkelchen in vielen Farben.

Gestaltung: pastellig-zart

• • • Rosa, Blau, Violett – wo diese Farben vorherrschen, schaffen sie ein ganz eigenes Flair. Das kann zart und verspielt anmuten oder aber, gerade in Verbindung mit Weiß, recht nobel wirken.

• • •

SANFTE TÖNE
Kombinationen von Rosanuancen, hier von Phlox, Elfensporn und Rose, wirken fröhlich und verspielt. Das blaue Mobiliar gibt dafür eine hübsche Kulisse ab.

• • •

ELEGANT
Eine Funkie mit ihrem aparten Blattschmuck als Blickfang, begleitet von einer Hortensie und klimmendem Efeu: Mehr bedarf es kaum, um eine schattige Ecke zu verschönern.

• • •

GANZ IN WEISS
Strauchmargerite, weiße Dahlien, Clematis, Pelargonien und Schmuckkörbchen vereinen sich hier zu einem stilvollen Ensemble mit geradezu festlicher Atmosphäre.

INTIMSPHÄRE
Kaum eine andere Pflanzengruppe lässt einen Sitzplatz so „romantisch“ wirken wie rundum abschirmende Klettergehölze.

BERUHIGEND
Im Halbschatten dominieren oft Lilatöne sowie Blattfarben und -strukturen – eine Kombination, die Ruhe ausstrahlt.

LICHT UND ZART
Vom Ziertabak gibt es Sorten in bezaubernden Pastelltönen, hier untermalt von einer weißen Petunie und rosa Elfensporn.

GEDIEGEN
Weiße Blüten und schmucke Blätter, aufgelockert durch rosarote Farbkleckse: Das wirkt vornehm und zugleich freundlich einladend.

Einjährige Kletterpflanzen

Innerhalb kurzer Zeit verschönern einjährige Kletterer Geländer, Zäune, Pergolen oder Fassaden. Viele haben nicht nur herrliche Blüten zu bieten, ihr oft dekoratives Blattwerk bildet auch dichte Sichtschutzwände.

NACH IHRER Klettertechnik unterscheidet man Rankpflanzen und Schling- oder Windepflanzen. Kletterer mit Ranken klimmen vorzugsweise an gitterartigen Unterlagen empor; Schlinger winden sich sehr gerne an senkrechten Stäben, Schnüren oder Drähten hoch. Die Kletterhilfen sollten stabil sein und sehr sorgfältig befestigt werden.
Zwar müssen die kurzlebigen Kletterer anders als Klettergehölze (→ Seite 166) alljährlich neu gepflanzt werden. Doch dadurch lassen sich auch jedes Jahr neue Schönheiten antesten und andere Gestaltungen verwirklichen. Zudem kommen sie mit kleineren und daher auch leichter zu bewegenden Gefäßen aus. In der Regel genügen je nach Wuchshöhe 10–20 Liter Erdvolumen.
Um unerwünschte Blicke fernzuhalten, eignen sich wüchsige, großblättrige Arten wie der japanische Hopfen am besten. Allerdings müssen Sie bedenken, dass diese je nach Platzierung auch Teile des Balkons oder der Terrasse beschatten. Dies kann jedoch gerade bei Südlage auch ein erwünschter Vorteil sein.

Glockenrebe

Cobaea scandens

HÖHE: 2–4 m
BLÜTEZEIT: Juli – Oktober
einjährig kultivierter Strauch

➤ *ständiger Blütennachschub*

Familie: Glockenrebengewächse *(Cobaeaceae)*
Herkunft: Mexiko
Blüten: violett, rot, blau, weiß, zum Blühbeginn weißlich grün; glockenförmig; bis 8 cm lang
Wuchs: Rankpflanze, schnell wachsend; gefiederte Blätter, im Austrieb rötlich
Vorziehen: ab Ende Februar – März; 18–20 °C Keimtemperatur
Pflanzen: ab Mitte Mai; 50–70 cm Abstand; bei Einzelpflanzung entsprechend große Gefäße wählen
Standort: sonnig
Pflegen: hoher Wasserbedarf; alle 2 Wochen düngen oder zur Pflanzung Langzeitdünger geben; durch Abkneifen der Triebspitzen stärkere Verzweigung
Überwintern: hell und kühl; zuvor zurückschneiden
Gestaltung: bietet ab Juli schnellen und sehr attraktiven Sichtschutz; auch für Mauerbegrünung geeignet
Hinweis: kann durch starken Wuchs andere Pflanzen bedrängen

Zierkürbis

Cucurbita pepo

HÖHE: 2–4 m
BLÜTEZEIT: Juli – September
einjährige Kletterpflanze

➤ *zierende Früchte*

Familie: Kürbisgewächse *(Cucurbitaceae)*
Herkunft: Mittelamerika, südliches Nordamerika
Blüten: gelb oder weiß; trichterförmig; 8–10 cm lang; je nach Sorte ab Spätsommer kleine oder große Früchte, z. B. birn-, eiförmig oder rundlich; nicht genießbar
Wuchs: Rankpflanze, raschwüchsig; große, herzförmige Blätter
Vorziehen: ab Mitte April; je 2–3 Samen in Töpfe säen; 18 °C Keimtemperatur; oder im Mai direkt in Pflanzgefäße säen
Pflanzen: ab Mitte Mai; 60–80 cm Abstand oder in große Töpfe
Standort: sonnig, auch leicht beschattet; warm; etwas geschützt
Pflegen: bei Trockenheit reichlich gießen; wöchentlich düngen; großfrüchtige Sorten brauchen stabile Klettergerüste
Gestaltung: interessanter, dichter Sichtschutz; die dekorativen Früchte halten über Winter

Schönranke

Eccremocarpus scaber

HÖHE: 2–4 m
BLÜTEZEIT: Juli – September
einjährig kultivierter Halbstrauch

➤ *sehr reizvoller Blüher*

Familie: Trompetenbaumgewächse *(Bignoniaceae)*
Herkunft: Chile
Blüten: orange-, dunkel- oder karminrot, gelb; röhrenförmig; 2–3 cm lang; in Trauben
Wuchs: Rankpflanze; recht schnellwüchsig; dunkelgrüne, doppelt gefiederte Blätter
Vorziehen: Februar – März; 15–18 °C Keimtemperatur
Pflanzen: nach Mitte, in rauen Lagen erst Ende Mai, da sehr frostempfindlich; 30–40 cm Abstand
Standort: sonnig, auch vollsonnig; warm; etwas windgeschützt
Pflegen: mäßig feucht halten, Staunässe unbedingt vermeiden; alle 1–2 Wochen düngen
Überwintern: nach Rückschnitt hell bei 5–10 °C unterbringen; kann in wintermilden Regionen auch mit Winterschutz draußen bleiben
Gestaltung: sehr schön zur Begrünung von Geländern, Zäunen und Wänden; als Sichtschutz weniger geeignet

Japanischer Hopfen

Humulus japonicus

HÖHE: 2–4 m
BLÜTEZEIT: Juli – August
einjährig kultivierte Staude

➤ *dichter, attraktiver Sichtschutz*

Familie: Hanfgewächse *(Cannabaceae)*
Herkunft: Japan, China, Taiwan
Blüten: gelblich grün, unscheinbar
Wuchs: Schlingpflanze; raschwüchsig; kräftig grüne, gelappte, große Blätter, lange haftend
Vorziehen: Februar – März; 15–18 °C Keimtemperatur; einzeln in Töpfe pikieren, Pflänzchen gleich stäben
Pflanzen: ab Mitte Mai; 40–50 cm Abstand
Standort: sonnig bis schattig
Pflegen: hoher Wasserbedarf, besonders bei sonnigem Stand reichlich gießen, jedoch Staunässe vermeiden; alle 6–8 Wochen düngen
Gestaltung: bietet schon wenige Wochen nach der Pflanzung dichten Sicht- und Windschutz; kaschiert auch unschöne Zäune, Geländer oder Stellen am Mauerwerk; selbst für Nordseiten geeignet
Arten/Sorten: Die Sorte 'Variegatus' hat weißgrün gemusterte Blätter. Sie wächst etwas schwächer als die Art und verträgt weniger Schatten.

Prunkwinde

Ipomoea-Arten

HÖHE: 2–3 m
BLÜTEZEIT: Juli – Oktober
einjährig kultivierte Staude

➤ *aparte Blütenwände*

Andere Namen: Unter dem Namen *Ipomoea* werden mehrere Arten zusammengefasst, die früher teils zu anderen Gattungen zählten:

- Dreifarbige Prunkwinde (*I. tricolor*)
- Trichterwinde (*I. purpurea,* alter Name *Pharbitis purpurea*)
- Kaiserwinde, Blaue Prunkwinde (*I. nil*, alter Name *Pharbitis nil*)
- Sternwinde (*I. lobata*, alter Name *Quamcolit lobata*)

Familie: Windengewächse (*Convolvulaceae*)
Herkunft: Mittel- und Südamerika, Kaiserwinde aus Afrika und Asien
Blüten: Prunkwinde: blau bis purpurn mit gelblich weißem Schlund; trichterförmig; um 8 cm Durchmesser; schließen sich oft schon nachmittags
Trichterwinde: rosa, purpurblau, rot oder weiß mit weißem Schlund; trichterförmig; 6 cm Durchmesser
Kaiserwinde: blau, purpurn oder rot mit weißem Schlund; trichterförmig; 6 cm Durchmesser
Sternwinde: anfangs scharlachrot, dann orange, später gelblich weiß; röhrenartig, an der Spitze sternförmig ausgebreitet; klein; zahlreich
Wuchs: Schlingpflanzen; recht schnell wachsend; Sternwinde teils bis 6 m hoch; große herz- oder eiförmige Blätter, bei der Sternwinde dreilappig
Vorziehen: März – April; 18–20 °C Keimtemperatur; Samen am besten einzeln oder zu wenigen in Töpfe; nach etwa 4 Wochen in größere Töpfe pikieren, mit kleinen Stützstäben versehen; Jungpflanzen entspitzen
Pflanzen: nach Mitte Mai; 30–50 cm Abstand
Standort: sonnig, auch vollsonnig; möglichst wind- und regengeschützt
Pflegen: stets gut feucht halten, aber nicht zu stark vernässen; alle 1–2 Wochen düngen
Gestaltung: Die kräftigen Blau-, Violett- oder Rottöne lassen sich sehr schön mit gelben Blühern kombinieren: entweder mit Schwarzäugiger Susanne oder Kanarischer Kresse als Nachbarn oder durch Unterpflanzung mit Gelben Gänseblümchen, Husarenknöpfchen oder hängender Kapuzinerkresse
Hinweis: Die Pflanzen selbst sind kaum gefährlich, ihre Samen jedoch gelten als hochgiftig!

WEITERE EINJÄHRIGE KLETTERPFLANZEN

Name	Höhe Wuchs	Blütenfarbe Blütezeit
sonniger Stand		
Adlumie *Adlumia fungosa*	bis 3 m Ranker auch 2-jährig	weiß, zart rosa Juni – Aug.
Maurandie, Schlinglöwenmaul *Asarina barclaiana*	bis 3 m Ranker	rosa, violett, blau Juni – Okt.
Ballonrebe *Cardiospermum halicacabum*	bis 3 m Ranker	grün/Zierfrüchte Juni – Aug.
Explodiergurke *Cyclanthera brachystachya*	bis 3 m Ranker	weiß/aufplatzende Früchte Juli – Sept.
Helmbohne *Dolichos lablab*	bis 4 m Schlinger	violett, weiß Juli – Sept.
Flaschenkürbis *Lagenaria siceraria*	bis 4 m Ranker	weiß /Zierfrüchte Juli – Sept.
Rosenkleid *Rhodochiton atrosanguineus*	bis 3 m Ranker	rot, violett Juni – Okt.
sonniger bis halbschattiger Stand		
Feuerbohne *Phaseolus coccineus*	bis 3 m Schlinger	weiß, rot Juni – Sept.

Duftwicke

Lathyrus odoratus

HÖHE: 1,5–2 m
BLÜTEZEIT: Juni – September
einjährige Kletterpflanze

➤ *rankende und buschige Sorten*

Familie: Schmetterlingsblütler *(Fabaceae)*
Herkunft: Mittelmeerraum
Blüten: rosa, rot, lila, weiß, apricot; bis 6 cm große Schmetterlingsblüten in lockeren Trauben; intensiv duftend
Wuchs: Rankpflanze; schnellwüchsig; fiederteilige Blätter
Vorziehen: im Februar/März; 3–4 Samen pro Topf; 15–18 °C Keimtemperatur; auch Saat direkt ins Gefäß ab Mitte April möglich
Pflanzen: ab Mitte Mai; 20–30 cm Abstand
Standort: sonnig bis halbschattig; windgeschützt
Pflegen: gleichmäßig feucht halten, wöchentlich düngen; Verblühtes regelmäßig entfernen
Gestaltung: lässt sich in großen Kästen gut mit anderen Pflanzen kombinieren bzw. unterpflanzen
Arten/Sorten: Neben den kletternden gibt es auch buschig wachsende, kompakte Sorten (20–40 cm hoch) für Balkonkästen.

Schwarzäugige Susanne

Thunbergia alata

HÖHE: 1–2 m
BLÜTEZEIT: Juni – Oktober
einjährig kultivierte Staude

➤ *Kletter- und Hängepflanze*

Familie: Akanthusgewächse *(Acanthaceae)*
Herkunft: Ostafrika
Blüten: gelb, orange, weiß, meist mit schwarzem Auge; flach trichterförmig mit fünfzipfeliger Krone; 2–5 cm Durchmesser
Wuchs: Schlingpflanze; mäßig starker Wuchs, ohne Stütze hängend; herzförmige, frisch grüne Blätter
Vorziehen: Februar/März; 3–4 Körner pro Topf; 18 °C Keimtemperatur
Pflanzen: ab Mitte Mai; 20–40 cm Abstand
Standort: sonnig, auch vollsonnig; möglichst wind- und regengeschützt
Pflegen: gleichmäßig feucht halten, Staunässe vermeiden; alle 2 Wochen düngen; für bessere Verzweigung einzelne Triebe gelegentlich stutzen
Überwintern: nicht immer lohnend; hell bei 5–10 °C; im Frühjahr kräftiger Rückschnitt
Gestaltung: attraktiv auch als Hängepflanze in Ampeln und großen gemischten Kästen

Kanarische Kresse

Tropaeolum peregrinum

HÖHE: 1–3 m
BLÜTEZEIT: Juli – Oktober
einjährige Kletterpflanze

➤ *hübsche, bizarr wirkende Blüten*

Andere Namen: Kletternde Kapuzinerkresse
Familie: Kapuzinerkressengewächse *(Tropaeolaceae)*
Herkunft: Südamerika
Blüten: zitronengelb, mit stark gefransten Blütenblättern; etwa 3 cm Durchmesser; zahlreich
Wuchs: Rankpflanze; schnellwüchsig; große, handförmig gelappte, leicht bläulich grüne Blätter
Vorziehen: im März; 2–3 Samen je Topf; um 16 °C Keimtemperatur; beim Pikieren gleich stäben
Pflanzen: ab Mitte Mai; 40–60 cm Abstand
Standort: sonnig bis halbschattig; etwas geschützt
Pflegen: mäßig feucht halten; alle 2 Wochen möglichst stickstoffarm düngen
Gestaltung: berankt zügig Gitter, Zäune und Wände
Hinweis: Gehört zur selben Gattung wie die bekanntere Kapuzinerkresse (→ Seite 112), von der es ebenfalls bis 3 m hoch rankende Sorten gibt.

Blattschmuck- und Strukturpflanzen

Pflanzen, die nur durch ihre Blätter zieren, werden oft unterschätzt. Dabei bieten sie vielfältige Gestaltungsmöglichkeiten und bringen die Farben benachbarter Blüher besonders gut zur Geltung.

HÜBSCH GEFORMTES und gefärbtes Blattwerk wirkt über seine Struktur oder Textur, deshalb die Bezeichnung „Strukturpflanzen“. Sie lässt sich aber auch so deuten, dass Blattschönheiten Struktur in gemischte Pflanzungen bringen: Sie vermitteln zwischen verschiedenen Blütenfarben, heben deren Wirkung besonders hervor, lockern auf und sorgen – besonders bei hängendem Wuchs – für optische Fülle und eine schöne Abrundung der Pflanzung.

Manche der hier vorgestellten Pflanzen wirken sogar ohne blühende Begleiter, z. B. als Ampelpflanzen, sehr reizvoll. Da Blätter im Allgemeinen etwas unempfindlicher sind als Blüten, hält die Zierwirkung oft bis ins Spätjahr hinein an, so dass Blattschmuckgewächse auch in Herbstbepflanzungen eine wichtige Rolle spielen. Des weiteren vertragen etliche Arten Halbschatten und helfen damit, weniger lichtverwöhnte Balkone und Terrassen zu verschönern.

Harfenstrauch

Plectranthus forsteri

HÖHE: 15–30 cm
BLÜTEZEIT: August – September
einjährig kultivierte Staude

➤ *herber, weihrauchartiger Duft*

Andere Namen: Weihrauchstrauch, Elfengold, Mottenkönig, Duftheinrich; botanisch auch *P. coleoides*
Familie: Lippenblütler *(Lamiaceae)*
Herkunft: Indien
Blüten: weiß; unscheinbar
Wuchs: hängend; Trieblänge bis 2 m; starkwüchsig; herzförmige Blätter; bei der gebräuchlichen Sorte 'Marginatus' weiß gerandet
Pflanzen: ab Mitte Mai; 20–30 cm Abstand
Standort: sonnig bis halbschattig, gedeiht notfalls auch im Schatten
Pflegen: mäßig feucht halten; bis Mitte August alle 2 Wochen düngen
Überwintern: hell, bei 10–15 °C; zuvor lange Triebe zurückschneiden
Vermehren: durch Stecklinge im März/April; Jungpflanzen entspitzen
Gestaltung: hübscher Begleiter für nicht zu schwach wachsende Sommer- und Herbstblüher wie z.B. aufrechte Pelargonien oder Herbstchrysanthemen; in Kästen wie in Ampeln oder Töpfen einsetzbar

Silberblatt

Senecio cineraria

HÖHE: 20–30 cm
BLÜTEZEIT: entfällt
einjährig kultivierter Halbstrauch

➤ *unterstreicht bunte Blütenfarben*

Andere Namen: Silbergreiskraut, Silberkreuzkraut, Aschenblume; botanisch auch *S. bicolor*
Familie: Korbblütler *(Asteraceae)*
Herkunft: Südeuropa
Blüten: gelb; erscheinen nur bei mehrjähriger Kultur ab dem 2. Sommer
Wuchs: buschig verzweigt; weiß- oder grünsilbrige, gelappte oder geschlitzte Blätter; zahlreiche Formen bzw. Sorten
Vorziehen: ab Januar – März; 18 °C Keimtemperatur
Pflanzen: ab Mitte Mai oder im Spätsommer; 20–30 cm Abstand
Standort: sonnig; regengeschützt
Pflegen: nur leicht feucht halten; alle 2 Wochen schwach dosiert düngen
Gestaltung: In farbenfrohen Pflanzungen lässt sich das Silberblatt ausgleichend und vermittelnd, als optischer Ruhepunkt einsetzen; dezenten Kombinationen mit Blau-, Violett-, Weiß- und Rosatönen verleiht es durch die silbrige Blattfarbe ein vornehmes Flair; es passt auch gut zu Petunien, Mittagsblumen und Kissenastern.

Buntnessel

Solenostemon scutellarioides

HÖHE: 20–40 cm
BLÜTEZEIT: Juli – September
einjährig gezogene Staude

➤ *farbkräftiger Blattschmuck*

Andere Namen: teils noch unter dem alten Namen *Coleus-Blumei*-Hybriden geführt
Familie: Lippenblütler *(Lamiaceae)*
Herkunft: Südostasien, Afrika
Blüten: blauweiß; unscheinbar
Wuchs: buschig; ei- bis herzförmige, am Rand gesägte oder gewellte Blätter; meist mehrfarbig, je nach Sorte in verschiedenen Grün-, Rot-, Rosa- und Gelbtönen, auch fast schwarz; mit unterschiedlichen Mustern
Vorziehen: Januar – Februar; 20–24 °C Keimtemperatur
Pflanzen: ab Mitte Mai; 20–25 cm Abstand
Standort: sonnig bis halbschattig; beste Ausfärbung im Halbschatten
Pflegen: mäßig feucht halten; alle 2 Wochen düngen; falls Blütenrispen erscheinen, gleich ausbrechen
Vermehren: durch im Herbst oder Frühjahr geschnittene Stecklinge, bewurzeln leicht
Gestaltung: passt sehr schön zu blauen, gelben oder weißen Blühern

WEITERE BLATTSCHMUCKPFLANZEN

Name	Wuchsform Wuchshöhe	Blattfarbe
sonniger Stand		
Zierkohl *Brassica oleracea*	aufrecht 30–40 cm	grünrot, grünrosa, grünviolett oder -weiß
Blauschwingel *Festuca cinerea*	Horst 20 cm	blau bereift
Zierdost *Origanum vulgare* 'Aureum'	buschig bis hängend bis 30 cm	gelbgrün
Ziersalbei *Salvia officinalis* in Sorten	buschig bis 30 cm	gelbgrün, weißgrün und rötlich
Heiligenkraut *Santolina*-Sorten	buschig bis 30 cm	silbrig
Gamander *Teucrium*-Sorten	buschig bis 30 cm	grün, silbriggrün
sonniger bis halbschattiger Stand		
Graskalmus *Acorus gramineus* in Sorten	aufrechte Halme bis 40 cm	gelbgrün, rötlich
Hängebambus *Agrostis stolonifera* 'Green Twist'	hängend bis 1,3 m lang	grün, bambusartige Blätter
Günsel *Ajuga reptans* in Sorten	kriechend bis hängend	rötlich, purpurn, grünrot, graugrün
Segge *Carex*-Sorten	überhängend bis 40 cm	gelb-grün, gelb-weiß
Silberöhrchen *Dichondra argentea* 'Silver Falls'	hängend bis 1,2 m lang	silbrig
Gundermann *Glechoma hederacea* 'Variegata'	hängend bis 2 m lang	grün, silbrig weiß gerandet
Lakritzkraut *Helichrysum petiolare* in Sorten	halb hängend bis 50 cm lang	silbrig oder grüngelb
Goldpfennigkraut *Lysimachia nummularia* 'Goldilocks'	kriechend bis hängend 50 cm lang	gelbgrün
halbschattiger bis schattiger Stand		
Goldnessel *Lamium galeobdolon*	kriechend bis hängend 50 cm lang	silbriggrün, gelbgrün

Kübelpflanzen und Topfgehölze

Stattliche Schönheiten in großen Töpfen setzen ganz besondere Akzente. Bei begrenztem Platz auf dem Balkon sorgen schon ein bis zwei Kübelpflanzen oder Topfgehölze für Blickpunkte. Auf der Terrasse lassen sich mit ihnen vielfältige „mobile Gärten" gestalten.

Selbst im Kübel zeigt der Wilde Wein seine leuchtende Herbstpracht.

Unter Kübelpflanzen im engeren Sinn versteht man fremdländische, kälteempfindliche Sträucher (teils auch Halbsträucher oder große Stauden), die über Winter bei uns einen geschützten, frostfreien Platz brauchen. Topfgehölze sind Sträucher, kleine Bäume oder Halbsträucher, die auch in unseren Gärten gepflanzt werden. Da mehr oder weniger frosthart können sie oft auch im Kübel mit etwas Winterschutz draußen bleiben.

Ein Leben im Kübel

Im Grunde ist es schon erstaunlich, wie schön sich viele Gehölze – ob exotische Kübelpflanzen oder winterharte Arten – in Pflanzgefäßen entwickeln. Denn diese stellen mit ihrem begrenzten Erdvorrat ja nur einen bescheidenen Ersatz für den Gartenboden dar. Man sollte deshalb weder an der Topfgröße noch am Substrat sparen und regelmäßig umtopfen.

Dekorative Gefäße können die Wirkung von Kübelschönheiten unterstreichen. Sie müssen jedoch stets auch den praktischen Anforderungen genügen: ausreichendes Volumen, Wasserabzugsloch am Boden, Standfestigkeit sowie – bei Topfgehölzen – gute Frostbeständigkeit. Viele Kübelpflanzen und Topfgehölze wachsen mit den Jahren recht hoch und ausladend. Dann wird es am Sommer-, vor allem aber am Winterstandort bald eng. Außerdem benötigen die Pflanzen zunehmend größere Gefäße, die dann im wahrsten Sinne des Wortes immer weniger tragbar sind. Dies muss man bei der Auswahl von vornherein bedenken.

Gemütliches Sitzen zwischen Ahorn, Schönmalve und Kiefer: So macht der Sommer Spaß.

Kübelpflanzen

Südamerika, Südafrika, Asien – schon die Herkunftsgebiete vieler Kübelpflanzen vermitteln einen Hauch von Exotik. Aparte Blüten und Blätter bringen ein besonderes Flair auf Balkon und Terrasse.

In der Tat ermöglicht die Kultur im Kübel überhaupt erst, diese kälteempfindliche Pflanzenpracht in unserem Klima zu genießen. Ihr Aufenthalt im Freien beschränkt sich in der Regel auf die frostfreie Zeit des Jahres, also von etwa Mitte Mai bis Mitte Oktober. Dies bedeutet aber auch, dass Kübelpflanzen für gut 6 Monate ein geeignetes Winterquartier benötigen, an dem man ihnen allerdings nur begrenzt die Verhältnisse bieten kann, die sie in ihrer Heimat gewöhnt sind. Sehr vorteilhaft ist ein Wintergarten: Hier gelingt die Überwinterung oft am besten, und manche Arten blühen im Glasanbau sogar im Winter. Mangelt es dagegen an passenden Winterquartieren, dann sollte man Kübelpflanzen bevorzugen, die sich dunkel oder nahezu bei Zimmertemperatur überwintern lassen. Einige Pflanzen vertragen kurzfristig auch einige Frostgrade, z. B. Bleiwurz, Granatapfel, Hanfpalme und Lorbeerbaum. Bei ihnen lässt sich die kritische Überwinterungszeit durch späteres Ein- und früheres Ausräumen reduzieren.

Schönmalve

Abutilon-Hybriden und -Arten

HÖHE: 1–3 m
BLÜTEZEIT: April – Oktober
Strauch, teils immergrün

zart wirkende Schönheit

Andere Namen: Samtpappel
Familie: Malvengewächse *(Malvaceae)*
Herkunft: Brasilien
Blüten: gelb, orange, rot, rosa, weiß; große Blütenkelche; bei hellem Stand ganzjährige Blüte
Wuchs: aufrecht, sparrig verzweigt; große, gelappte Blätter; bei einigen Sorten gelb oder weiß gefleckt
Standort: sonnig, jedoch keine pralle Sonne; möglichst warm; wind- und regengeschützt
Pflegen: im Sommer gut feucht halten; bis August alle 1–2 Wochen düngen; Verblühtes entfernen
Überwintern: hell, bei 5–10 °C
Vermehren: durch Kopfstecklinge oder Aussaat im Frühjahr; Jungpflanzen mehrmals entspitzen
Gestaltung: sehr attraktiv auch als Hochstämmchen
Arten/Sorten: Neben den *Abutilon*-Hybriden bieten sich auch *A. megapotamicum* mit seinen überhängenden Trieben und das zierlichere *A. pictum* als hübsche Kübelpflanzen an.

Rosetten-Dickblatt

Aeonium arboreum

HÖHE: bis 1 m
BLÜTEZEIT: Januar – Februar
immergrüne Sukkulente

➤ *interessante Blattschmuckpflanze*

Andere Namen: Aeonium
Familie: Dickblattgewächse *(Crassulaceae)*
Herkunft: Südeuropa, Marokko
Blüten: gelb; in großen pyramidalen Blütenständen (bei Kübelhaltung selten und nur an älteren Exemplaren)
Wuchs: baumartig; Verzweigungen mit dickfleischigen Blattrosetten; bei 'Atropurpureum' (auch „Schwarzkopf" genannt) braun- bis schwarzrot
Standort: sonnig, auch vollsonnig; regengeschützt
Pflegen: nur gießen, wenn oberste Erdschicht abgetrocknet ist; Staunässe unbedingt vermeiden; bis August alle 2 Wochen Kakteendünger geben
Überwintern: hell, bei 10–12 °C; notfalls an hellem Platz auch wärmer; fast trocken halten
Vermehren: durch Kopfstecklinge (ganze Rosetten mit Stammstück)
Gestaltung: wirkt sehr schön in Terrakottatöpfen; die schwarzrote 'Atropurpureum' besonders attraktiv in blau oder weiß glasierten Gefäßen

Schmucklilie

Agapanthus-Hybriden, *A. praecox*

HÖHE: 0,8–1,2 m
BLÜTEZEIT: Juli – August
Staude, teils immergrün

➤ *in breite Kübel pflanzen*

Familie: Lauchgewächse *(Alliaceae)*
Herkunft: Südafrika
Blüten: blau, violett oder weiß; trichterförmig; sehr zahlreich in Dolden
Wuchs: breite Horste aus riemenförmigen Blättern, über denen sich die aufrechten Blütenstiele erheben
Standort: sonnig
Pflegen: an heißen Tagen reichlich gießen, aber Staunässe unbedingt vermeiden; bis August alle 1–2 Wochen düngen; so selten wie möglich umtopfen, in nur wenig größere Gefäße, andernfalls zunächst reduzierte Blütenpracht
Überwintern: mäßig hell, bei 4–8 °C; immergrüne Formen leicht feucht halten, laubabwerfende trocken
Vermehren: durch Teilung im Frühjahr oder nach der Blüte
Gestaltung: als Nachbarn passen gelb blühende Kübelpflanzen oder Sommerblumen besonders gut
Hinweis: Mangelnde Blühfreude liegt häufig an zu warmer Überwinterung oder stickstoffreicher Düngung.

Agave

Agave americana

HÖHE: 0,5–1,5 m
BLÜTEZEIT: entfällt
immergrüne Sukkulente

➤ *Blattpflanze mit Dornen*

Familie: Agavengewächse *(Agavaceae)*
Herkunft: Mexiko, Mittelmeerraum
Blüten: gelb, lang gestielte Blütenstände (im Kübel sehr selten); Pflanze stirbt nach der Blüte ab
Wuchs: breite Rosette aus lanzettlichen, langen Blättern; bläulich grün, gelb oder weiß gerandet bzw. gestreift; Spitzen und Ränder bedornt
Standort: sonnig (auch vollsonnig) oder halbschattig; regengeschützt
Pflegen: mäßig feucht halten, besser trockener als zu nass; im Frühjahr mit Kakteendünger versorgen
Überwintern: hell, bei 5 °C; fast trocken halten
Vermehren: einfach über Tochterpflanzen (→ Seite 55)
Gestaltung: neben anderen mediterranen oder südamerikanischen Pflanzen, z. B. Oleander oder Engelstrompete, in guter Gesellschaft
Hinweis: Vorsicht, durch die Blattdornen Verletzungsgefahr! Vor dem Transportieren am besten Korken auf die gefährlichen Spitzen stecken.

Strauchmargerite

Argyranthemum frutescens

HÖHE: 0,5–1,5 m
BLÜTEZEIT: Mai – Oktober
immergrüner Halbstrauch

➤ *bei guter Pflege üppig blühend*

Familie: Korbblütler *(Asteraceae)*
Herkunft: Kanarische Inseln
Blüten: weiß, rosa oder gelb; je nach Sorte einfach oder gefüllt; blüht bei hellem Stand ganzjährig
Wuchs: breit buschig; Blätter stark gefiedert, meist blaugrün
Standort: sonnig, auch vollsonnig
Pflegen: im Hochsommer reichlich gießen; bis August wöchentlich düngen; Verblühtes regelmäßig abschneiden oder nach dem ersten Hauptflor alle Triebe um 1/3 einkürzen; braune Blätter entfernen
Überwintern: so hell wie möglich, 4–8 °C; leicht feucht halten; im Frühjahr Rückschnitt; notfalls dunkel, dann vorher um die Hälfte zurückschneiden und fast trocken halten
Vermehren: durch Stecklinge im Frühjahr; Jungpflanzen mehrmals entspitzen
Gestaltung: hübsch als Hochstämmchen; kompakt wachsende Sorten eignen sich auch für gemischte Balkonkästen oder Kombinationspflanzungen in großen Töpfen

Aukube

Aucuba japonica

HÖHE: 0,5–1,5 m
BLÜTEZEIT: März – April
immergrüner Strauch

➤ *robust und schattenverträglich*

Familie: Hartriegelgewächse *(Cornaceae)*
Herkunft: Japan, China, Taiwan
Blüten: rötlich; unauffällig, in Rispen; Aukuben sind zweihäusig, d. h. es gibt Pflanzen mit rein weiblichen und rein männlichen Blüten; stellt man Exemplare verschiedenen Geschlechts nebeneinander, dann bilden die weiblichen Pflanzen ab Sommer zierende, leuchtend rote Beeren aus, die lange haften; bei manchen Formen färben sich die Beeren auch gelb oder weiß; Vorsicht, die Beeren sind – wie alle anderen Pflanzenteile – giftig!
Wuchs: breit buschig; große, bis 20 cm lange, eiförmig zugespitzte Blätter mit glänzender Oberfläche; bei Sorten gelb gefleckt oder gepunktet
Standort: halbschattig bis schattig; möglichst regen- und etwas windgeschützt
Pflegen: gleichmäßig gut feucht halten, Ballen keinesfalls austrocknen lassen, aber Staunässe vermeiden; bis August alle 4 Wochen düngen; störende lange Triebe einkürzen oder ganz wegschneiden
Überwintern: verträgt etwas Frost (bis etwa – 5 °C), spät einräumen; hell und gerade frostfrei (bei höchstens 5 °C) unterbringen; leicht feucht halten; kann schon ab März allmählich abgehärtet und ab April wieder ins Freie gebracht werden; als Folge zu warmer Überwinterung treten häufig Blattfleckenkrankheiten auf
Vermehren: durch halbreife Stecklinge im Frühjahr und Sommer
Gestaltung: sehr attraktive Blattschmuckpflanze, die mit gelb gefleckten Blättern selbst an schattigen Stellen für etwas Farbe sorgt: sehr gut passt sie in die Gesellschaft von Funkien, Astilben, Bambus und Kamelien, so entsteht eine Pflanzengemeinschaft mit asiatischem Flair; auch Fuchsien, etwa als Hochstämmchen gezogen, sind hübsche Nachbarn
Arten/Sorten: Bewährte buntblättrige Sorten sind 'Crotonifolia' (Blätter mit zahlreichen kleinen gelben Punkten und Flecken, reich fruchtend); 'Picturata' (große, gelbe Flecken in der Blattmitte) und 'Variegata' (Blätter mit zahlreichen gelben Flecken und Punkten unterschiedlicher Größe).

Bambus

Bambusoidae

HÖHE: 1–3 m
BLÜTEZEIT: entfällt
immergrüne Sträucher

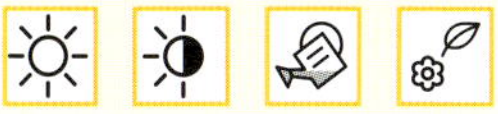

➤ *eindrucksvoller Blattschmuck*

Familie: Süßgräser *(Poaceae)*
Herkunft: Ostasien
Blüten: erscheinen je nach Art nur alle paar Jahrzehnte oder gar nur alle 100 Jahre; nach der Blüte sterben die Pflanzen bei einigen Arten ab
Wuchs: straff aufrecht oder verzweigt und breit buschig, mit den Jahren teils überhängend; lanzettliche, meist große Blätter, oft zierend gefärbte Halme
Standort: bevorzugt halbschattig, aber auch sonnig, vollsonnige Plätze jedoch meiden; möglichst windgeschützt
Pflegen: gleichmäßig gut feucht halten, unbedingt Staunässe vermeiden; ab Frühjahr alle 4 Wochen düngen, Düngen am besten schon im Juli einstellen; zum Ein- und Umtopfen möglichst breite Kübel wählen; alle 2–4 Jahre im Frühjahr umtopfen
Überwintern: hell, bei 5–10 °C; wenig gießen, aber für hohe Luftfeuchtigkeit sorgen; im Frühjahr ältere Halme herausschneiden; bei winterharten Arten mit gutem Winterschutz auch im Freien möglich
Vermehren: durch Teilung im Frühjahr
Gestaltung: lassen sich gut als Sichtschutz einsetzen
Arten/Sorten: Für die Kübelhaltung eignen sich u. a.:
➤ Schirmbambus *(Fargesia murielae)*, besonders die Sorten 'Jumbo', 'Simba' (feinblättrig) und 'Kranich': alle im Kübel bis etwa 2,5 m hoch; anfangs aufrechte, dann überhängende Halme; hellgrüne Blätter; winterhart
➤ Schirmbambus *(Fargesia nitida)*: ähnlich wie *F. murielae*, dunkle Blätter, purpurfarben überlaufene Halme
➤ Goldrohrbambus (*Phyllostachys aurea)*: im Kübel bis 3 m hoch; aufrecht; gelbgrün gestreifte Halme; große satt grüne Blätter; winterhart
➤ *Phyllostachys aureosulcata*: ähnlich wie *P. aurea*, Sorten mit unterschiedlicher gelbgrüner Halmzeichnung
➤ Schwarzrohrbambus *(Phyllostachys nigra)*: ähnlich *P. aurea*; Halme anfangs grün mit dunklen Punkten, später glänzend schwarz
➤ Gelbbunter Buschbambus *(Pleioblastus auricoma)*: bis etwa 2 m hoch; schmale, lange, grüngelb gestreifte Blätter; mäßig winterhart

Bougainvillee

Bougainvillea-Arten und -Hybriden

HÖHE: 1–3 m
BLÜTEZEIT: April/Juni – September
sommergrüner Kletterstrauch

➤ *oft als Hochstämmchen gezogen*

Familie: Wunderblumengewächse *(Nyctaginaceae)*
Herkunft: Brasilien
Blüten: kleine, weiße Blütchen; „Blütenpracht“ durch auffällig gefärbte Hochblätter, bei *B. glabra* lila oder weiß, bei *B. spectabilis* sowie *B.*-Hybriden auch gelb, orange oder rot; bei sehr hellem Stand im Frühjahr Blüte schon ab April/Mai
Wuchs: aufrecht oder kletternd; lange, verholzende, bedornte Triebe
Standort: sonnig, auch vollsonnig; warm; regen- und windgeschützt
Pflegen: an heißen Tagen reichlich gießen, aber Dauernässe vermeiden; bis August wöchentlich düngen; an stabilen Stäben im Topf oder an Rankgerüst hochziehen
Überwintern: hell, bei 8–12 °C, vor dem Einräumen zurückschneiden
Vermehren: durch halbreife Stecklinge im Frühjahr (schwierig)
Gestaltung: kommt ohne allzu auffällige Nachbarn an exponiertem Platz besonders gut zur Geltung

Engelstrompete

Brugmansia-Arten und Hybriden

HÖHE: 1–3 m
BLÜTEZEIT: Juli – September
sommergrüner Strauch/Baum

➤ *abends betörender Blütenduft*

Andere Namen: Der bekanntere botanische Namen *Datura* wird nur noch für krautige Arten verwendet.
Familie: Nachtschattengewächse *(Solanaceae)*
Herkunft: Südamerika
Blüten: weiß, rosa, gelb, orange, rot; trichterförmig, hängend; 25–50 cm lang; abends mit intensivem Duft
Wuchs: meist strauchartig und breit buschig, starkwüchsig; große, länglich ovale, dunkelgrüne Blätter
Standort: sonnig bis halbschattig; warm; möglichst windgeschützt
Pflegen: sehr hoher Wasserbedarf, durchdringend gießen; bis August wöchentlich düngen; Verblühtes und welke Blätter regelmäßig entfernen; häufiges Umtopfen empfehlenswert
Überwintern: hell oder dunkel, bei 4–12 °C; je kühler, desto weniger Licht ist nötig; dunkle Überwinterung kann allerdings bei manchen Arten (z. B. *B. sanguinea*) die Blütenfülle im nächsten Jahr beeinträchtigen; vor dem Einräumen zurückschneiden, vor allem bei dunklem Winterquartier; Ballen über Winter gerade eben nicht austrocknen lassen; wenn nötig, im Frühjahr auslichten; im mäßig beheizten Wintergarten oder Gewächshaus ist auch (helle) Weiterkultur bei 12–15 °C möglich, dann oft ganzjährige Blüte
Vermehren: durch Stecklinge von Frühjahr bis Herbst; bewurzeln auch in Wasserglas gut
Gestaltung: brauchen Platz, um sich zu entfalten; auf geräumigen Terrassen lassen sie sich allerdings sehr schön mit Palmen und Zierbananen kombinieren, weiße und zartgelbe Sorten auch mit kräftigen Blühern wie Bougainvilleen oder Sesbania
Arten/Sorten: Neben verschiedenen Hybriden, die oft nur mit Nennung der Blütenfarbe im Handel sind (z. B. „Brugmansia gelb“) findet man häufig *B.* x *candida* (2–3 m hoch, Blüten weiß oder rosa), *B. sanguinea* (1,5–2,5 m, orangegelb mit rotem Saum; 'Flava' gelb) und *B. suaveolens* (2–3 m, gelb, weiß oder rosa).
Hinweis: Die Pflanzen sind in allen Teilen hochgiftig. Sie können bei empfindlichen Personen Hautreizungen hervorrufen sowie durch ihren Duft Kopfschmerzen und Übelkeit.

Zylinderputzer

Callistemon citrinus

HÖHE: 1–2,5 m
BLÜTEZEIT: Mai – Juli
immergrüner Strauch

➤ *außergewöhnliche Blütenstände*

Familie: Myrtengewächse *(Myrtaceae)*
Herkunft: Australien
Blüten: rote, lange Staubfäden, dicht gedrängt in großen, flaschenbürstenartigen, aufrechten Blütenständen
Wuchs: buschig bis straff aufrecht; recht schnellwüchsig; vereinzelte Triebe überragen oft die Blüten; lanzettliche, lange, ledrige Blätter
Standort: sonnig, auch vollsonnig
Pflegen: reichlich gießen, möglichst mit Regenwasser oder enthärtetem Wasser; alle 2 Wochen mit kalkarmem Dünger, z. B. Rhododendrondünger, versorgen; Triebe bei jüngeren Pflanzen für buschigen Wuchs des öfteren einkürzen; in saures Substrat (Rhododendronerde) topfen
Überwintern: hell, bei 5–10 °C; notfalls auch etwas dunkler
Vermehren: durch halbreife Kopfstecklinge (→ Seite 54) im Spätsommer; Jungpflanzen mehrmals entspitzen
Gestaltung: passt gut in die Gesellschaft mediterraner Kübelpflanzen, hübsch z. B. mit Brautmyrte

Kamelie

Camellia-Arten und -Hybriden

HÖHE: 1–2 m
BLÜTEZEIT: Januar – April
immergrüner Strauch

➤ *wirkt sehr schön vor heller Wand*

Familie: Teestrauchgewächse *(Theaceae)*
Herkunft: Ostasien
Blüten: rosa, rot, weiß; einfach, halb gefüllt, gefüllt; bis 12 cm Durchmesser
Wuchs: buschig; teils mit überhängenden Trieben; breit eiförmige, glänzend dunkelgrüne Blätter
Standort: halbschattig oder hell, aber keine pralle Sonne; geschützt
Pflegen: mäßig feucht halten, kalkarmes Wasser verwenden; wöchentlich Rhododendrondünger geben; ab Erscheinen der Knospen (etwa Ende Juli) Gießen reduzieren, Düngung einstellen; häufig übersprühen; in Rhododendronerde topfen
Überwintern: vor Frosteintritt hell stellen, bis zum Öffnen der Blüte kühl, während der Blüte bei 15–18 °C halten; wenig gießen
Vermehren: durch Kopfstecklinge (→ Seite 54) im Sommer
Gestaltung: blüht am schönsten und frühesten im Wintergarten; im Sommer attraktive Blattschmuckpflanze

Indisches Blumenrohr

Canna-Indica-Hybriden

HÖHE: 0,3–1,5 m
BLÜTEZEIT: Juni – Oktober
nicht winterharte Staude

➤ *exotisch anmutende Blüten*

Familie: Blumenrohrgewächse *(Cannaceae)*
Herkunft: Westindien, Mittel- und Südamerika, Afrika
Blüten: rot, orange, rosa, gelb, weiß, auch zweifarbig; um 10 cm lang
Wuchs: breite Rosette aus großen, aufrechten Blättern; frisch- oder blaugrün, rötlich oder bronze gefärbt
Standort: bevorzugt vollsonnig
Pflegen: im Sommer reichlich gießen; bis August wöchentlich düngen; Verblühtes regelmäßig entfernen
Überwintern: Triebe nach den ersten Frösten auf Handbreite zurückschneiden, die knolligen Rhizome herausnehmen, abtrocknen lassen, in Torf oder Sand legen, dunkel bei 5–10 °C aufbewahren; im März einpflanzen, warm und hell aufstellen
Vermehren: durch Teilung der Rhizome im Frühjahr
Gestaltung: sehr attraktiv in Kombination verschiedener Blütenfarben; niedrige Sorten auch für Balkonkästen und große Schalen

Hammerstrauch

Cestrum elegans

HÖHE: 1–2 m
BLÜTEZEIT: Mai – September
immergrüner Strauch

➤ *reiche, anhaltende Blütenpracht*

Familie: Nachtschattengewächse *(Solanaceae)*
Herkunft: Mexiko
Blüten: purpurrot; röhrenförmig, in dichten, hängenden Trauben
Wuchs: buschig, mit relativ dünnen, teils überhängenden Trieben; schnellwüchsig
Standort: sonnig
Pflegen: im Sommer reichlich gießen; wöchentlich düngen; Triebe, wenn nötig, stützen oder an Spalier aufbinden; gelegentlich auslichten
Überwintern: hell, bei 5–10 °C, dann Blüte schon ab Frühjahr; oder dunkel bei etwa 5 °C; hierfür Triebe im Herbst auf etwa Handbreite zurückschneiden; fast trocken halten
Vermehren: durch Stecklinge im Frühjahr (→ Seite 54/55)
Gestaltung: besonders hübsch als Hochstämmchen
Arten/Sorten: Es werden mehrere andere Arten angeboten; recht häufig z. B. *C. aurantiacum* mit gelborangefarbenen Blüten.

Zwergpalme

Chamaerops humilis

HÖHE: 1–3 m
BLÜTEZEIT: März – Juni
immergrüner Schopfbaum

➤ *robust und langsam wachsend*

Familie: Palmen *(Arecaceae)*
Herkunft: Mittelmeerraum
Blüten: gelbgrün; rispenartig (im Kübel nur gelegentlich)
Wuchs: mehrstämmig, strauchartig; dicht stehende, fächerartige, über 50 cm breite, blaugrüne Palmwedel
Standort: bevorzugt vollsonnig, auch leicht beschattet; möglichst regengeschützt
Pflegen: gleichmäßig feucht halten; bis August wöchentlich düngen; Umtopfen nur selten nötig
Überwintern: verträgt leichten Frost, kann spät ein- und früh ausgeräumt werden (Vorsicht, dornige Stiele); am besten hell, bei etwa 5 °C unterbringen, notfalls auch dunkel; oder aber an sehr hellem Platz etwas wärmer (bis 15 °C); wenig gießen
Vermehren: durch Teilung im Frühjahr oder Aussaat (schwierig)
Gestaltung: sehr attraktive Kübelpalme, die auch ohne blühende Nachbarn große Zierwirkung entfaltet; braucht recht viel Platz, da breitwüchsig

Zistrose

Cistus creticus

HÖHE: 0,5–1,5 m
BLÜTEZEIT: Mai – Juli
immergrüner Strauch

➤ *große, zart wirkende Blüten*

Familie: Zistrosengewächse *(Cistaceae)*
Herkunft: Südeuropa, Nordafrika
Blüten: kräftig rosa; groß, schalenförmig, sehen leicht zerknittert aus; Einzelblüten halten nur kurz, werden aber ständig durch neue ersetzt
Wuchs: buschig; graugrüne Blätter
Standort: vollsonnig; warm
Pflegen: im Sommer reichlich gießen, aber Staunässe vermeiden; nach der Blüte um gut 1/3 zurückschneiden und trockener halten; bis August alle 2 Wochen düngen
Überwintern: hell, bei 5–10 °C
Vermehren: durch Kopfstecklinge (→ Seite 54) im Sommer oder Aussaat im Frühjahr; Jungpflanzen mehrmals entspitzen
Gestaltung: passt sehr schön in mediterrane Gestaltungen, z. B. mit Olivenbaum und Lavendel
Arten/Sorten: weitere recht häufig angebotene Arten: *C. ladanifer* (weiße Blüten mit rotbraunen Flecken), *C.* x *purpureus* (rosa Blüten) und *C. salviifolius* (weiße Blüten).

Zitrusbäumchen

Citrus-Arten

HÖHE: 0,5–1,5 m
BLÜTEZEIT: März – August
immergrüner Strauch/Baum

➤ *Blüten und Früchte zugleich*

Familie: Rautengewächse *(Rutaceae)*
Herkunft: Ostasien, Südostasien
Blüten: weiß, seltener rosa; sternförmig; duftend; blüht im Wintergarten fast ganzjährig; daraus entstehen je nach Art gelbe oder orangefarbene Früchte; essbar, aber oft sauer
Wuchs: buschig; hübsche, ledrige, dunkelgrüne Blätter
Standort: gern vollsonnig; warm; wind- und regengeschützt
Pflegen: gleichmäßig feucht, aber keinesfalls nass halten; bis August wöchentlich düngen; kalkempfindlich, möglichst kalkarmes Wasser und Substrat sowie Zitrus-Spezialdünger verwenden; größere bzw. fruchttragende Pflanzen stützen
Überwintern: früh einräumen; hell, bei 4–8 °C unterbringen; wenig gießen; häufig lüften; bei dunklerem Stand Blattabwurf; erst Ende Mai nach draußen stellen; Rückschnitt nur alle paar Jahre, falls erforderlich
Vermehren: durch Stecklinge im Frühjahr/Sommer (teils schwierig)
Gestaltung: als Hochstämmchen erhältlich bzw. erziehbar, wirken aber in Buschform harmonischer; die schon lange im Mittelmeerraum kultivierten *Citrus*-Arten sorgen in mediterranen wie in asiatisch angehauchten Kübelpflanzenarrangements für besondere Blickpunkte, etwa in Gesellschaft von Granatapfel, Zwergpalme oder Brautmyrte.
Arten/Sorten: zahlreiche Arten, die sich vor allem in Fruchtfarbe und -größe sowie in der Wuchsstärke unterscheiden. Eher starkwüchsig sind Zitrone (*C. limon*), Orange (*C. sinensis*), Pomeranze (*C. aurantium*) und die besonders wärme- und lichtbedürftige Grapefruit (*C.* x *paradisi*). Zierlicher bleiben Mandarine (*C. reticulata*) und Chinotto (*C. myrtifolia*); besonders reich blühend und fruchtend.
In Erscheinungsbild, Ansprüchen und Pflege sehr ähnlich ist die leicht zu ziehende, zierliche Calamondin-Orange (x *Citrofortunella microcarpa*). In die nahe Verwandtschaft gehört außerdem die recht robuste, aber nicht allzu starkwüchsige Kumquat (*Fortunella margarita*) mit orangenähnlichen Früchten und bedornten Trieben.

Keulenlilie

Cordyline australis

HÖHE: 1–2,5 m
BLÜTEZEIT: entfällt
immergrüner Schopfbaum

➤ *ansehnliche, robuste Blattpflanze*

Familie: Agavengewächse *(Agavaceae)*
Herkunft: Neuseeland
Blüten: klein; weiß; in Rispen (werden im Kübel kaum ausgebildet)
Wuchs: palmenartig, meist einstämmig, an der Basis keulenförmig verdickt; Schopf aus lanzettlichen, langen, überhängenden Blättern
Standort: sonnig, verträgt auch leichte Beschattung
Pflegen: mäßig feucht halten; bis August alle 4 Wochen düngen; zu groß gewordene Exemplare können gekappt werden und treiben dann an der Schnittstelle mehrtriebig aus
Überwintern: verträgt etwas Frost; hell, bei 2–10 °C; fast trocken halten
Vermehren: durch Kopfstecklinge (→ Seite 182) oder Samen (langwierig)
Gestaltung: in dekorativen Terrakottagefäßen oder farbig glasierten Tonkübeln besonders reizvoll
Arten/Sorten: Es gibt auch buntblättrige Sorten wie die dunkelrotbraune 'Atropurpurea', die etwas kälteempfindlicher sind.

Palmfarn

Cycas revoluta

HÖHE: 1–2 m
BLÜTEZEIT: entfällt
immergrüner Schopfbaum

➤ *sehr ornamentale Blattfiederung*

Familie: Palmfarngewächse *(Cycadaceae)*
Herkunft: Südjapan
Blüten: an älteren Exemplaren nadelgehölzähnliche Fruchtblätter (weibliche Pflanzen) oder zapfenartige Staubblätter (männliche Pflanzen)
Wuchs: breit horstartig; mit dicht stehenden langen, leicht überhängenden, farnartig gefiederten Wedeln; wächst sehr langsam
Standort: am besten halbschattig, auch schattig; regengeschützt
Pflegen: erst gießen, wenn oberste Erdschicht abgetrocknet ist, aber Ballen nicht ganz austrocknen lassen; bis August alle 4 Wochen schwach dosiert düngen
Überwintern: verträgt kurzfristig leichten Frost; hell, bei 12–15 °C ; fast trocken halten
Vermehren: durch Samen möglich, aber langwierig und schwierig
Gestaltung: herrlicher Hintergrund für auffällig blühende Kübelpflanzen und Topfgehölze

Drachenbaum

Dracaena draco

HÖHE: 1–3 m
BLÜTEZEIT: entfällt
immergrüner Schopfbaum

➤ *recht anspruchslos*

Familie: Drachenbaumgewächse *(Dracaenaceae)*
Herkunft: Kanarische Inseln
Blüten: grünlich weiß; in Rispen (bei Kübelhaltung sehr selten)
Wuchs: anfangs einstämmig, später gabelig verzweigt; dichte Schöpfe aus langen, schwertförmigen, teils überhängenden Blättern
Standort: sonnig bis halbschattig; etwas regen- und windgeschützt
Pflegen: im Sommer durchdringend gießen, aber Oberfläche zwischendurch abtrocknen lassen; bis August alle 4 Wochen düngen; zu groß gewordene Pflanzen können wie Keulenlilien „geköpft" werden
Überwintern: kälteempfindlich, früh einräumen; hell, bei 5–10 °C; notfalls auch bei Zimmertemperatur
Vermehren: durch Kopfstecklinge (→ Seite 54), Stammteilstücke oder Samen
Gestaltung: mit den Jahren imposante Erscheinung, die sich gut zu Palmen oder exotischen Blühern gesellen lässt

Zierbanane

Ensete ventricosum

HÖHE: 2–3 m
BLÜTEZEIT: entfällt
immergrüne Großstaude

➤ *braucht viel Platz*

Familie: Bananengewächse *(Musaceae)*
Herkunft: Süd- und Ostafrika
Blüten: gelblich (bei Kübelhaltung sehr selten)
Wuchs: palmenartig mit hohlem Scheinstamm; bis 3 m lange, breit ovale Blätter, teils mit rötlicher Mittelrippe
Standort: sonnig (auch vollsonnig) bis halbschattig; möglichst windgeschützt
Pflegen: hoher Wasserbedarf, gleichmäßig feucht, aber nicht nass halten; bis August wöchentlich düngen; windgeschützt
Überwintern: so hell wie möglich, bei 10–15 °C; bei lichtärmerem Quartier vor dem Einräumen bis auf Herzblätter zurückschneiden, bei 10 °C halten; wenig gießen, keinesfalls ins „Herz", sonst stirbt die Pflanze ab
Vermehren: durch Samen ab Januar bis April, bei 20–25 °C
Gestaltung: eindrucksvolle Blattpflanze mit tropischem Flair, für Einzelstellung oder als Kulisse für prächtige blühende Arten sehr gut geeignet

Wollmispel

Eriobotrya japonica

HÖHE: 1,5–3 m
BLÜTEZEIT: September – November
immergrüner Baum/Strauch

➤ *pflegeleichter Blattschmuck*

Andere Namen: Loquate
Familie: Rosengewächse *(Rosaceae)*
Herkunft: China, Japan
Blüten: klein; weiß; in Rispen; duftend; daraus im Frühjahr gelborange Früchte; regelmäßiger Blüten- und Fruchtansatz nur im Wintergarten
Wuchs: buschig verzweigt; bis 30 cm lange, länglich eiförmige, glänzend dunkelgrüne Blätter, unterseits grauweiß bis rötlich „bewollt"
Standort: sonnig bis halbschattig; möglichst regengeschützt
Pflegen: mäßig feucht halten; alle 2 Wochen düngen
Überwintern: verträgt etwas Frost, kann spät eingeräumt werden; hell, bei etwa 10 °C, notfalls auch wärmer; oder aber dunkel bei 5 °C dann aber fast trocken halten
Vermehren: ganzjährig durch Samen oder durch – etwas schwieriger – halbreife Stecklinge
Gestaltung: bringt mit ihrem dunklen Laub davor platzierte Blüher besonders schön zur Geltung

Korallenstrauch

Erythrina crista-galli

HÖHE: 1–2 m
BLÜTEZEIT: Juli – September
sommergrüner Strauch

➤ *sehr auffälliger Blüher*

Familie: Schmetterlingsblütler *(Fabaceae)*
Herkunft: Südamerika
Blüten: kräftig korallenrot; große Schmetterlingsblüten in langen, teils überhängenden Trauben
Wuchs: buschig, locker aufgebaut; Triebe oft bedornt; hübsch gefiedertes Laub
Standort: sonnig (gern vollsonnig)
Pflegen: im Sommer kräftig gießen; bis August alle 2 Wochen düngen
Überwintern: dunkel, bei 5–8 °C; vor dem Einräumen die eintrocknenden Triebe dicht am Stamm oder auf 4 Augen zurückschneiden; im Frühjahr ab dem Neuaustrieb heller und wärmer stellen; gießen
Vermehren: durch Stecklinge oder Aussaat im Frühjahr
Gestaltung: entfaltet im Verein mit anderen „Südamerikanern", z. B. Engelstrompete, in schönen Sommern tropisch anmutende Pracht
Hinweis: Der Korallenstrauch blüht bei guter Pflege jedes Jahr reicher.

Eukalyptus

Eucalyptus-Arten

HÖHE: 2–3 m
BLÜTEZEIT: unterschiedlich
immergrüner Baum

➤ *aromatischer Blattschmuck*

Familie: Myrtengewächse *(Myrtaceae)*
Herkunft: Australien
Blüten: bei *E. ficifolia* im Sommer, Büschel aus roten Staubfäden; bei *E. gunnii* im Herbst, cremefarben; bei anderen Arten im Kübel selten
Wuchs: einstämmig oder buschig verzweigt; graugrüne Blätter, bei Zerreiben aromatisch duftend
Standort: vollsonnig bis halbschattig
Pflegen: im Sommer kräftig gießen, Staunässe wie Ballentrockenheit vermeiden; nur gelegentlich düngen
Überwintern: hell, bei 5–10 °C; vertragen leichten Frost
Vermehren: durch Aussaat im zeitigen Frühjahr (Lichtkeimer)
Gestaltung: sehr schön als Hintergrund für blühende Kübelpflanzen und Topfgehölze
Arten/Sorten: langsam wachsend: *E. gunnii* (silbrig blaue, anfangs runde, im Alter lanzettliche Blätter → Bild) und *E. citriodora* (lanzettliche Blätter mit Zitronenduft); raschwüchsig: *E. globulus* (Blaugummibaum) und *E. ficifolia*

Gelbe Strauchmargerite

Euryops chrysanthemoides

HÖHE: 0,3–1 m
BLÜTEZEIT: Mai – Oktober
immergrüner Halbstrauch

➤ *auch als Hochstämmchen*

Andere Namen: Goldmargerite
Familie: Korbblütler *(Asteraceae)*
Herkunft: Südafrika
Blüten: gelb mit orangegelber Mitte; lang gestielte Korbblüten
Wuchs: buschig verzweigt; stark gefiederte, dunkelgrüne Blätter
Standort: sonnig, gern vollsonnig
Pflegen: gleichmäßig feucht halten; bis August alle 2 Wochen düngen; abgeblühte Stiele regelmäßig herausschneiden; kann im Frühjahr durch Rückschnitt (um etwa 1/3 bis zur Hälfte) in Form gebracht werden
Überwintern: hell, bei 5–10 °C
Vermehren: durch halbreife Kopfstecklinge (→ Seite 54) im Spätsommer
Gestaltung: bringt Farbe in Kübelpflanzensammlungen; lässt sich aufgrund der mäßigen Wuchshöhe auch gut auf dem Balkon verwenden; besonders attraktiv in Gesellschaft blau, rot oder weiß blühender Arten
Hinweis: erinnert in Aussehen und Wirkung stark an die meist weiß blühende Strauchmargerite (→ Seite 134)

Echte Feige

Ficus carica

HÖHE: 1–2,5 m
BLÜTEZEIT: (Mai) – September
sommergrüner Baum

➤ *robust und sehr dekorativ*

Andere Namen: Feigenbaum
Familie: Maulbeergewächse *(Moraceae)*
Herkunft: Südwestasien, Südeuropa
Blüten: krugförmige Blütenstände, aus denen sich unter günstigen Bedingungen im Frühjahr oder Spätsommer Früchte entwickeln
Wuchs: strauchartig oder kurzstämmig mit breiter Krone; große, kräftig grüne, mehrlappige, ledrige Blätter
Standort: sonnig; etwas geschützt
Pflegen: im Sommer reichlich gießen; bis August wöchentlich düngen; Rückschnitt im Herbst möglich
Überwintern: hell, notfalls dunkel, bei 2–8 °C; verträgt etwas Frost, spät ein- und schon ab April ausräumen, zunächst leicht beschattet stellen
Vermehren: durch Kopfstecklinge (→ Seite 54) im Spätsommer oder Frühjahr
Gestaltung: bringt im Verein z. B. mit Oleander, Rosmarin und Lavendel mediterranes Flair auf Terrasse und Balkon, wirkt schön vor einer weißen Wand

Fuchsie

Fuchsia-Hybriden

HÖHE: 0,5–2 m
BLÜTEZEIT: Mai – Oktober
sommergrüner Strauch

➤ *verzaubert Halbschatten-Plätze*

Familie: Nachtkerzengewächse *(Onagraceae)*
Herkunft: Süd- und Mittelamerika, Neuseeland
Blüten: rot, rosa, weiß, blauviolett, oft zweifarbig; trichterartige Glöckchen in Trauben oder Rispen
Wuchs: buschig oder mit überhängenden Trieben als Hochstämmchen
Standort: bevorzugt halbschattig oder hell ohne direkte Sonne, auch schattig; windgeschützt
Pflegen: gleichmäßig feucht halten; bis August wöchentlich düngen; Verblühtes regelmäßig entfernen
Überwintern: hell oder dunkel, bei 6–8 °C, bei dunklem Stand eher etwas kühler; im Frühjahr, wenn nötig, zurückschneiden, kräftige Vorjahrstriebe auf 1–3 Knospen kürzen
Vermehren: durch Stecklinge im Frühjahr oder im Spätsommer
Gestaltung: als Hochstämmchen besonders reizvoll
Hinweis: Niedrige Sorten eignen sich für Balkonkästen (→ Seite 95).

Strauchveronika

Hebe x andersonii

HÖHE: 0,3–0,6 m
BLÜTEZEIT: August – September
immergrüner Strauch

➤ *hübsche Herbstzierde*

Familie: Braunwurzgewächse *(Scrophulariaceae)*
Herkunft: Neuseeland
Blüten: blauviolett, rot, weiß; kleine Röhrenblüten in Ähren oder Trauben
Wuchs: buschig; hübsche, schmal eiförmige oder rundliche, glänzend dunkelgrüne, ledrige Blätter; bei der Sorte 'Variegata' hell gefleckt
Standort: bevorzugt hell, aber nicht in praller Sonne; etwas wind- und regengeschützt
Pflegen: gleichmäßig feucht halten, Staunässe unbedingt vermeiden; bis August alle 2 Wochen schwach dosiert düngen; wenn nötig, im Frühjahr durch Entfernen oder Rückschnitt älterer Triebe auslichten
Überwintern: hell, bei 8–10 °C
Vermehren: durch Kopfstecklinge (→ Seite 54) im Sommer; Jungpflanzen mehrmals entspitzen
Gestaltung: schön sind Kombinationen mit Silberblatt, Topfheide, Herbstzeitlosen oder immergrünen Zwerggehölzen, in Kübeln und großen Kästen

Chinesischer Roseneibisch

Hibiscus rosa-sinensis

HÖHE: 1–2 m
BLÜTEZEIT: März – Oktober
immergrüner Strauch

➤ *kälteempfindliche Schönheit*

Familie: Malvengewächse *(Malvaceae)*
Herkunft: Ostasien
Blüten: gelb, orange, rot, rosa, weiß; groß, trichterartig, mit langer Staubblattröhre; einfach oder gefüllt
Wuchs: breit buschig; glänzend dunkelgrüne Blätter
Standort: hell, aber keine pralle Mittagssonne; wind- und regengeschützt; reagiert auf Standortwechsel häufig mit Knospenfall
Pflegen: feucht halten, aber Staunässe wie Ballentrockenheit unbedingt vermeiden; bis August wöchentlich düngen; Verwelktes entfernen; Hochstämmchen stützen; ältere Exemplare im Frühjahr um etwa die Hälfte zurückschneiden
Überwintern: hell, bei 12–16 °C; zurückhaltend gießen
Vermehren: durch Stecklinge im Mai; Jungpflanzen entspitzen
Gestaltung: wirkt als Busch und auch als Kronenbäumchen (Hochstämmchen) ansprechend; auch ohne Begleiter sehr attraktiv

Hortensie

Hydrangea macrophylla

HÖHE: 0,5–1,5 m
BLÜTEZEIT: Mai – Juli
sommergrüner Strauch

➤ *riesige Blütenbälle*

Andere Namen: Bauernhortensie
Familie: Hortensiengewächse *(Hydrangeaceae)*
Herkunft: Japan, Korea
Blüten: rosa, rot, blau, weiß; halbkugelige, ball- oder tellerförmige Blütenstände; bis zu 20 cm Durchmesser; *H.*-Hybriden blühen bis September
Wuchs: breit buschig, aufrecht
Standort: halbschattig
Pflegen: gut feucht, aber nicht nass halten, nur mit enthärtetem Wasser gießen; bis August alle 2 Wochen Rhododendrondünger geben; Verblühtes regelmäßig entfernen; am besten in Rhododendronerde topfen
Überwintern: hell oder dunkel, bei 2–8 °C; verträgt etwas Frost
Vermehren: durch Stecklinge im Frühsommer
Gestaltung: wirkt je nach Gefäß und Begleitern nobel oder „ländlich"
Hinweis: Die Blütenfärbung hängt auch vom Säuregrad des Substrats ab: Blaufärbung, wenn stark sauer, Rosafärbung, wenn schwach sauer.

Jasmin

Jasminum-Arten

HÖHE: 0,5–2,5 m
BLÜTEZEIT: je nach Art
Strauch, meist immergrün

➤ *herrlich duftende Blüher*

Familie: Ölbaumgewächse *(Oleaceae)*
Herkunft: Ostasien
Blüten: weiß oder gelb, *J. beesianum* rosarot; röhrenförmig, an der Spitze sternartig geöffnet; je nach Art mehr oder weniger intensiv duftend
Wuchs: lange dünne, oft überhängende Triebe, teils schlingend, teils als sich hoch schiebende Spreizklimmer (→ Seite 183) kletternd; recht schnellwüchsig; glänzend grüne, eiförmige oder runde Blätter, teils gefiedert
Standort: sonnig, aber keine pralle Mittagssonne, oder halbschattig; etwas wind- und regengeschützt
Pflegen: gleichmäßig feucht halten; alle 2 Wochen düngen; Rückschnitt gut möglich und nach der Blüte empfehlenswert; häufig umtopfen, große Gefäße wählen
Überwintern: die meisten Arten hell, bei 5–10 °C, bei sehr hellem Stand (Wintergarten) auch wärmer; *J. sambac* bei 10–15 °C; *J. mesnyi* dagegen ist gut frostverträglich (bis –10 °C), sollte spät ein- und früh ausgeräumt werden, Winterquartier für diese Art hell, auch mäßig hell, bei 0–5 °C
Vermehren: teils samenvermehrbar, ansonsten durch halbreife Stecklinge im Sommer
Gestaltung: Die meisten Jasmin-Arten entwickeln sich zu prächtigen Kletterpflanzen, denen man wegen des Wohlgeruchs einen bevorzugten Platz nahe der Balkon- oder Terrassentür reservieren sollte.
Arten/Sorten: Es gibt zahlreiche Arten, die gelegentlich angeboten werden. Am häufigsten im Angebot sind: *J. mesnyi* und *J. polyanthum*.
➤ Früh blühende Arten sind: *J. mesnyi* und *J. odoratissimum* (beide gelb, Hauptblüte im März – Mai, Einzelblüten im Sommer)
➤ Ab Mai – August/September blühen: *J. azoricum* (weiß); *J. beesianum* (rosarot), *J. fruticans* (gelb), *J. grandiflorum* (weiß), *J. humile* (gelb), *J. nitidum* (weiß), *J. polyanthum* (weiß), *J. sambac* (weiß)
Im temperierten Wintergarten entfalten sich die Blüten einiger Arten auch schon im Winter.
Ein ausgesprochener Winterblüher ist der bekannte, frostharte Winterjasmin (→ Seite 169).

Kreppmyrte

Lagerstroemia indica

HÖHE: 1–3 m
BLÜTEZEIT: Ende Juli – Oktober
sommergrüner Strauch/Baum

➤ *blüht nur in warmen Sommern*

Andere Namen: Lagerströmie, Kräuselmyrte
Familie: Weiderichgewächse *(Lythraceae)*
Herkunft: China, Korea
Blüten: rosa, rot, weiß; in kegelförmigen, fliederähnlichen Rispen
Wuchs: aufrecht mit kräftigen Trieben; eiförmige, dunkelgrüne Blätter
Standort: gern vollsonnig; möglichst warm; etwas geschützt
Pflegen: gleichmäßig feucht halten, bei Ballentrockenheit Knospenabwurf; alle 3–4 Wochen düngen; im Herbst kräftig zurückschneiden (blüht nur an einjährigen Trieben) und auslichten
Überwintern: verträgt etwas Frost, spät einräumen; dunkel, bei 4–8 °C, fast trocken halten; im Frühjahr zeitig hell und wärmer stellen
Vermehren: durch Aussaat oder halbreife Kopfstecklinge (→ Seite 54) im Sommer
Gestaltung: sehr ansprechend als Hochstämmchen; genügend Platz reservieren, da recht breitwüchsig

Wandelröschen

Lantana camara

HÖHE: 0,3–1,5 m
BLÜTEZEIT: Juni – Oktober
immergrüner Strauch

➤ *robuster Dauerblüher*

Familie: Eisenkrautgewächse *(Verbenaceae)*
Herkunft: Mittel- und Südamerika
Blüten: Blüten in Köpfchendolden, verändern meist ihre Farbe, z. B. von Rosa nach Rot oder Gelb nach Orange; auch weiß oder violett
Wuchs: buschig, mit teils überhängendenden Blütentrieben; oft als Hochstämmchen gezogen; eiförmige, dunkelgrüne, runzelige Blätter
Standort: sonnig
Pflegen: gleichmäßig feucht halten; bis August alle 2 Wochen düngen; Verblühtes regelmäßig entfernen, ebenso, falls erscheinend, die grünen Beeren; gut schnittverträglich
Überwintern: hell, nach Rückschnitt im Herbst auch dunkel, bei 6–10 °C, fast trocken halten; Triebe vor dem Einräumen oder im Frühjahr um die Hälfte zurückschneiden
Vermehren: durch Stecklinge im Frühjahr
Gestaltung: noch junge Pflanzen auch für Balkonkästen geeignet

Lorbeerbaum

Laurus nobilis

HÖHE: 1–2 m
BLÜTEZEIT: April – Mai
immergrüner Strauch/Baum

➤ *dekorative Blattschmuckpflanze*

Familie: Lorbeergewächse *(Lauraceae)*
Herkunft: Mittelmeerraum
Blüten: grünlich gelb; unscheinbar; nur an ungeschnittenen Pflanzen
Wuchs: aufrecht, dicht buschig; langsam wachsend; elliptische, dunkelgrün glänzende, ledrige Blätter
Standort: bevorzugt sonnig, aber auch halbsschattig bis schattig
Pflegen: gleichmäßig feucht halten; bis August alle 1–2 Wochen düngen; bei Formschnitt im Spätsommer oder zeitigen Frühjahr nicht scheren, sondern Triebe einzeln einkürzen, um die Blätter nicht zu verletzen
Überwintern: spät einräumen, verträgt etwas Frost; hell, notfalls dunkel, bei 0–6 °C halten, wenig gießen; kann schon Mitte April nach draußen
Vermehren: durch Stecklinge; Anzucht langwierig
Gestaltung: wird oft als Pyramide oder Kugelbäumchen erzogen, ist aber auch ungeschnitten attraktiv
Hinweis: Die Blätter kann man getrocknet als Gewürz verwenden.

Lilie

Lilium-Hybriden und -Arten

HÖHE: 0,5–1,2 m
BLÜTEZEIT: Juni – August
Zwiebelpflanze

➤ *oft intensiv duftend*

Familie: Liliengewächse *(Liliaceae)*
Herkunft: Asien, Amerika, Europa
Blüten: Gelb-, Orange-, Rosa- und Rottöne, weiß; trichter-, trompeten- oder schalenförmig (→ Bild: Madonnenlilie *L. candidum*)
Wuchs: straff aufrecht; kräftige, gleichmäßig beblätterte Stängel
Standort: sonnig; Feuerlilie und Türkenbundlilie auch halbschattig
Pflegen: gut feucht halten, aber Staunässe unbedingt vermeiden; im Frühjahr Langzeitdünger geben; verwelkte Blüten abschneiden; stützen
Überwintern: im Spätherbst verwelkte Stängel ganz zurückschneiden; dunkel, bei 0–5 ° C, nicht ganz austrocknen lassen; bei Austrieb hell stellen
Vermehren: durch Zwiebelschuppen (→ Seite 183), Brutzwiebeln (→ Seite 182) oder Aussaat
Gestaltung: sehr hübsch in blauen oder weißen Töpfen
Hinweis: Zwiebelpflanzung im Herbst oder Frühjahr, 20 cm tief, 15–20 cm Abstand, gute Dränage nötig

Enzianbaum

Lycianthes rantonnetii

HÖHE: 1,5–2,5 m
BLÜTEZEIT: Juli – Oktober
sommergrüner Strauch

➤ *üppiger Wuchs, reiche Blüte*

Andere Namen: früher botanisch als *Solanum* eingestuft
Familie: Nachtschattengewächse *(Solanaceae)*
Herkunft: Argentinien, Paraguay
Blüten: blauviolett mit gelbem Auge
Wuchs: dicht buschig, mit teils überhängenden Trieben; auch kletternd; recht wuchs- und konkurrenzstark
Standort: sonnig bis halbschattig
Pflegen: im Sommer durchdringend gießen; bis August wöchentlich düngen; junge Pflanzen für buschigen Wuchs öfter stutzen
Überwintern: vor dem Einräumen um die Hälfte zurückschneiden; dunkel, bei 4–10 °C, sehr wenig gießen
Vermehren: durch halbreife Stecklinge im Sommer
Gestaltung: besonders schmuck als Hochstämmchen mit Unterpflanzung, etwa mit roten Hängeverbenen oder Gelben Gänseblümchen
Hinweis: Wie eine weiß blühende Ausgabe des Enzianbaums wirkt das kletternde *Solanum jasminoides.*

Brautmyrte

Myrtus communis

HÖHE: 0,5–1,5 m
BLÜTEZEIT: Juni – Oktober
immergrüner Strauch

➤ *kann sehr alt werden*

Familie: Myrtengewächse *(Myrtaceae)*
Herkunft: Mittelmeerraum
Blüten: weiß; klein, sternförmig; duftend; zuweilen blauschwarze, nicht giftige Beeren
Wuchs: dicht buschig verzweigt; kleine lanzettliche, kräftig dunkelgrüne Blätter (enthalten Giftstoffe), beim Zerreiben aromatisch duftend
Standort: bevorzugt vollsonnig
Pflegen: gleichmäßig feucht halten, Ballentrockenheit wie Staunässe unbedingt vermeiden, möglichst kalkarmes Wasser verwenden; bis August wöchentlich düngen (Rhododendrondünger); in leicht saures Substrat topfen; junge Pflanzen häufig entspitzen
Überwintern: hell, bei 5–10 °C
Vermehren: durch Kopfstecklinge (→ Seite 54) im Spätsommer oder zeitigen Frühjahr
Gestaltung: passt gut in mediterrane Gestaltungen, etwa zusammen mit Oleander, Zitrusbäumchen, Rosmarin und Zistrosen; Formschnitt und Hochstammerziehung möglich

Oleander

Nerium oleander

HÖHE: 1,5–2,5 m
BLÜTEZEIT: Juni – Oktober
immergrüner Strauch

➤ *robust, pflegeleicht, blühstark*

Familie: Hundsgiftgewächse *(Apocynaceae)*
Herkunft: Mittelmeerraum
Blüten: rosa, weiß, rot, gelb, apricot; einfach oder gefüllt; in doldenartigen Blütenständen; teils duftend
Wuchs: breit buschig, locker verzweigt; auch als Hochstämmchen; lange, lanzettliche, ledrige Blätter
Standort: bevorzugt vollsonnig, duldet aber auch etwas Beschattung; regengeschützt, vor allem gefüllte Sorten
Pflegen: reichlich gießen, Topfuntersetzer mit Wasser füllen; verträgt aber auch kurzzeitige Ballentrockenheit; bis August wöchentlich düngen; häufig auf Schild- und Blattläuse kontrollieren; im Herbst oder Frühjahr gelegentlich kahle und zu lange Triebe wegschneiden, Haupttriebe an der Basis, Verzweigungen an ihrer Ansatzstelle; zurückhaltend schneiden, da Blüten schon im Vorjahr angelegt sind
Überwintern: am besten hell, bei 4–8 °C, fast trocken halten; notfalls auch dunkel; oder aber wärmer (bis 15 °C), dann möglichst hell und häufiger gießen; gut entwickelte Pflanzen vertragen im Herbst leichten Frost, sind aber im Frühjahr empfindlich, deshalb erst Mitte Mai ausräumen
Vermehren: durch Stecklinge im Sommer, bewurzeln leicht im Wasserglas
Gestaltung: Terrakottakübel unterstreichen das mediterrane Flair; Arrangements mit Bougainvillee, Zitrusbäumchen und Lorbeer oder Feige wecken Urlaubsträume.
Hinweis: Vorsicht, alle Pflanzenteile sind sehr giftig!

Olivenbaum

Olea europaea

HÖHE: 1,5–2 m
BLÜTEZEIT: Juli – August
immergrüner Strauch

➤ *pflegeleichter Mittelmeergast*

Familie: Ölbaumgewächse *(Oleaceae)*
Herkunft: Mittelmeerraum
Blüten: gelblich weiß; in Trauben; unscheinbar; leicht duftend
Wuchs: anfangs oft sparrig, mit der Zeit und häufigem Stutzen buschiger; schmal lanzettliche, blaugrüne, unterseits silbrig behaarte Blätter
Standort: bevorzugt vollsonnig
Pflegen: mäßig feucht halten; bis August alle 2 Wochen düngen; alle 1–2 Jahre leichter Rückschnitt
Überwintern: hell oder dunkel, bei 2–10 °C; bei dunklem Stand Blattabwurf, dann trocken halten; ältere Pflanzen vertragen etwas Frost, spät ein- und ab April ausräumen
Vermehren: durch Stecklinge im Sommer oder Aussaat im Frühjahr
Gestaltung: attraktiv in Gruppen mit blühenden mediterranen Kübelpflanzen und Zitrusbäumchen; auch als Bonsai erhältlich
Hinweis: Selbstfruchtbare, veredelte Exemplare bringen Früchte hervor, die aber nicht immer ausreifen.

Passionsblume

Passiflora caerulea

HÖHE: 1–2 m
BLÜTEZEIT: April – Oktober
immergrüner Kletterstrauch

➤ *faszinierende, einzigartige Blüten*

Familie: Passionsblumengewächse *(Passifloraceae)*
Herkunft: Südamerika
Blüten: weiße Kelch- und Kronblätter, darüber Strahlenkranz mit violett-weißblauen Ringzonen; Sorten mit Farbvarianten; bis 10 cm Durchmesser
Wuchs: rankende Triebe mit hübschen gelappten Blättern
Standort: sonnig; geschützt
Pflegen: im Sommer reichlich gießen; bis August wöchentlich düngen; Triebe stützen (Stäbe, Ringe im Topf oder an Gerüst hoch leiten)
Überwintern: vor dem Einräumen lange Triebe einkürzen; hell, 2–10 °C, fast trocken halten; in milden Regionen mit gutem Schutz auch draußen
Vermehren: durch Stecklinge im Frühjahr oder Aussaat
Gestaltung: kommt im Einzelstand am besten zur Geltung
Arten/Sorten: Sommeraufenthalt im Freien verträgt u. a. auch *P. edulis*, deren Früchte (Maracujas) in warmen Spätsommern ausreifen.

Kanarische Dattelpalme

Phoenix canariensis

HÖHE: 1–3 m
BLÜTEZEIT: entfällt
immergrüner Schopfbaum

➤ *imposant und raumgreifend*

Andere Namen: Phoenixpalme
Familie: Palmen *(Arecaceae)*
Herkunft: Kanarische Inseln
Blüten: gelb; rispenartiger Blütenstand; im Kübel sehr selten
Wuchs: ausladend; raschwüchsig; kräftiger Stamm, sehr große, fiederartige Palmwedel mit schmalen Blattabschnitten
Standort: sonnig, gern vollsonnig
Pflegen: hoher Wasserbedarf, aber Staunässe wie Ballentrockenheit (verursacht braune Spitzen) unbedingt vermeiden; bis August alle 2–3 Wochen düngen; vertrocknete Wedel wegschneiden
Überwintern: hell, bei 5–10 °C, fast trocken halten; beim Ausräumen im Mai zunächst beschattet aufstellen, erst nach etwa 2 Wochen dann vollsonnig
Vermehren: durch Aussaat im Frühjahr
Gestaltung: dekorative Palme, schon im Einzelstand ein Blickfang; bei genügend Platz wunderschön in kleiner Gruppe mit Engelstrompete, Sesbania, Zistrose oder Bougainvillee

Neuseeländer Flachs

Phormium tenax

HÖHE: 1–2 m
BLÜTEZEIT: August – September
immergrüne Staude

➤ *anspruchslose, stattliche Pflanze*

Familie: Phormiumgewächse *(Phormiaceae)*
Herkunft: Neuseeland
Blüten: rötliche Blütenrispen an langem Schaft; erst an etwa 6 Jahre alten Exemplaren
Wuchs: horstartig; lange, schmale, schwertförmige Blätter, anfangs straff aufrecht, mit den Jahren überhängend; je nach Sorte grün, bronze oder zwei- bis mehrfarbig gestreift (rötlich, gelb und/oder weiß)
Standort: vollsonnig bis schattig
Pflegen: am sonnigen Platz reichlich, sonst mäßig gießen, keine Staunässe; bis August wöchentlich düngen
Überwintern: verträgt leichten Frost, spät einräumen; hell oder dunkel, bei 4–10 °C, wenig gießen; ab und zu vertrocknete Blätter entfernen
Vermehren: durch Teilung im Frühjahr
Gestaltung: sehr ansprechend in viereckigen Terrakottatöpfen, ältere Pflanzen in halbierten Fässern; kann mit Sommerblumen und Hängegewächsen wie Efeu unterpflanzt werden

Bleiwurz

Plumbago auriculata

HÖHE: 0,5–2 m
BLÜTEZEIT: Juni – Oktober
immergrüner Strauch

➤ *luftig wirkender Dauerblüher*

Familie: Bleiwurzgewächse *(Plumbagoginaceae)*
Herkunft: Südafrika
Blüten: hellblau, hellviolett, weiß; klein; in doldenartigen Blütenständen
Wuchs: locker buschig, überhängende, etwas brüchige Triebe
Standort: bevorzugt vollsonnig; wind- und regengeschützt
Pflegen: im Sommer hoher Wasserbedarf, doch Staunässe vermeiden; bis August alle 2 Wochen düngen; verwelkte Blüten entfernen; Triebe bei Bedarf stützen; Rückschnitt (wenn nötig) im Herbst, gelegentlich im Frühjahr überalterte Zweige auslichten
Überwintern: hell, bei 4–8 °C; notfalls dunkel, dann vor dem Einräumen stark einkürzen, ab März heller und wärmer stellen
Vermehren: durch halbreife Kopfstecklinge (→ Seite 54) im Spätsommer
Gestaltung: hübsch als Hochstämmchen; lässt sich als junge Pflanze auch für gemischte Balkonkästen und Ampeln verwenden

Granatapfelbaum

Punica granatum

HÖHE: 0,5–2 m
BLÜTEZEIT: Juni – September
sommergrüner Strauch/Baum

➤ *schönes gelbes Herbstlaub*

Familie: Granatapfelgewächse *(Punicaceae)*
Herkunft: Vorderasien
Blüten: leuchtend rot, weiß oder gelborange; trichterförmig; teils auch bei uns fruchtend, die rundlichen „Granatäpfel" reifen aber meist nur im Wintergarten aus
Wuchs: meist buschig oder als Hochstämmchen gezogen; schmal eiförmige, glänzend grüne Blätter
Standort: sonnig, auch vollsonnig
Pflegen: nur bis etwa Ende Juli reichlich gießen und alle 2–3 Wochen düngen; danach trockener halten; ältere Exemplare im Frühjahr gelegentlich auslichten
Überwintern: verträgt etwas Frost; hell oder dunkel, bei 2–8 °C, fast trocken halten
Vermehren: durch Stammstecklinge im Frühjahr oder Kopfstecklinge (→ Seite 54) im Sommer; auch über Samen
Gestaltung: Die im Mittelmeerraum eingebürgerte Pflanze bereichert jedes mediterrane Arrangement.

Gewürzrinde

Senna corymbosa

HÖHE: 1–2,5 m
BLÜTEZEIT: Juni – Oktober
immergrüner Strauch

➤ *pflegeleichter Dauerblüher*

Andere Namen: früherer botanischer Name: *Cassia corymbosa*
Familie: Johannisbrotgewächse *(Caesalpiniaceae)*
Herkunft: Südamerika
Blüten: gelb; sehr zahlreich; blüht im Wintergarten fast ganzjährig
Wuchs: aufrecht, verzweigt
Standort: möglichst vollsonnig, warm und windgeschützt
Pflegen: gut feucht halten; bis August wöchentlich düngen; Verblühtes entfernen; im Frühjahr zurückschneiden
Überwintern: verträgt leichten Frost, nicht zu früh einräumen; hell bei 2–5 °C unterbringen; notfalls nach Rückschnitt vor dem Einräumen auch dunkel, dann Blattabwurf
Vermehren: durch halbreife Stecklinge (→ Seite 54)
Gestaltung: lässt sich gut als Hochstämmchen ziehen
Arten/Sorten: Beim Kerzenstrauch, *S. didymobotrya*, stehen die gelben Blüten kerzenartig aufrecht an den Triebspitzen.

Prinzessinnenblume

Tibouchina urvilleana

HÖHE: 1–2 m
BLÜTEZEIT: Ende Juli – Oktober
immergrüner Strauch

➤ *einmalige violette Blütenpracht*

Familie: Schwarzmundgewächse *(Melastomataceae)*
Herkunft: Brasilien
Blüten: kräftig violett; schalenförmig; groß; im Wintergarten bis zum Frühjahr durchblühend
Wuchs: breit, etwas sparrig, mit langen Trieben; große, breit eiförmige, samtig wirkende Blätter
Standort: sonnig, auch leicht beschattet, keine pralle Mittagssonne
Pflegen: gleichmäßig feucht, aber nicht nass halten, möglichst weiches, kalkarmes Wasser verwenden; bis August alle 2 Wochen düngen; Triebenden – besonders bei jungen Pflanzen – für buschigen Wuchs regelmäßig entspitzen
Überwintern: hell, bei 5–10 °C
Vermehren: durch Kopfstecklinge (→ Seite 54) im Frühjahr oder Sommer
Gestaltung: wenn möglich, vor weißer Wand platzieren, damit die Blüten gut zur Geltung kommen; sehr schön mit anderen „Südamerikanerinnen“ wie Engelstrompete oder Korallenstrauch; apart auch als Hochstämmchen

Hanfpalme

Trachycarpus fortunei

HÖHE: 1,5–4 m
BLÜTEZEIT: Juni – Juli
immergrüner Schopfbaum

➤ *wächst sehr langsam*

Familie: Palmen *(Arecaceae)*
Herkunft: Ostasien
Blüten: grünliche oder gelbe Rispen; nur an älteren Pflanzen
Wuchs: mit der Zeit ausladend; große, glänzend grüne, fächerartig unterteilte Blattwedel, über 50 cm lang
Standort: noch junge Hanfpalmen am besten halbschattig, ältere Exemplare sonnig
Pflegen: mäßig feucht halten; bis August alle 3–4 Wochen düngen; braune Wedel herausschneiden, besonders vor dem Einräumen im Herbst
Überwintern: ältere Pflanzen vertragen bis –10 °C Frost, können daher in wintermilden Regionen mit gutem Schutz draußen überwintert werden; andernfalls dunkel, bei 0–8 °C; oder an hellem Platz als Zimmerpflanze; wenig gießen, keinesfalls ins Herz; nach dem Ausräumen ab Mitte April zunächst schattig stellen
Vermehren: durch Aussaat
Gestaltung: attraktiver Hintergrund für exotische Blüher

Mittelmeerschneeball

Viburnum tinus

HÖHE: 1,4–1,8 m
BLÜTEZEIT: September – April
immergrüner Strauch

➤ *Herbst- und Frühjahrsblüher*

Andere Namen: Laurustinus
Familie: Geißblattgewächse *(Caprifoliaceae)*
Herkunft: Mittelmeerraum
Blüten: weiß oder zart rosa; zahlreich in flachen Rispen; duftend
Wuchs: buschig verzweigt; schmal eiförmige, glänzend dunkelgrüne, ledrige Blätter
Standort: sonnig (ohne pralle Mittagssonne) oder halbschattig
Pflegen: gleichmäßig feucht halten; bis Ende Juli wöchentlich düngen; junge Pflanzen öfter stutzen; gut schnittverträglich; wenn nötig, am besten nach der Blüte schneiden
Überwintern: verträgt etwas Frost; hell, bei 0–8 °C, mäßig gießen
Vermehren: durch halbreife Stecklinge im Sommer
Gestaltung: Je nach Standort und Entwicklung liegt der Blütenschwerpunkt im Herbst oder Frühjahr; im Wintergarten oder im hellen Flur präsentiert sich der Mittelmeerschneeball sogar als Winterblüher.

Washingtonie

Washingtonia-Arten

HÖHE: 1,5–3 m
BLÜTEZEIT: entfällt
immergrüner Schopfbaum

➤ *schnellwüchsig, braucht viel Platz*

Andere Namen: Priesterpalme
Familie: Palmen *(Arecaceae)*
Herkunft: südliches Nordamerika, Mexiko
Blüten: weiß oder hellrosa; blüht unregelmäßig, im Kübel kaum
Wuchs: breit ausladend; dicker Stamm, große, rundliche, fächerartig unterteilte Blattwedel; bei *W. filifera* (→ Bild) mit herabhängenden hellen Fäden
Standort: sonnig, noch junge Palmen jedoch nicht in voller Sonne
Pflegen: im Sommer feucht halten, aber nicht vernässen; bis August alle 2 Wochen schwach dosiert düngen
Überwintern: hell, bei 5–8 °C; notfalls auch dunkel um 5 °C; nach dem Ausräumen zunächst leicht beschattet stellen; *W. filifera* verträgt etwas Frost
Vermehren: durch Aussaat
Gestaltung: imposante Palme für den Einzelstand
Arten/Sorten: *W. robusta* (ohne Blattfäden) ist trotz ihres Namens etwas weniger robust und kälteverträglich als *W. filifera*.

Palmlilie

Yucca aloifolia

HÖHE: 1–2 m
BLÜTEZEIT: Juli – September
immergrüner Schopfbaum

➤ *pflegeleichte Blattschmuckpflanze*

Familie: Agavengewächse *(Agavaceae)*
Herkunft: Südamerika
Blüten: weiße Glockenblüten in Rispen an langem Schaft; nur an älteren Exemplaren, in Kübelkultur selten
Wuchs: lange, schwertförmige Blätter an schlankem Stamm; Vorsicht, gefährliche bedornte Spitzen!
Standort: sonnig, auch vollsonnig
Pflegen: mäßig feucht halten, bis August alle 4 Wochen düngen, braune Blätter abschneiden; zu große Exemplare treiben nach Einkürzen (Absägen) der Stämme neu aus
Überwintern: hell, bei 5–10 °C, fast trocken halten
Vermehren: durch Kopf- oder Stammstecklinge (Triebstücke) im Sommer; Töpfe schattig stellen
Gestaltung: lässt sich mit vielen anderen Kübelpflanzen kombinieren
Arten/Sorten: Die Riesenpalmlilie, *Y. elephantipes*, hat etwas weichere Blätter, verzweigt sich mit den Jahren stark und blüht im Kübel als ältere Pflanze zuverlässiger.

Gestaltung mit Stil

Sehr reizvoll präsentieren sich Gestaltungen, bei denen alle Elemente auf eine besondere Leitlinie, also auf einen bestimmten Stil hin ausgerichtet sind. So ergibt sich ein stimmiges, originelles Gesamtbild.

COUNTRY-SPASS
Kräftige Farben, viel Holz und Bauerngartenblumen wie Tagetes und Dahlien – das wirkt fröhlich-rustikal.

TRÄUME VON FERNOST
Bei geeignetem Interieur sorgen schon ein paar Bambusse für „Asien-Flair"; auch Kamelien oder Funkien würden passen.

MITTELMEER-CHARME
Bougainvillee und Spanisches Gänseblümchen dominieren hier das mediterran inspirierte Bild.

NORDISCH FRISCH
Einen Hauch von kühler Brise vermittelt diese Terrasse, auf der Sumpfschwertlilie, Duftschneeball und Strauchmargerite das Auge erfreuen.

GOURMET-BALKON
Kräuter, Rosmarin, Kürbis, Feigenbaum – eine konsequente Gestaltung, die Duft- und Gaumenfreuden einen hohen Stellenwert einräumt.

Liebhabersortiment Kübelpflanzen

Auf manche besonders reizvolle Pflanze stößt man nur durch Zufall oder in Katalogen von Spezialgärtnereien. Viele dieser „Exoten" sind in der Pflege aber kaum schwieriger als die bekannteren Arten.

Die Grenze zwischen geläufigem Angebot und Liebhabersortiment ist freilich fließend. Oft erregen Kübelpflanzen besondere Aufmerksamkeit, wenn sie als Neuheiten eingeführt werden. Aus nicht immer nachvollziehbaren Gründen geraten sie dann plötzlich wieder aus dem Blickfeld und bleiben dann einem eher kleinen Kreis an engagierten Pflanzenliebhabern vorbehalten – bis sie dann manchmal nach Jahren wieder neu entdeckt werden.

Wer Freude an etwas ausgefalleneren Pflanzenschätzen hat, dem bietet sich im Angebot spezialisierter Pflanzenversender eine wahre Fundgrube. Allerdings fallen längst nicht alle Arten in die Kategorie „pflegeleicht". Aufgrund relativ seltener Kultur gibt es teils auch sehr unterschiedliche Erfahrungen und Empfehlungen. Manche Pflanzen sind zudem im Wintergarten am besten aufgehoben und entfalten dort ihre Zierwirkung am schönsten.

Seidenbaum

Albizia julibrissin

HÖHE: 2–3 m
BLÜTEZEIT: Juli – September
sommergrüner Baum

filigran wirkende Schönheit

Andere Namen: Schlafbaum, da Blätter nachts zusammengefaltet
Familie: Mimosengewächse *(Mimosaceae)*
Herkunft: Vorderasien, Ostasien
Blüten: weiß mit rosa Spitzen; pinselartig durch dicht gebüschelte, lange Staubfäden; zart duftend
Wuchs: locker verzweigt; dekorative, fein gefiederte Blätter
Standort: sonnig; regengeschützt
Pflegen: gleichmäßig feucht halten; bis Ende Juli alle 2 Wochen düngen
Überwintern: verträgt etwas Frost; hell oder dunkel, bei 2–8 °C
Vermehren: durch Aussaat
Gestaltung: durch Entfernen der unteren Seitentriebe lässt sich eine schirmförmige Krone erzielen, durch häufiges Stutzen buschiger Wuchs.
Arten/Sorten: Als recht robust gelten die Sorten 'Ernest Wilson' und die zierlichere 'Rosea'. Die verwandte Art *A. lophanta* blüht ab Spätsommer gelb und muss hell sowie etwas wärmer überwintert werden.

Erdbeerbaum

Arbutus unedo

HÖHE: 1–2 m
BLÜTEZEIT: Juli – November
immergrüner Strauch/Baum

➤ *zierende Früchte*

Familie: Heidekrautgewächse *(Ericaceae)*
Herkunft: Südeuropa
Blüten: weiß oder rötlich; klein; glockenförmig in Rispen; im Wintergarten bis zum März blühend, ab Spätherbst anfangs gelbe, später rote, Früchte (sauer bis ungenießbar)
Wuchs: dicht buschig; schmal ovale, glänzend grüne Blätter
Standort: sonnig (nicht vollsonnig) bis halbschattig; windgeschützt
Pflegen: im Sommer reichlich gießen, aber Staunässe ebenso wie Ballentrockenheit vermeiden; bis August wöchentlich düngen
Überwintern: verträgt etwas Frost, kann spät eingeräumt werden; hell, bei 2–8 °C unterbringen
Vermehren: durch Kopfstecklinge (→ Seite 54) im Frühjahr
Gestaltung: kommt als Busch und als Hochstämmchen in Einzelstellung am besten zur Geltung
Hinweis: Der Erdbeerbaum enthält möglicherweise Giftstoffe.

Kalifornische Zypresse

Cupressus macrocarpa

HÖHE: 1–3 m
BLÜTEZEIT: Mai – Juni
immergrüner Baum

➤ *schmuckes Nadelbäumchen*

Familie: Zypressengewächse *(Cupressaceae)*
Herkunft: Kalifornien
Blüten: unscheinbar, grünlich gelb; in Topfkultur selten
Wuchs: schlank, aufrecht; mit schuppenförmigen, frischgrünen Nadeln; die verbreitete Sorte 'Goldcrest' ist goldgelb benadelt
Standort: hell, aber nicht prallsonnig, bis halbschattig; windgeschützt
Pflegen: gleichmäßig leicht feucht halten; bis August alle 3–4 Wochen düngen; schnittverträglich
Überwintern: verträgt etwas Frost, kann spät eingeräumt werden; hell, bei 5–10 °C, unterbringen; gelegentlich gießen, aber nicht nass halten
Gestaltung: hübscher Begleiter für blühende Kübelpflanzen, überzeugt aber auch in Einzelstellung
Arten/Sorten: Eine weitere für die Kübelhaltung geeignete Art ist die in Aussehen und Pflege ähnliche Mittelmeerzypresse (*C. sempervirens* var. *sempervirens*).

Veilchenstrauch

Iochroma cyaneum

HÖHE: 1–2 m
BLÜTEZEIT: Mai – Oktober
halbimmergrüner Strauch

➤ *aparte Röhrenblüten*

Familie: Nachtschattengewächse *(Solanaceae)*
Herkunft: Mittel-, Südamerika
Blüten: violett, blau oder rot; schmale, lange Röhren in Büscheln
Wuchs: etwas sparrig, wenig verzweigt; mit langen, recht brüchigen Trieben; große, schmal elliptische Blätter, die bei kühlen Wintertemperaturen abgeworfen werden
Standort: sonnig bis halbschattig; windgeschützt
Pflegen: gleichmäßig gut feucht halten, bis August wöchentlich düngen; Triebe an Stäben oder Gerüst hoch leiten; junge Pflanzen entspitzen
Überwintern: hell oder dunkel, bei 5–12 °C; vor dem Einräumen oder im März zurückschneiden
Vermehren: durch krautige Stecklinge im Sommer
Gestaltung: schmuck als Hochstämmchen; passt gut in Gruppen mit anderen tropischen Gewächsen, z. B. Gewürzrinde, Engelstrompete, Blumenrohr oder auch Palmen

WEITERE LIEBHABERPFLANZEN

Name	Blütenfarbe Blütezeit Hinweise	Über- winterung
sonniger Stand		
Zitronenverbene *Aloysia triphylla*	weißrosa Juli – Sept. Duftpflanze	hell oder dunkel, 2–10 °C
Scheinmalve *Anisodontea capensis*	dunkelrosa Mai – Sept.	hell, 8–12 °C
Natalpflaume *Carissa macrocarpa*	weiß Mai – Aug. rote Früchte	hell, 5–10 °C
Flanellstrauch *Fremontodendron californicum*	goldgelb April – Okt. Dauerblüher	hell, 5–18 °C
Prachtkerze *Gaura lindheimeri*	weiß Juli – Sept.	hell, 2–10 °C
Zieringwer *Hedychium*-Arten	gelb, rot Juli – Sept. Duftpflanze	dunkel, 4–10 °C
Löwenohr *Leonotis leonurus*	orange, weiß Aug. – Nov. pflegeleicht	hell oder dunkel, 5–10 °C
Hornklee *Lotus berthelotii*	rot, gelb März – Mai Hängepflanze	hell, 5–8 °C
Eisenholzbaum *Metrosideros excelsa*	rot Mai – Juni	hell, 5–10 °C
Salbeiarten *Salvia patens, S.greigii* u. a.	blau, rot Mai – Okt.	hell oder dunkel, 5–12 °C
Tecomaria *Tecomaria capensis*	orange, rot, gelb Juli – Okt.	hell oder dunkel, 0–12 °C
sonniger bis halbschattiger Stand		
Orangenblume *Choisya ternata*	weiß Mai -Juni Duftpflanze	hell oder dunkel, 2–10 °C
Laubenwein *Pandorea jasminoides*	rosa, weiß Juni – Sept. Kletterpflanze	hell, 5–15 °C
Klebsame *Pittosporum*-Arten	weiß März – Mai	hell oder dunkel, 0–10 °C
halbschattiger bis schattiger Stand		
Laternenbaum *Crinodendron hookerianum*	rosarot Mai – Juni	hell 5–12 °C

Südseemyrte

Leptospermum scoparium

HÖHE: 0,3–2 m
BLÜTEZEIT: Mai – Juni
immergrüner Baum/Strauch

➤ *mit Blüten übersät*

Familie: Myrtengewächse *(Myrtaceae)*
Herkunft: Australien, Neuseeland
Blüten: rosa, rot, weiß; klein; zahlreich; einfach oder gefüllt
Wuchs: dicht verzweigt; auch als Stämmchen gezogen; nadelartige Blätter; je nach Sorte grün, blaugrün oder bronzefarben; beim Zerreiben aromatisch duftend
Standort: sonnig; warm
Pflegen: im Sommer reichlich gießen, aber Staunässe vermeiden; Trockenheit führt zu Blattfall; bis August alle 2 Wochen düngen; kalkempfindlich, deshalb weiches Gießwasser, Rhododendrondünger und -substrat wichtig; Auslichten und leichter Rückschnitt nach der Blüte
Überwintern: hell, bei 5–10 °C
Vermehren: durch Kopfstecklinge (→ Seite 54) im Sommer oder Aussaat im Frühjahr
Gestaltung: passt sehr schön zu Eukalyptus und Zylinderputzer
Hinweis: Aus dieser Pflanze wird das Hautpflegeöl Manuka gewonnen.

Chilenischer Jasmin

Mandevilla laxa

HÖHE: 2–5 m
BLÜTEZEIT: Juni – August
halbimmergrüner Kletterstrauch

➤ *intensiv duftende Blüten*

Familie: Hundsgiftgewächse *(Apocynaceae)*
Herkunft: Bolivien, Argentinien
Blüten: weiß; trompetenförmig; in Trauben; duftend
Wuchs: Schlingpflanze mit langen, verholzenden Trieben; eiförmige, glänzend dunkelgrüne Blätter (werden bei uns im Herbst meist abgeworfen)
Standort: sonnig
Pflegen: gut feucht halten; bis August wöchentlich düngen; an Stützen oder Klettergerüst aufleiten
Überwintern: verträgt etwas Frost, spät einräumen; zuvor mäßig einkürzen (dann im Frühjahr auslichten) oder auf 20 cm zurückschneiden; dunkel, bei 4–8 °C und trocken
Vermehren: durch Aussaat oder halbreife Stecklinge
Gestaltung: bildet, an einem Gerüst hochgezogen, eine attraktive Kulisse für andere Blüher
Hinweis: Die Triebe enthalten einen giftigen Milchsaft, deshalb Vorsicht beim Schnitt!

Trompetenwein

Podranea ricasoliana

HÖHE: 1,5–3 m
BLÜTEZEIT: Juli – Oktober
immergrüner Kletterstrauch

eindrucksvolle Trompetenblüten

Familie: Trompetenbaumgewächse *(Bignoniaceae)*
Herkunft: Südafrika
Blüten: rosa mit roter Aderung; breit trichterförmig; groß; bis 5 cm Durchmesser; in Büscheln
Wuchs: kletternd mit langen, verholzenden Trieben; starkwüchsig; auch buschig oder als Hochstämmchen zu ziehen; gefiederte Blätter
Standort: sonnig; regengeschützt
Pflegen: im Sommer reichlich gießen; bis August wöchentlich düngen (stickstoffarm!); an Stützen oder Klettergerüst aufleiten; durch häufiges Einkürzen buschiger Wuchs erzielbar
Überwintern: hell, bei 5–15 ° C; notfalls auch dunkel, kühl und fast trocken halten, dann vollständiger Blattabwurf
Vermehren: durch Kopfstecklinge (→ Seite 54) im Frühjahr
Gestaltung: bietet als schnellwüchsige Kletterpflanze an einem Rankspalier bald prächtigen Sichtschutz oder kann als herrliche Wandbegrünung eingesetzt werden

Sesbanie

Sesbania tripetii

HÖHE: 1,5–3 m
BLÜTEZEIT: Mai – Oktober
sommergrüner Strauch

Dauerblüher mit Leuchtkraft

Andere Namen: botanisch auch als *S. punicea* bekannt
Familie: Schmetterlingsblütler *(Fabaceae)*
Herkunft: Südamerika
Blüten: orangerot; Schmetterlingsblüten in hängenden Rispen
Wuchs: locker buschig; hübsche, regelmäßig gefiederte Blätter
Standort: sonnig, auch vollsonnig; warm und regengeschützt
Pflegen: gleichmäßig feucht halten; bis Ende Juli alle 2 Wochen düngen; Fruchtansätze regelmäßig ausbrechen; junge Pflanzen für buschigen Wuchs öfter einkürzen; auch bei älteren Exemplaren starker Rückschnitt im Frühjahr möglich
Überwintern: dunkel, bei 4–8 °C, trocken halten
Vermehren: durch halb verholzte Triebstecklinge im Sommer
Gestaltung: buschig und als Hochstämmchen eine attraktive Erscheinung, die sich mit vielen exotischen Pflanzen gut kombinieren lässt

Paradiesvogelblume

Strelitzia reginae

HÖHE: 1–2 m
BLÜTEZEIT: Februar – August
immergrüne Staude

extravagante, prächtige Blüten

Andere Namen: Strelitzie
Familie: Strelitziengewächse *(Strelitziaceae)*
Herkunft: Südafrika
Blüten: gelborange mit Himmelblau; in rötlich grünen Hochblattscheiden; Blütenstand erinnert an Vogelkopf; an langen Blütenschäften
Wuchs: horstartig; lang gestielte, große, schmal ovale Blätter
Standort: sonnig; windgeschützt
Pflegen: mäßig feucht, keinesfalls nass halten; bis August alle 2 Wochen düngen; gelegentlich die ältesten Blätter auslichten
Überwintern: hell, bei 8–12 °C, bei genügend Licht auch wärmer; je kühler, desto trockener halten
Vermehren: durch Teilung älterer Pflanzen im Frühjahr oder durch Aussaat, jedoch langwierig
Gestaltung: Die Gesellschaft von Blumenrohr und Palmen sorgt für üppig-exotisches Flair.
Hinweis: haltbare Schnittblume für auffällige Gestecke

Sommer- und herbstschöne Gehölze

Einige Sträucher und selbst Bäume lassen sich recht gut im Kübel kultivieren. Sie bereichern den Topfgarten mit vertrauten Blütenfreuden – manche schon ab Frühjahr – und teils auch mit prächtiger Herbstfärbung.

GENÜGEND GROSSE Gefäße vorausgesetzt, gedeihen viele Gartensträucher und Bäume in Topfkultur. Für groß werdende Arten braucht man allerdings schon bald 20- bis 30-Liter-Gefäße, mit den Jahren teils das Fünffache oder gar mehr. Bei Balkonen ist dies manchmal nicht nur eine Frage des Platzes, sondern auch seiner Tragfähigkeit, die gründlich geprüft werden sollte.
Ein großer Vorteil gegenüber den Kübelpflanzen besteht darin, dass viele Topfgehölze über Winter draußen bleiben können, was frostfeste Gefäße und teils guten Winterschutz (→ Seite 74/75) voraussetzt. Allerdings erweisen sich manche Arten bei Kübelhaltung doch als empfindlicher, so dass man sie besser ab Herbst geschützt unterbringt.
Eingepflanzt werden die Gehölze vorzugsweise im Frühjahr oder Frühsommer, wofür man am besten Containerware mit gut durchwurzelten Ballen wählt.

Japanischer Ahorn

Acer japonicum 'Aconitifolium'

HÖHE: 1,5–3 m
BLÜTEZEIT: Mai
sommergrüner Baum/Strauch

➤ *prächtige Herbstfärbung*

Familie: Ahorngewächse *(Aceraceae)*
Herkunft: Japan
Blüten: recht unscheinbar; purpurn; erscheinen vor dem Laubaustrieb
Wuchs: meist baumartig mit kurzem Stamm; breitwüchsig; tief fiederschnittige Blätter, leuchtend orangerote bis rote Herbstfärbung
Standort: als junges Bäumchen halbschattig, später auch heller, aber nicht in der prallen Sonne
Pflegen: mäßig feucht halten, bevorzugt mit kalkarmem Wasser; Staunässe unbedingt vermeiden; bis August alle 4 Wochen düngen
Überwintern: draußen, in rauen Lagen mit Winterschutz
Gestaltung: herrlicher Baum oder Großstrauch, der allerdings einen großen Kübel und viel Platz benötigt
Arten/Sorten: Schöne Topfgehölze sind auch die Sorten von *A. palmatum*, dem Fächerahorn, mit fein geschlitzten Blättern, nämlich 'Dissectum' sowie die rotlaubigen Formen 'Dissectum Garnet' und 'Dissectum Nigrum'.

Bartblume

Caryopteris x clandonensis

HÖHE: 0,5–1 m
BLÜTEZEIT: August – Oktober
sommergrüner Kleinstrauch

› *aromatisch duftendes Laub*

Familie: Eisenkrautgewächse *(Verbenaceae)*
Herkunft: Ostasien
Blüten: blau, blauviolett; klein; dicht gedrängt in rispenartigen Ständen
Wuchs: aufrecht, vieltriebig; lanzettliche, unterseits graufilzige Blätter
Standort: sonnig; etwas geschützt
Pflegen: mäßig feucht halten, Staunässe unbedingt vermeiden; bis August alle 2 Wochen düngen; kann im Frühjahr kräftig eingekürzt werden
Überwintern: hell oder dunkel, 5–10 °C; mit gutem Schutz auch draußen, erfrorene Triebe im Frühjahr zurück- bzw. wegschneiden
Vermehren: durch Stecklinge im Sommer
Gestaltung: Wunderschöner Herbstblüher, dem man kleinere Töpfe mit Topf- und Besenheide oder Kissenastern beigesellen kann.
Arten/Sorten: Bewährte Sorten, die sich auch für Kübelhaltung eignen, sind 'Heavenly Blue' (hell violettbau) und 'Kew Blue' (dunkel blauviolett).

Ginster, Geißklee

Cytisus, Chamaecytisus, Genista

HÖHE: 0,3–0,6 m
BLÜTEZEIT: je nach Art April – Juli
sommergrüne Kleinsträucher

› *werden oft bis zu 2 m breit*

Familie: Schmetterlingsblütler *(Fabaceae)*
Herkunft: Mittel- und Südeuropa
Blüten: gelb; bei *C. purpureus* purpurrosa bis -violett
Wuchs: buschig oder kriechend
Standort: sonnig
Pflegen: nur ganz leicht feucht halten; wenig düngen; bei nachlassender Blühfreude einen Teil der Triebe stark zurückschneiden
Überwintern: draußen mit Winterschutz (→ Seite 74/75)
Vermehren: durch Stecklinge
Gestaltung: für breite Töpfe oder Tröge, schön mit Staudenunterpflanzung
Arten/Sorten: Infrage kommen vor allem die kriechend bis niederliegenden Arten des Geißklee *(Cytisus)*, wie Kissenginster (*C. decumbens*; gelbe Blüten), Kriechginster (*C.* x *beanii;* gelb) Elfenbeinginster (*C.* x *kewensis*; weißgelb); außerdem Lydischer Ginster (*Genista lydia*; gelb) und der buschige Purpurginster (*Chamaecytisus purpureus*; purpurn)

Lavendel

Lavandula angustifolia

HÖHE: 0,3–0,9 m
BLÜTEZEIT: Juni – August
immergrüner Halbstrauch

› *ein Hauch von Provence*

Familie: Lippenblütler *(Lamiaceae)*
Herkunft: Mittelmeerraum
Blüten: blauviolett, weiß, rosa; kleine Lippenblüten in schlanken Ähren; aromatisch duftend
Wuchs: aufrecht, buschig; schmal linealische, silbergraue Blätter, herb-würzig duftend
Standort: möglichst vollsonnig; warm
Pflegen: nur bei anhaltender Trockenheit gießen, dies auch im Winter an frostfreien Tagen; Triebe im Frühjahr um 1/3 einkürzen; nur alle paar Jahre nach dem Rückschnitt düngen; liebt kalkhaltiges Substrat
Überwintern: draußen mit Winterschutz (→ Seite 74/75); bei starken Frösten drinnen hell und kühl stellen
Vermehren: durch Kopfstecklinge (→ Seite 54); reine Art auch durch Aussaat
Gestaltung: Der Lavendel ist auch im Topf ein passender, attraktiver Rosenbegleiter; er fügt sich außerdem sehr gut in mediterrane Arrangements und Duftpflanzen-Kombinationen ein.

WEITERE SOMMERSCHÖNE GEHÖLZE

Name	Höhe Hinweise	Blütenfarbe Blütezeit
sonniger Stand		
Sommerflieder *Buddleja davidii*	bis 2 m	blau, violett, rosa Juli – Sept.
Säckelblume *Ceanothus x delilianus*	bis 1,2 m	blau Juli – Okt.
Rosmarin-Seidelbast *Daphne cneorum*	bis 0,4 m rote Beeren-giftig!	rosa April – Mai
Amberbaum *Liquidambar styraciflua*	bis 3 m prächtige Herbstfärbung	grünlich Mai
Zierapfel *Malus*-Sorten	bis 2 m	weiß, rosa Mai – Juni
Mandelbäumchen *Prunus triloba*	bis 1,5 m	rosa März – Mai
Spierstrauch *Spiraea*-Arten	bis 0,8 m	weiß, rosa April – Mai oder Juni – Juli
Herbstflieder *Syringa microphylla*	bis 2 m duftend	rosa Juni – Sept.
sonniger bis halbschattiger Stand		
Felsenbirne *Amelanchier lamarckii*	bis 2 m Früchte, Herbstfärbung	weiß April – Mai
Sternmagnolie *Magnolia stellata*	bis 2 m duftend	weiß März – April
Blutzwergpflaume *Prunus x cistena*	bis 2 m dunkelrotes Laub	rosa Mai – Juni
Essigbaum *Rhus typhina*	bis 2 m prächtige Herbstfärbung	grünlich Juni – Juli
Schneeball *Viburnum farreri*	bis 2 m duftend	weiß März – April
sonniger bis schattiger Stand		
Johanniskraut *Hypericum*-Arten	0,5-1m schattenver-träglich	gelb Juli – Sept.

Fingerstrauch

Potentilla fruticosa

HÖHE: 0,6–1 m
BLÜTEZEIT: Juni – Oktober
sommergrüner Kleinstrauch

➤ *pflegeleichter Dauerblüher*

Familie: Rosengewächse *(Rosaceae)*
Herkunft: nördliche gemäßigte Zone
Blüten: gelbe, weiße oder rosa Schalenblüten; bis 3 cm Durchmesser
Wuchs: breit buschig; dicht verzweigt; dunkel- bis bläulich grüne, handförmig gefingerte Blätter
Standort: sonnig; gedeiht notfalls noch im Halbschatten, blüht dort aber schwächer
Pflegen: mäßig feucht halten; bis Mitte August alle 4 Wochen düngen; verträgt starken Rückschnitt
Überwintern: draußen, in rauen Lagen mit Winterschutz (→ Seite 74/75)
Vermehren: durch Stecklinge im Frühjahr oder Sommer
Gestaltung: Noch kleine, spät blühende Exemplare werden teils im September für gemischte Herbstbepflanzungen angeboten und lassen sich in großen Schalen und Töpfen z. B. mit Besenheide, Kissenastern oder Zwergkoniferen kombinieren; im Sommer wirken Fingersträucher hübsch neben Rosen oder Kübelpflanzen wie Oleander.

Zierkirsche

Prunus–Arten

HÖHE: 1,5–3 m
BLÜTEZEIT: März – April/Mai
sommergrüner Baum/Strauch

➤ *bezaubernde Frühjahrspracht*

Andere Namen: Japanische Blütenkirsche
Familie: Rosengewächse *(Rosaceae)*
Herkunft: Ostasien
Blüten: weiß, hell- oder dunkelrosa; einfach oder gefüllt
Wuchs: je nach Art und Sorte schlank oder breit ausladend; oft hübsche Herbstfärbung
Standort: sonnig
Pflegen: mäßig feucht halten; im Frühjahr Langzeitdünger geben; aus der Veredlungsunterlage wachsende Wildtriebe entfernen; bei Bedarf nach der Blüte zurückschneiden
Überwintern: draußen, in rauen Lagen mit Winterschutz (→ Seite 74/75)
Vermehren: entfällt, meist veredelt
Gestaltung: herrlicher Hintergrund für frühjahrsblühende Zwiebel- und Knollenblumen
Arten/Sorten: Hauptsächlich schwachwüchsige Sorten von *P. serrulata* und *P. subhirtella*. Am besten achtet man auf speziell für Topfkultur angebotene Zierkirschen.

Rhododendron, Azalee

Rhododendron-Arten und -Hybriden

HÖHE: 0,5–1 m
BLÜTEZEIT: April – Mai/Juni
immergrüner Strauch

➤ *auch Blattschmuckpflanze*

Familie: Heidekrautgewächse *(Ericaceae)*
Herkunft: Ostasien
Blüten: rot, rosa, lila, weiß, gelb; in doldenartigen Trauben
Wuchs: breit buschig; dunkelgrün glänzende Blätter
Standort: bevorzugt halbschattig, keine pralle Mittagssonne
Pflegen: kalkunverträglich; nur enthärtetes Wasser oder Regenwasser, Rhododendronsubstrat und -dünger verwenden; im Frühjahr/Sommer reichlich gießen, den Rest des Jahres nur leicht feucht halten; von April bis Juni alle 3–4 Wochen düngen; verwelkte Blütenstände ausbrechen
Überwintern: draußen mit Winterschutz (→ Seite 74/75)
Vermehren: entfällt bei Kübelkultur
Gestaltung: schön in halbierten Holzfässern oder Terrakottakübeln
Arten/Sorten: Geeignet sind besonders *R.-Yakushimanum-*, *Forrestii-* und *-Repens-*Hybriden; kleine 'Diamant'-Azaleen auch für Balkonkästen.

Rose

Rosa-Hybriden

HÖHE: 0,3–1,5 m
BLÜTEZEIT: Juni – Oktober
sommergrüner Strauch

➤ *die „Königin der Blumen"*

Familie: Rosengewächse *(Rosaceae)*
Herkunft: seit Jahrtausenden Kulturpflanze, vielfach gekreuzt; Stammformen moderner Züchtungen sind in Ostasien und Europa heimisch.
Blüten: alle Farben außer Blau; meist halb gefüllt oder gefüllt; teils intensiv duftend; einmal blühend, mit Schwerpunkt im Juni und teils schwächerer Nachblüte, oder öfter blühend, d. h. in ununterbrochenen Schüben bis Herbst
Wuchs: buschig, kriechend bis hängend oder kletternd; bestachelte Triebe; bei Stammerziehung unterscheidet man Fußstamm (um 40 cm Stammhöhe), Halbstamm (60 cm) und Hochstamm (90 cm); Kaskaden- oder Trauerrosen haben 140 cm Stammhöhe; hier sind Kletter- oder Bodendeckerrosen mit herabhängenden Trieben aufveredelt
Standort: sonnig, aber möglichst nicht direkt vor heller Südwand, da hier zu starke Erwärmung
Pflegen: mäßig feucht halten; im Frühjahr mit Langzeitdünger versorgen, andernfalls bis Ende Juli wöchentlich düngen; verwelkte Blütenstände mitsamt dem darunter befindlichen Laubblattpaar wegschneiden; im Frühjahr zurückschneiden
Überwintern: draußen mit gutem Schutz (auch Abdecken der Veredlungsstelle, Hochstämmchen vor Frostperioden umhüllen); in rauen Lagen besser frostfrei und hell, notfalls auch dunkel unterbringen
Vermehren: entfällt, meist veredelt
Gestaltung: Zwergrosen bezaubern in kleinen Töpfen oder zu mehreren in großen Kästen (mit 25 cm Abstand gepflanzt; bei Stämmchen untermalt eine (nicht zu starkwüchsige) Unterpflanzung die Rosenpracht, z. B. mit Glockenblumen, Blauen oder Gelben Gänseblümchen
Arten/Sorten: Speziell für den Balkonbereich gibt es kleine, kompakte (leider selten duftende) Zwergrosen; außerdem mittel- bis langtriebige, halb hängende und hängende Sorten für Ampeln. Für die Einzelpflanzung in Kübeln eignen sich niedrig bleibende Beet-, Strauch- und Bodendeckerrosen sowie Stämmchen. Öfter blühende, duftende und krankheitsresistente Sorten bevorzugen.

Immergrüne Blatt- und Fruchtschmuckgehölze

Immergrüne tragen auch zu sommerlichen Gestaltungen ihren Teil bei. Ab Spätherbst jedoch rücken sie in den Vordergrund: Dann prägen sie mit Blattstrukturen und -farben, teils auch mit bunten Früchten das Bild.

EINE BESONDERE Rolle spielen die kleinwüchsigen Nadel- und Laubgehölze. Häufig werden sie im Herbst als zwergige Saisonpflanzen zur Balkon- und Terrassenbepflanzung angeboten. Wer sie nur über einen Winter kultivieren möchte, muss spezielle Ansprüche wie die Kalkempfindlichkeit der Heidekrautgewächse nicht ganz so streng berücksichtigen und kann sie auch recht eng pflanzen. Wichtig sind in jedem Fall frostharte Gefäße.

Bei Weiterkultur nehmen die Pflanzen – und die Behältnisse – dann mit der Zeit ganz andere Ausmaße an, wie man an den Höhenangaben in den nachfolgenden Porträts sieht. Für die langsam wachsenden Nadelgehölze wurden jeweils mittlere Größen nach 3–5 Jahren Topfkultur angegeben.
Alle Immergrünen verdunsten auch über Winter Wasser und sollten bei trockenem Substrat an frostfreien Tagen gegossen werden.

Buchsbaum

Buxus sempervirens 'Suffruticosa'

HÖHE: 0,3–1 m
BLÜTEZEIT: April – Mai
immergrüner Kleinstrauch

➤ *robust und fast beliebig formbar*

Familie: Buchsbaumgewächse *(Buxaceae)*
Herkunft: Süd- und Westeuropa
Blüten: gelb- oder weißgrün; unscheinbar; duftend
Wuchs: dicht buschig; langsam wachsend; eiförmige, glänzend dunkelgrüne Blättchen
Standort: sonnig bis schattig
Pflegen: mäßig feucht halten; bis Mitte August alle 4 Wochen düngen; sehr gut schnittverträglich; bester Schnittzeitpunkt Ende Mai und August
Überwintern: Überwinterung draußen, in rauen Lagen mit Winterschutz (→ Seite 74/75)
Vermehren: durch Stecklinge im Frühsommer
Gestaltung: Je nach Geschmack kann man den Buchs eher zwanglos wachsen lassen oder ihn regelmäßig einem Formschnitt unterziehen; noch recht einfach geht das bei Kugel- oder Pyramidenformen, wobei man am besten selbst gefertigte Schablonen zur Hilfe nimmt.

Topfmyrte

Gaultheria mucronata

HÖHE: 0,5–0,8 m
BLÜTEZEIT: Mai – Juni
immergrüner Kleinstrauch

➤ *sehr auffälliger Beerenschmuck*

Andere Namen: oft noch als *Pernettya mucronata* geführt
Familie: Heidekrautgewächse *(Ericaceae)*
Herkunft: Chile
Blüten: weißlich bis rosa; krugförmig; ab August zahlreiche kugelige Beeren; je nach Sorte rot, rosa oder weiß; lange haftend; Beeren wie alle Pflanzenteile leicht giftig
Wuchs: breit buschig, aufrecht; glänzend dunkelgrüne Blättchen
Standort: halbschattig bis schattig
Pflegen: kalkempfindlich, in mit Sand vermischte Rhododendronerde pflanzen; mit weichem Wasser nur leicht feucht halten; bis August alle 2 Monate düngen (Rhododendrondünger); Rückschnitt alle 2–3 Jahre fördert kompakten Wuchs.
Überwintern: Überwinterung draußen mit gutem Schutz; in rauen Lagen besser drinnen, hell, bei 5–10 °C
Vermehren: durch Stecklinge
Gestaltung: als junge Pflanze in Winterkästen kombinierbar

Scheinbeere

Gaultheria procumbens

HÖHE: bis 0,2 m
BLÜTEZEIT: Juni – Juli
immergrüner Zwergstrauch

➤ *Herbst- und Winterzierde*

Andere Namen: Rebhuhnbeere, Teppichbeere
Familie: Heidekrautgewächse *(Ericaceae)*
Herkunft: Kanada, Nordamerika
Blüten: weiß bis hellrosa; krugförmig; rote, kugelige Beeren ab September; lange haftend; wie die ganze Pflanze leicht giftig
Wuchs: horstartig, flach ausgebreitet; glänzend dunkelgrüne Blättchen, über Winter rötlich bronzefarben
Standort: halbschattig bis schattig
Pflegen: kalkempfindlich, braucht Rhododendronerde (mit Sand vermischt) und -dünger, enthärtetes Wasser oder Regenwasser; nur leicht feucht halten; bis August alle 2 Monate düngen; Schnitt auf Entfernen störender Triebe beschränken
Überwintern: draußen; vor starken Frösten Wurzelbereich schützen
Vermehren: durch Teilung oder Aussaat im Frühjahr
Gestaltung: schmucker Partner für Zwergnadelgehölze

Zwergwacholder

Juniperus-Arten in Sorten

HÖHE: 0,2–1 m
BLÜTEZEIT: entfällt
immergrünes Nadelgehölz

➤ *vielfältige Wuchsformen*

Familie: Zypressengewächse *(Cupressaceae)*
Herkunft: Europa, Ostasien
Wuchs: säulenförmig bis flach ausgebreitet; schmale, stechende Nadeln
Standort: sonnig
Pflegen: gleichmäßig feucht halten; im Frühjahr Langzeitdünger geben, bei größeren Exemplaren im Juni/Juli nachdüngen (mit Koniferendünger)
Überwintern: draußen; bei starkem Frost vor allem den Wurzelbereich gut schützen
Vermehren: entfällt, da oft veredelt
Gestaltung: eignen sich gut, um im Sommer kleine Gruppen blühender Kübelpflanzen aufzulockern; hübsche Nadelgehölze für Winter- und Dauerbepflanzungen
Arten/Sorten: Auswahl: *J. chinensis* 'Plumosa Aurea' (buschig, gelbnadelig); *J. communis* 'Meyer' (säulenförmig, silbrig grün), 'Repanda' (breit polsterartig, silbrig grün); *J. procumbens* 'Nana' (kissenartig, blaugrün); *J. squamata* 'Blue Star' (breit rundlich, silbrig blau)

WEITERE IMMERGRÜNE GEHÖLZE

Name	Wuchs	Höhe Hinweise
sonniger bis halbschattiger Stand		
Balsamtanne *Abies balsamea* 'Nana'	flachkugelig, breit	bis 0,4 m
Polsterberberitze *Berberis buxifolia* 'Nana'	breit kugelig	bis 0,8 m
Zwergmispel *Cotoneaster dammeri* u. a.	flach ausgebreitet oder buschig	bis 0,8 m rote Beeren
Spindelstrauch *Euonymus fortunei*	breit buschig bis niederliegend	bis 0,8 m
Japanische Stechpalme *Ilex crenata*	breit buschig	bis 1,5 m
Lorbeerrose *Kalmia angustifolia* 'Rubra'	aufrecht, buschig	bis 1 m rosa Blüten im Juni/Juli
Heckenkirsche *Lonicera nitida, L. pileata*	breit buschig	bis 0,8 m purpurne bzw. violette Beeren
Feuerdorn *Pyracantha*-Hybriden	aufrecht, buschig	bis 2 m gelbe oder orange Früchte
Zwerghemlocktanne *Tsuga canadensi*	breit halbkugelig	bis 0,8 m
sonniger bis schattiger Stand		
Kissenberberitze *Berberis candidula*	sehr breitwüchsig	bis 0,8 m
Zwergeibe *Taxus cuspidata* 'Nana'	breit ausladend	bis 1,5 m

Hinweis: Die Früchte und teils auch das Laub dieser Pflanzen enthalten Giftstoffe.

Zwergfichte

Picea-Arten in Sorten

HÖHE: 0,3–1 m
BLÜTEZEIT: entfällt
immergrünes Nadelgehölz

➤ *hübscher, dichter Wuchs*

Familie: Kieferngewächse *(Pinaceae)*
Herkunft: Europa, Nordamerika
Wuchs: meist kegelförmig bis rundlich; Nadeln regelmäßig angeordnet; oft sehr dicht benadelt
Standort: am besten leicht schattig, vertragen volle Sonne und Lufttrockenheit schlecht
Pflegen: gleichmäßig feucht halten, bei Hitze reichlich gießen; im Frühjahr Langzeitdünger geben, größere Exemplare im Sommer nachdüngen (mit Koniferendünger)
Überwintern: draußen; bei starkem Frost Wurzelbereich schützen
Vermehren: entfällt, da veredelt
Gestaltung: besonders für Dauerbepflanzungen in Trögen geeignet
Arten/Sorten: Auswahl: *P. abies* 'Little Gem' (halbkugelig, grün benadelt), 'Nidiformis' (breit kissenartig, grün); *P. glauca* 'Echiniformis' (flach kugelig, blaugrün), 'Conica' (kegelförmig, blaugrün); *P. omorika* 'Nana' (kegelförmig, grün); P. *pungens* 'Glauca Globosa' (flach kugelig silbrig blau)

Zwergkiefer

Pinus-Arten in Sorten

HÖHE: 0,3–0,6 m
BLÜTEZEIT: entfällt
immergrünes Nadelgehölz

➤ *recht robuste „Zwerge"*

Familie: Kieferngewächse *(Pinaceae)*
Herkunft: nördliche gemäßigte Zone
Wuchs: meist kompakter, rundlicher Wuchs; teils sehr große Nadeln
Standort: sonnig, auch vollsonnig
Pflegen: gleichmäßig leicht feucht halten; im Frühjahr Langzeitdünger geben, größere Exemplare im Sommer nachdüngen (Koniferendünger)
Überwintern: draußen, bei starkem Frost vor allem den Wurzelbereich gut schützen
Vermehren: entfällt, da oft veredelt
Gestaltung: Zwergkiefern passen auch in mediterrane Gestaltungen oder zu Steingartenpflanzen in Kübeln; auf die Wuchsform achten
Arten/Sorten: Auswahl: *P. densiflora* 'Kobold' (kugelig, grün benadelt), 'Globosa' (flach kugelig, grün); *P. mugo* 'Gnom', 'Humpy', 'Mops', 'Mini Mops', 'Pumilio' (alle halbkugelig bis kugelig, grün), 'Ophir' (breit buschig, gelb); *P. nigra* 'Spielberg' (rundlich bis breit kegelförmig, grün); *P. pumila* 'Glauca' (breit buschig, blaugrün)

Kirschlorbeer

Prunus laurocerasus

HÖHE: 1–1,5 m
BLÜTEZEIT: Mai – Juni
immergrüner Strauch

➤ *sehr dekoratives Blattwerk*

Andere Namen: Lorbeerkirsche
Familie: Rosengewächse *(Rosaceae)*
Herkunft: Südosteuropa, Vorderasien
Blüten: weiß; klein; in aufrechten, langen Trauben; streng duftend; erbsengroße schwarze Früchte (giftig)
Wuchs: aufrecht kegelig oder flach ausgebreitet (je nach Sorte); längliche, glänzend dunkelgrüne Blätter
Standort: bevorzugt halbschattig, nicht in praller Sonne; auch schattig
Pflegen: mäßig gießen, bei sonnigem Stand öfter; bis August alle 4 Wochen düngen; schnittverträglich
Überwintern: draußen, unbedingt mit Winterschutz; bei starken Frösten am besten ganze Pflanze umhüllen
Vermehren: durch Stecklinge im Herbst
Gestaltung: schön im Einzelstand, ebenso mit blühenden Pflanzen, z. B. Fuchsie oder Hortensie; wertvolles Blattschmuckgehölz für halbschattige und schattige Plätze
Arten/Sorten: gut geeignete Sorte: 'Otto Luyken' (etwa 1 m hoch)

Skimmie

Skimmia japonica

HÖHE: 0,5–1 m
BLÜTEZEIT: April – Mai
immergrüner Zwergstrauch

➤ *ansehnlicher Frühjahrsblüher*

Familie: Rautengewächse *(Rutaceae)*
Herkunft: Ostasien
Blüten: weißrosa; klein; in dichten Rispen; bei der reinen Art und manchen Sorten zahlreiche, lang haftende scharlachrote, kugelige Früchte ab Herbst (ungenießbar)
Wuchs: breit buschig; große, dekorative, lorbeerähnliche Blätter
Standort: halbschattig bis schattig
Pflegen: ab Frühsommer reichlich gießen; bis Mitte August alle 4 Wochen düngen; nur störende Triebe wegschneiden
Überwintern: draußen, vor starken Frösten Wurzelbereich schützen
Vermehren: durch Stecklinge im Herbst
Gestaltung: wird gern in Dauerbepflanzungen eingesetzt, etwa mit Zwergnadelgehölzen, Besenheide und kleinen Rhododendren; als junge Pflanze hübsch in Winterkästen
Arten/Sorten: Einige Sorten fruchten nicht und werden aufgrund ihrer reichen Blüte kultiviert, z. B. die oft angebotene 'Rubella'.

Lebensbaum

Thuja-Arten in Sorten

HÖHE: 0,2–0,8 m
BLÜTEZEIT: entfällt
immergrünes Nadelgehölz

➤ *kompakt wachsende Formen*

Familie: Zypressengewächse *(Cupressaceae)*
Herkunft: Nordamerika, Ostasien
Wuchs: meist kugelig bis kegelförmig; flache, eng anliegende Schuppenblätter, im Winter teils bräunlich verfärbt
Standort: sonnig bis halbschattig; etwas regengeschützter Platz
Pflegen: gleichmäßig feucht halten; im Frühjahr Langzeitdünger geben, größere Exemplare im Juni/Juli nachdüngen (Koniferendünger)
Überwintern: draußen, bei starkem Frost Wurzelbereich schützen
Vermehren: durch Stecklinge
Gestaltung: hübsch für Dauerbepflanzungen; gelbnadelige Sorten hellen Winterbepflanzungen auf
Arten/Sorten: Auswahl: *T. occidentalis* 'Danica' (kugelig, grün benadelt), 'Recurva Nana' (breit kugelig, grün), 'Rheingold' (kegelförmig, gelb), 'Sunkist' (kegelförmig, gelb), 'Tiny Tim' (kugelig, grün); *T. orientalis* (auch: *Platycladus orientalis*) 'Aurea Nana' (kegelförmig bis kugelig, gelb)

Klettergehölze

Sichtschutz, Beschattung, Verschönern von Wänden – Klettergehölze sorgen auf besondere Weise für behagliche Atmosphäre. Allerdings dauert es meist mehrere Jahre, bis die Pflanzen die volle Wirkung entfalten.

AUF DER TERRASSE kann man bei der Auswahl an Kletterpflanzen aus dem Vollen schöpfen, zumal häufig die Möglichkeit besteht, die Pflanzen ins Erdreich des angrenzenden Gartens zu setzen.
Doch auch im Kübel klimmen die meisten Arten munter empor. Besonders auf dem Balkon müssen jedoch Platzbedarf und Gewicht der dafür nötigen, großen Gefäße berücksichtigt werden. Hier gilt das im Vorspann zu den sommer- und herbstschönen Topfgehölzen Gesagte (→ Seite 158).

Im Hinblick auf die jährlich zunehmende Pflanzenmasse sollten die Klettergerüste besonders stabil ausgelegt sein. Solche Hilfen brauchen schlingende wie rankende Arten (→ Seite 124). Bei den meisten Pflanzen ist es zumindest in den ersten Jahren erforderlich, durch Aufbinden der Triebe nachzuhelfen. Da ein herbstliches Einräumen starken Rückschnitt und damit Verlust der kletternden Pracht nötig machen würde, riskiert man meist die Überwinterung draußen, wo nötig, mit gutem Schutz (→ Seite 74/75).

Pfeifenwinde

Aristolochia macrophylla

HÖHE: bis 8 m
BLÜTEZEIT: Mai – Juni
sommergrüner Kletterstrauch

➤ *große, schön geformte Blätter*

Familie: Pfeifenwindengewächse *(Aristolochiaceae)*
Herkunft: Nordamerika
Blüten: gelblich bis bräunlich; pfeifenförmig; unter den Blättern versteckt und somit unauffällig
Wuchs: Schlingpflanze; herzförmige, bis 30 cm lange Blätter, dachziegelartig übereinander liegend
Standort: am besten halbschattig, auch sonnig oder schattig
Pflegen: besonders bei sonnigem Stand reichlich gießen; im Frühjahr Langzeitdünger geben, Ende Juni nachdüngen; gelegentliches Entspitzen fördert Verzweigung; auch stärkerer Rückschnitt möglich
Überwintern: draußen, bei starkem Frost Wurzelbereich schützen
Vermehren: durch Stecklinge im Sommer und Herbst
Gestaltung: für Wandbegrünung und Pergola sowie frei stehende, sehr stabile Klettergerüste; bietet sehr guten Sichtschutz, wächst allerdings anfangs recht langsam

Trompetenblume

Campsis radicans

HÖHE: bis 3 m
BLÜTEZEIT: Juli – September
sommergrüner Kletterstrauch

➤ *Blüten mit tropischer Üppigkeit*

Familie: Trompetenbaumgewächse *(Bignoniaceae)*
Herkunft: Nordamerika
Blüten: orange, rot oder gelb; bis 8 cm lange Trichterblüten in doldenartigen Ständen
Wuchs: klettert mit Haftwurzeln, zudem leicht schlingend; erreicht bei freier Auspflanzung 5 m und mehr; attraktiv gefiederte Blätter
Standort: sonnig; möglichst warm und etwas windgeschützt
Pflegen: mäßig feucht halten; im Frühjahr mit Langzeitdünger versorgen, wenn nötig, im Juli nachdüngen; abgeblühte Triebe im Spätsommer oder zeitigen Frühjahr auf 2–4 Augen einkürzen; braucht spätestens ab 2 m Höhe Klettergerüst
Überwintern: draußen mit Winterschutz (→ Seite 74/75), erfrorene Triebe im Frühjahr zurückschneiden
Vermehren: bei Sorten (veredelt) nicht möglich
Gestaltung: bietet vor einer weißen Wand einen besonders schönen Anblick

Waldrebe

Clematis-Hybriden

HÖHE: bis 3 m
BLÜTEZEIT: je nach Sorte
sommergrüner Kletterstrauch

➤ *prächtige Blütenteppiche*

Familie: Hahnenfußgewächse *(Ranunculaceae)*
Herkunft: Ostasien und Europa
Blüten: rosa, rot, blau, violett oder weiß, auch mehrfarbig; meist tellerförmig; teils mehr als 15 cm Durchmesser; einfach oder gefüllt
Wuchs: hält sich mit rankenden Blattstielen an der Unterlage fest; gefiederte Blätter
Standort: vorzugsweise sonnig, jedoch an der Basis beschattet
Pflegen: gleichmäßig feucht halten, Staunässe wie Ballentrockenheit unbedingt vermeiden; im Frühjahr Langzeitdünger geben, im Juli nachdüngen; Schnitt je nach Blütezeit verschieden, Unterscheidung in drei Gruppen:
➤ Schnittgruppe 1: Früh blühende Wildarten und ihre Sorten (Mai – Juni; → Tabelle Seite 168): weitgehend ungeschnitten lassen; sofern nötig, Schnitt nach der Blüte
➤ Schnittgruppe 2: Früh blühende Hybriden (Mai/Juni, Nachblüte im August/September): leichter Rückschnitt im Spätherbst oder Frühjahr; nach Auslichten Triebe um etwa 20 cm einkürzen
➤ Schnittgruppe 3: Spät blühende Hybriden (Blüte ab Juni/Juli bis September): im Spätwinter/Vorfrühling kräftig (auf 20–50 cm) zurückschneiden
Überwintern: draußen mit Winterschutz (→ Seite 74/75)
Vermehren: entfällt, da veredelt
Gestaltung: Vor der Blütenwand einer Waldrebe wirken gelb blühende Kübelpflanzen oder Topfgehölze besonders schön, z. B. Gelbe Strauchmargerite, Roseneibisch, Gewürzrinde, Fingerstrauch oder Ginster.
Arten/Sorten: Eine kleine Auswahl von Sorten, die für Kübelhaltung besonders geeignet sind:
➤ Früh blühend (Schnittgruppe 2): 'Lasurstern' (blau),'Mme. Le Coultre' (weiß), 'Nelly Moser' (hellrosa mit dunkleren Streifen), 'The President' (dunkel blauviolett);
➤ Spät blühend (Schnittgruppe 3): 'Ernest Markham' (magentarot), 'Jackmanii' (dunkelviolett), 'Rhapsody' (blau), 'Rütel' (dunkelrot), 'Ville de Lyon' (karminrot)
Hinweis: Die Pflanzen enthalten hautreizende Substanzen!

Schlingknöterich

Fallopia baldschuanica

HÖHE: 3–6 m
BLÜTEZEIT: Juli – Oktober
sommergrüner Kletterstrauch

➤ *sorgt rasch für Sichtschutz*

Andere Namen: oft noch unter dem früheren botanischen Namen *F. aubertii* bekannt
Familie: Knöterichgewächse *(Polygonaceae)*
Herkunft: Zentralasien
Blüten: weiß bis zartrosa; klein, in langen, hängenden Rispen, duftend
Wuchs: Schlingpflanze, schnellwüchsig; bei freier Auspflanzung bis 15 m hoch; herzförmige Blätter
Standort: sonnig bis halbschattig; im Schatten spärlich blühend
Pflegen: im Sommer reichlich gießen; bis August alle 2 Wochen düngen; sehr stabile Kletterhilfe nötig; im Frühjahr auslichten; radikaler Rückschnitt möglich und alle 3–5 Jahre empfehlenswert; Regenrinnen, Fallrohre u. Ä. regelmäßig frei schneiden
Überwintern: draußen, mit Winterschutz (→ Seite 74/75)
Vermehren: durch Stecklinge
Gestaltung: begrünt schnell und attraktiv Fassaden, Klettergerüste, Zäune und Pergolen

Efeu

Hedera helix

HÖHE: bis 5 m
BLÜTEZEIT: September
immergrüner Kletterstrauch

➤ *vielseitig einsetzbar*

Familie: Efeugewächse *(Araliaceae)*
Herkunft: West- und Mitteleuropa
Blüten: unauffällig gelbgrün; nur an älteren Exemplaren; daraus entstehen schwarze Beeren (sehr giftig!)
Wuchs: mit Haftwurzeln kletternd, auch kriechend oder hängend; bei freier Auspflanzung 10 m Höhe und mehr; drei- bis fünflappige Jugendblätter, rautenförmige Altersblätter; Sorten oft mit gelb oder weiß gemustertem Laub
Standort: sonnig bis schattig
Pflegen: mäßig feucht halten; im April/Mai Langzeitdünger geben; Rückschnitt möglich, am besten Ende Juni
Überwintern: draußen, mit Winterschutz (→ Seite 74/75)
Vermehren: durch Stecklinge von jungen Trieben mit Haftwurzeln
Gestaltung: besonders wertvoll für schattige Plätze; junge Pflanzen auch in Kästen und Ampeln
Hinweis: Vorsicht, die Haftwurzeln können bei nicht ganz intaktem Putz Fassaden beschädigen, besser an Gerüst klimmen lassen.

WEITERE KLETTERGEHÖLZE

Name	Höhe Wuchs	Blütenfarbe Blütezeit
sonniger Stand		
Strahlengriffel *Actinidia arguta*	bis 4 m Schlinger	weiß Juni – Juli
Buntblättriger Strahlengriffel *A. kolomikta*	bis 3 m Schlinger	weiß Juni – Juli
Akebie *Akebia quinata*	bis 4 m Schlinger	purpurrosa April – Mai
Weinrebe *Vitis vinifera* ssp. *vinifera*	bis 3 m Ranker	Blüten unscheinbar, Blattschmuck
Glyzine *Wisteria japonica*	bis 5 m Schlinger	blau Mai – Juni
sonniger bis schattiger Stand		
Alpenwaldrebe *Clematis alpina*	bis 2 m Ranker	bläulich Mai – Juni
Bergwaldrebe *Clematis montana*	bis 5 m Ranker	weiß, rosa Mai – Juni
Goldwaldrebe *Clematis tangutica*	bis 3 m Ranker	gelb Juni – Sept.
Kletterspindel *Euonymus fortunei* var. *radicans*	bis 3 m Haftwurzeln	Blüten unscheinbar
Wilder Wein *Parthenocissus quinquefolia*, *P. tricuspidata*	bis 6 m Haftscheiben	Blüten unscheinbar, Herbstfärbung

Kletterhortensie

Hydrangea anomala ssp. *petiolaris*

HÖHE: bis 5 m
BLÜTEZEIT: Juni – Juli
sommergrüner Kletterstrauch

➤ *schmucke Blüten und Blätter*

Familie: Hortensiengewächse *(Hydrangeaceae)*
Herkunft: Ostasien
Blüten: weiß; in bis 20 cm großen, schirmartigen Doldentrauben; frühestens 2 Jahre nach der Pflanzung
Wuchs: mit Haftwurzeln kletternd; wächst anfangs langsam, etwa ab dem dritten Jahr dann deutlich zügiger; herzförmige, glänzend grüne Blätter
Standort: am besten halbschattig, auch schattig oder hell ohne pralle Sonneneinstrahlung
Pflegen: stets feucht halten, mit enthärtetem Wasser; bis August alle 2 Wochen düngen; nach der Blüte überalterte Triebe entfernen; Rückschnitt nicht erforderlich, aber bei Bedarf möglich; Klettergerüst trotz Haftwurzeln empfehlenswert
Überwintern: draußen, bei starkem Frost Wurzelbereich schützen
Vermehren: durch Stecklinge im Sommer
Gestaltung: sehr attraktiv an Wänden und Pergolen

Winterjasmin

Jasminum nudiflorum

HÖHE: 1–3 m
BLÜTEZEIT: Januar – März/April
sommergrüner, langtriebiger Strauch

➤ *sehr zeitige Blüten*

Familie: Ölbaumgewächse *(Oleaceae)*
Herkunft: Westchina
Blüten: gelb; sternförmig; bis 3 cm Durchmesser; vor dem Blattaustrieb
Wuchs: Spreizklimmer (die rutenartigen Triebe verspreizen sich an geeigneter Unterlage), andernfalls hängend; kleine, dunkelgrüne Blätter
Standort: am besten hell, aber geschützt vor intensiver Spätwintersonne; auch halbschattig
Pflegen: mäßig feucht halten; nach der Blüte Langzeitdünger geben; Triebe aufbinden; alle 2–3 Jahre nach der Blüte durch Herausschneiden älterer Triebe auslichten
Überwintern: draußen, bei starkem Frost Wurzelbereich schützen
Vermehren: durch Stecklinge im Sommer
Gestaltung: als recht frostharter Winterblüher eine Seltenheit; eine besondere Augenweide: eine Unterpflanzung mit kleinen Frühjahrsblühern wie Krokussen, Schneeglöckchen und Blausternchen

Geißblatt

Lonicera-Arten

HÖHE: bis 4 m
BLÜTEZEIT: Mai – Juni/Juni – August
meist sommergrüne Klettersträucher

➤ *abends intensiver Blütenduft*

Familie: Geißblattgewächse *(Caprifoliaceae)*
Herkunft: Europa, Nordamerika, Ostasien
Blüten: je nach Sorte gelblich weiß bis rot; röhrenförmig; duftend; ab August rote oder schwarze Beeren; giftig
Wuchs: Schlingpflanze; eiförmige Blätter, teils paarig verwachsen
Standort: halbschattig bis schattig
Pflegen: feucht halten; im Frühjahr Langzeitdünger geben; gelegentlich auslichten; Rückschnitt möglich
Überwintern: draußen, bei starkem Frost Wurzelbereich schützen
Vermehren: durch Stecklinge
Gestaltung: vielseitig einsetzbar
Arten/Sorten: Jelängerjelieber *(L. caprifolium)* und Waldgeißblatt *(L. periclymenum)*: Blüten gelblich weiß, rötlich überhaucht, Blütezeit Mai – Juni; *L.* x *heckrottii, L.* x *brownii*: orange bis rot; Goldgeißblatt *(L.* x *tellmanniana)* gelb; Immergrünes Geißblatt *(L. henryi)* gelblich rot; Blütezeiten Juni – August

Kräuter, Gemüse und Obst

Wenn es um selbst gezogene Gaumenfreuden geht, sind Kräuter, Tomaten und kleine Apfelbäumchen die Stars auf Balkon und Terrasse. Doch in Töpfen, Kästen und Kübeln geht noch viel mehr: Eine Fülle von Gemüse- und Obstarten bietet sich zum Probieren an.

Topferdbeeren erfreuen durch schöne Blüten und saftige Früchte.

Ebenso wie sich Kübelpflanzen und Topfgehölze mit der Gefäßhaltung arrangieren, gelingt diese Anpassung auch bei wüchsigen Gemüsen und sogar Obstbäumen. Soweit nicht ohnehin spezielle Balkonformen im Handel sind, sollte man auf möglichst schwachwüchsige Züchtungen bzw. Veredlungen achten. Viele Nutzpflanzen für Balkon und Terrasse entfalten nebenbei auch zierende Wirkung. Gerade die Kübelhaltung hebt so manch dekorativen Aspekt besonders hervor. Die hübschen Wuchsformen von Säulenbäumchen oder Beerenhochstämmchen, die buntlaubigen Blätter von Pflücksalat oder Basilikum oder die leuchtend roten oder gelben Stiele mancher Mangoldsorten – dies fügt sich zwischen bunter Blumenpracht und Kübelpflanzencharme hervorragend ein. Dazu kommen bei einigen Arten wie Feuerbohne, Pfirsich oder Zucchini recht attraktive Blüten und natürlich ansprechend und appetitlich gefärbten Früchte. Oregano, Salbei und Thymian sorgen für duftendes Mittelmeerflair und Kiwi oder Feuerbohne präsentieren sich als aparte Kletterpflanzen und Sichtschutzspender.

Gute Pflege, gute Ernte

Stattliche Nutzpflanzen brauchen natürlich ordentlich bemessene Gefäße, die für mehrjährige Arten frostfest sein müssen. Und die Erde sollte hohen Qualitätsansprüchen genügen. Eine weitere Voraussetzung ist, bis auf wenige Ausnahmen, ein sonniger Platz. Ebenso entscheidend: eine besonders sorgfältige und regelmäßige Pflege.

Ein Eckregal erlaubt auch auf kleinem Balkon den Anbau von Tomaten und Kräutern.

Kräuter und Gemüse

• • • Für Basilikum, Rukola und Buschtomaten findet sich selbst auf dem kleinsten Balkon ein Fleckchen. Bei größerem Platzangebot eignen sich sogar die starkwüchsigen Zucchini oder stattlicher Mangold.

DER SCHWERPUNKT wurde bei den nachfolgenden Porträts freilich eher auf Kräuter und kleinwüchsige Arten gelegt. Sie sind im Allgemeinen doch leichter in Gefäßen zu kultivieren und lassen sich gut in die Gesellschaft blühender Balkon- und Terrassenpflanzen eingliedern. Sofern der benötigte Pflanzenabstand nicht so groß ist, kann man Küchenkräuter oder kleinwüchsige Tomaten in großen Kästen durchaus auch mit Balkonblumen kombinieren. Ringelblumen, Studentenblumen und Kapuzinerkresse bieten sich hierfür besonders an, da sich solche Pflanzengemeinschaften im Bauern- wie im Biogarten als ebenso attraktiv wie förderlich erwiesen haben. Doch auch mit vielen anderen, nicht zu starkwüchsigen Blumen darf man solcherlei Experimente wagen.
Der Kauf vorgezogener Pflanzen verhilft schneller und oft auch sicherer zur eigenen Gemüse- und Kräuterernte. Anderseits kann man sich beim Samenkauf für die eigene Anzucht viel gezielter die Sorten aussuchen und dabei z. B. auf krankheitsresistente Züchtungen achten.

Schnittlauch

Allium schoenoprasum var. *schoenoprasum*

HÖHE: 20–30 cm
ERNTEZEIT: fortlaufend bis Herbst
mehrjähriges Würzkraut

➤ *hübsche Blüten*

Familie: Lauchgewächse *(Alliaceae)*
Herkunft: nördliche gemäßigte Zone
Merkmale: dichte Horste aus röhrenförmigen, dünnen Blättern; ab Juni – August/September hellviolette Blütendolden an kräftigen Schäften
Standort: sonnig bis halbschattig
Kultur: Anzucht im März/April; bei 18–20 °C; Sämlinge büschelweise (10–20 Stück) mit 20 cm Abstand in Gefäße pflanzen; ab April nach draußen stellen, bei Frost abdecken
Pflegen: gleichmäßig gut feucht halten, aber Staunässe vermeiden; bis August alle 2 Wochen düngen; Ausbrechen der Blütenstände fördert Blattentwicklung, ist aber nicht unbedingt nötig; hell und kühl überwintern, fast trocken halten; alle 2–3 Jahre im Frühjahr oder Herbst teilen und neu einpflanzen
Ernten: ab etwa 6 Wochen nach Aussaat 2 cm über Substratoberfläche abschneiden, dann erst wieder Neuaustrieb entwickeln lassen, um die Pflanze nicht zu schwächen

Mangold

Beta vulgaris ssp. cicla

HÖHE: 30–50 cm
ERNTEZEIT: Juli – Oktober
einjährig kultiviertes Blattgemüse

➤ *Blätter oder Stiele als Erntegut*

Familie: Gänsefußgewächse *(Chenopodiaceae)*
Herkunft: Vorderasien, Mittelmeerraum
Merkmale: aufrechte, runzelige Blätter; Stiele bei Blattmangold meist gelb, bei Stielsorten weiß, gelb oder kräftig rot gefärbt
Standort: sonnig bis halbschattig
Kultur: ab Ende April – Juni mit 5–10 cm Abstand in große Töpfe oder Kästen säen; Jungpflanzen auf 20 cm (Blattmangold) bzw. 30 cm (Stielmangold) Abstand ausdünnen
Pflegen: stets gut feucht halten; alle 4 Wochen stickstoffarm düngen
Ernten: Blätter etwa 8 Wochen, Stiele 12 Wochen nach der Aussaat; dann fortlaufend; beim Stielmangold innere Blätter („Herz") stehen lassen
Arten/Sorten: bewährte Sorte: 'Lukullus', zugleich Blatt- und Stielmangold; zierende rotstielige Sorten: 'Vulkan', 'Feurio', 'Rhubarb Chard'; 'Bright Lights' mit verschiedenfarbigen Stielen (in Rot- und Gelbtönen)

Zucchini

Cucurbita pepo

HÖHE: 50–60 cm
ERNTEZEIT: Juli – September
einjähriges Fruchtgemüse

➤ *Gemüse mit Zierwert*

Familie: Kürbisgewächse *(Cucurbitaceae)*
Herkunft: Mittelamerika, südliches Nordamerika
Merkmale: dicht buschig, breit ausladend; manche Sorten auch kletternd; sehr große, hellgrün oder silbrig gefleckte, rau behaarte Blätter; große, goldgelbe bis orange Trichterblüten, Blütezeit Juni – August; walzen- oder keulenförmige Früchte; je nach Sorte grün, gelb, weiß oder gestreift
Standort: sonnig, auch leicht beschattet; warm, geschützt
Kultur: Ende April 2 Körner pro Topf säen, um 20 °C Keimtemperatur; nach Aufgang schwächere Pflanze entfernen; in breite Kübel pflanzen, nach Mitte Mai nach draußen stellen
Pflegen: stets gut feucht halten, aber nicht in die Blüten gießen; wöchentlich düngen
Ernten: ab etwa 6 Wochen nach der Pflanzung; reife Früchte fortlaufend abschneiden; schmecken am zartesten bei 15–20 cm Länge

Rukola

Eruca sativa

HÖHE: 10–20 cm
ERNTEZEIT: Mai – Oktober
einjährig kultivierte Salatpflanze

➤ *Salatpflanze und Würzkraut*

Andere Namen: Salatrauke
Familie: Kreuzblütler *(Brassicaceae)*
Herkunft: Mittelmeerraum
Merkmale: bildet Rosette aus kräftig grünen, gelappten oder tief gekerbten, länglichen Blättern, mit würzig nussigem Geschmack
Standort: sonnig bis halbschattig
Kultur: Aussaat ab April – September direkt in das Gefäß; in Reihen mit 15–20 cm Abstand oder breitwürfig ausstreuen; Samen nur ganz leicht mit Erde bedecken
Pflegen: gleichmäßig feucht halten, Staunässe vermeiden; 1–2 Wochen nach Aussaat einmal schwach dosiert bzw. stickstoffarm düngen
Ernten: 3–5 Wochen nach der Aussaat; pflückt man einzelne Blätter, kann mehrmals geerntet werden; Blätter bevorzugt jung und zart ernten, ältere Blätter schmecken gerade im Sommer schnell zu scharf
Arten/Sorten: Die Sorte 'Runway' wächst besonders schnell und hat fein gefiederte Blätter.

Pflücksalat, Schnittsalat

Lactuca sativa var. *crispa*

HÖHE: 20–30 cm
ERNTEZEIT: ab April/Mai
einjährig kultivierte Salatpflanze

➤ *mehrmals kleinere Mengen säen*

Familie: Korbblütler *(Asteraceae)*
Herkunft: Urform vermutlich aus Nordostafrika oder Westasien
Merkmale: lockere bis dichte Rosetten aus glatten oder gekrausten, ganzrandigen oder gebuchteten, grünen, rötlichen oder bräunlichen Blättern
Standort: bevorzugt sonnig, auch halbschattig
Kultur: Anzucht ab Februar (bei 10–15° C) möglich; Schnittsalat in 2 Reihen oder breitwürfig direkt in Kasten säen; Pflücksalat vorziehen und mit 20–25 cm Abstand pflanzen; mit Schutz ab April ins Freie; Folgesaaten von Schnittsalat bis April, von Pflücksalat bis Juli
Pflegen: gleichmäßig feucht halten, nach jedem Schnitt schwach dosiert düngen
Ernten: ab 4–6 Wochen nach Aussaat; bei Schnittsalat ganze Pflanze vom Strunk schneiden, vom Pflücksalat fortlaufend die äußeren Blätter ernten
Arten/Sorten: bewährte Balkonsorte: der Pflücksalat 'Grand Rapids'

Tomate

Lycopersicon esculentum

HÖHE: 25–150 cm
ERNTEZEIT: Juli – Oktober
einjähriges Fruchtgemüse

➤ *große Sorten- und Formenvielfalt*

Familie: Nachtschattengewächse *(Solanaceae)*
Herkunft: Südamerika
Merkmale: je nach Sorte verschiedene Wuchs- und Fruchtformen; dunkelgrüne, grob gefiederte Blätter; gelbe Blüten in Trauben, ab Mai; Beerenfrüchte, meist rundlich, auch birnenförmig; bei Reife je nach Sorte rot, gelb, seltener fast schwarz oder mehrfarbig
Standort: sonnig; warm; geschützt
Kultur: Aussaat ab Ende Februar/März bei 20 °C; einzeln in 10-cm-Töpfe pikieren, hell, bei 18 °C aufstellen; in große Gefäße oder Kästen pflanzen; Abstand mindestens 35 cm; hochwüchsige Sorten einzeln in Töpfe mit wenigstens 12 Liter Volumen; nach Abhärten Mitte Mai ins Freie stellen
Pflegen: hochwachsende Sorten an Stab aufbinden; stets gut feucht halten, mit leicht angewärmtem Wasser gießen; wöchentlich düngen, organisch-mineralischer oder spezieller Tomatendünger empfehlenswert; welke Blätter an der Basis entfernen; bei Stabtomaten in den Blattachseln entstehende Triebe regelmäßig ausbrechen (ausgeizen), nach Bildung des fünften Blüten- bzw. Fruchtstands Spitze des Haupttriebs kappen; diese Maßnahmen entfallen bei Busch-, Cocktail- und Hängetomaten
Ernten: ab Juli vollreife Früchte pflücken; im Herbst noch nicht ausgereifte Tomaten an einem dunklen, warmen Ort nachreifen lassen
Arten/Sorten: An Sortengruppen unterscheidet man:
➤ Stabtomaten: hochwüchsig, wenig verzweigt, mit großen Früchten (bei Fleischtomaten besonders groß und gerippt); nur für große Kübel
➤ Cocktail- oder Kirschtomaten: im Wuchs meist wie Stabtomaten, aber mit nur kirschen- bis pflaumengroßen, oft süßlichen Früchten
➤ Busch- oder Balkontomaten: kleinwüchsig, dicht buschig verzweigt; Früchte mittelgroß, teils süß
➤ Hängetomaten: mit überhängenden Trieben, auch für große Ampeln geeignet, Früchte mittelgroß bis klein, teils süß
Hinweis: Alle grünen Pflanzenteile, auch unreife, noch grüne Früchte, enthalten ein giftiges Alkaloid.

Basilikum

Ocimum basilicum

HÖHE: 20–40 cm
ERNTEZEIT: Juni – September
einjähriges Würzkraut

➤ *zierende rotblättrige Sorten*

Familie: Lippenblütler *(Lamiaceae)*
Herkunft: Indien, Mittelmeerraum
Merkmale: wächst buschig aufrecht; eiförmig zugespitzte, gewölbte, glänzend grüne Blätter; bei manchen Sorten rot oder rotbraun; kleine weiße Blüten ab Juli – September
Standort: sonnig, gern vollsonnig; warm, geschützt
Kultur: Anzucht ab Ende März/April, bei 18–20 °C; Lichtkeimer (→ Seite 52/53) mit 25 cm Abstand pflanzen; nach Mitte Mai (in rauen Lagen erst Ende Mai) nach draußen stellen
Pflegen: vor kühlen Frühsommertemperaturen mit Vlies oder Folie schützen; gleichmäßig feucht halten; alle 4 Wochen düngen
Ernten: Blätter und junge Triebe den ganzen Sommer über; sind vor der Blüte am aromatischsten; zuerst Triebspitzen ernten, Pflanze wächst dann buschiger
Hinweis: Basilikum kann in Kästen oder Kübeln mit Balkontomaten, Salaten und Zucchini kombiniert werden.

Oregano

Origanum vulgare

HÖHE: 20–60 cm
ERNTEZEIT: Mai – September
sommergrüner Halbstrauch

➤ *hübsch und reich blühend*

Andere Namen: Dost, Wilder Majoran
Familie: Lippenblütler *(Lamiaceae)*
Herkunft: Südeuropa
Merkmale: breitwüchsig; eiförmige, aromatische Blätter; kleine Lippenblüten in Trugdolden; rosa, rotviolett oder weiß; Blütezeit Juli – September
Standort: vollsonnig; warm
Kultur: Anzucht im März – April, bei 22 °C; Lichtkeimer (→ Seite 52/53); in breite Kübel, Kästen oder Schalen setzen, 20–30 cm Abstand; nährstoffarmes Substrat (z. B. Pikiererde) verwenden, Sand untermischen; ab Anfang Mai nach draußen stellen; vor Spätfrösten schützen
Pflegen: nur bei anhaltender Trockenheit gießen; keine Düngung; im Oktober zurückschneiden und mit Winterschutz (→ Seite 74/75) versehen oder drinnen frostfrei und mäßig hell überwintern
Ernten: Blätter und junge Triebspitzen ab Ende Mai fortlaufend pflücken; intensivstes Aroma während der Blüte, dann auch Schnitt zum Trocken

Petersilie

Petroselinum crispum var. *crispum*

HÖHE: 20–30 cm
ERNTEZEIT: fast ganzjährig
zweijähriges Würzkraut

➤ *Jungpflanzenkauf empfehlenswert*

Familie: Doldenblütler *(Apiaceae)*
Herkunft: Mittelmeerraum
Merkmale: buschiger Wuchs, Blätter gefiedert; je nach Sorte gekräuselt oder glatt; „schießt" im Juni/Juli des zweiten Anbaujahrs mit gelblichen Blütendolden an hohem Stiel
Standort: vorzugsweise leicht beschattet, nicht in praller Sonne
Kultur: Aussaat ab Mitte März – Juni direkt ins Gefäß (Keimdauer bis zu 5 Wochen); Pflänzchen auf 10 cm Abstand vereinzeln; ab April nach draußen stellen, vor Frostnächten mit Vlies oder Folie abdecken
Pflegen: gleichmäßig feucht halten; alle 2 Wochen schwach dosiert düngen; draußen mit Schutz oder drinnen sehr kühl und hell überwintern
Ernten: bei Märzsaat ab Juni, sonst ab etwa 8 Wochen nach der Aussaat; Blätter fortlaufend abschneiden, bis kurz vor der Blüte
Hinweis: Petersilie nicht mit Salat zusammenpflanzen; harmoniert gut mit Tomaten oder Radieschen.

WEITERE KRÄUTER UND GEMÜSE

Name	Kultur- und Erntehinweise
einjährige Kräuter	
Dill *Anethum graveolens*	breitwürfige Direktsaat von April – Juli; Blätter fortlaufend ernten
Kerbel *Anthriscus cerefolium*	Direktsaat ab April, auf 10–15 cm ausdünnen; Ernte ab Juni, vor der Blüte
Borretsch *Borago officinalis*	Direktsaat April – Juni, auf 25–30 cm ausdünnen; Ernte ab Juni
Kresse *Lepidium sativum*	Direktsaat März – Sept.; Ernte nach ca. 10 Tagen
Majoran *Origanum majoranum*	Pflanzung Ende Mai, 25 cm Abstand; Ernte fortlaufend
Bohnenkraut *Satureja hortensis*	Pflanzung oder Direktsaat ab Mitte Mai, 25 cm Abstand; Ernte fortlaufend
mehrjährige Kräuter	
Liebstöckel *Levisticum officinale*	Pflanzung ab Mitte Mai, einzeln in große Kübel; Ernte fortlaufend
Zitronenmelisse *Melissa officinalis*	Pflanzung im Frühjahr, einzeln in Töpfe; Ernte fortlaufend
Gemüse	
Kohlrabi *Brassica oleracea* var. *gongylodes*	Pflanzung ab April, 25–30 cm Abstand; Ernte ab Juni
Brokkoli *Brassica oleracea* var. *italica*	Pflanzung Ende Mai – Juni, 35–40 cm Abstand; Ernte Juli – Sept.
Asia-Salate *Brassica*-Arten, Sorten wie 'Mizuna'	Pflanzung ab Mai, 30 cm Abstand; Ernte ab Juli
Paprika *Capsicum annuum*	Pflanzung ab Mitte/Ende Mai, einzeln in große Kübel; Ernte ab Ende Juli
Kürbis *Cucurbita pepo*	Pflanzung ab Mitte/Ende Mai, einzeln in große Kübel; Ernte ab Juni
Winterportulak *Montia perfoliata*	Direktsaat oder Pflanzung Sept. – April, 20 cm Abstand; Ernte fortlaufend, winterhart
Buschbohne *Phaseolus vulgaris* var. *nanus*	Saat ab Mai, Pflanzung ab Mitte Mai, 30–40 cm Abstand; Ernte ab Juli

Feuerbohne

Phaseolus coccineus

HÖHE: 3–4 m
ERNTEZEIT: Juli – Oktober
einjähriger Hülsenfrüchtler

➤ *Nutz- und Zierpflanze zugleich*

Familie: Schmetterlingsblütler *(Fabaceae)*
Herkunft: Mittelamerika, Mexiko
Merkmale: Schlingpflanze; große herzförmige Blätter; rote oder weiße Blüten; Blütezeit Juni – September; anfangs behaarte Hülsen, bei Ausreife große, farbig gescheckte oder weiße Samen
Standort: sonnig; windgeschützt
Kultur: warme Anzucht (bei 20 °C) Mitte April, dann im Mai pflanzen; oder ab Anfang Mai draußen direkt ins Gefäß säen; am besten 2–3 Pflanzen in einem großen Topf halten
Pflegen: an Drähten, Schnüren oder Gerüst hochleiten; stets feucht, aber nicht nass halten; bei Blühbeginn und nach Hülsenbildung jeweils organisch oder stickstoffarm düngen
Ernten: junge, zarte Hülsen im Juli/August pflücken; Samen als Trockenbohnen bei Vollreife im Herbst
Hinweis: Hülsen und Samen der *Phaseolus*-Bohnen (auch Busch-, Stangenbohne) sind bei Rohgenuss giftig.

Radieschen

Raphanus sativus var. *sativus*

HÖHE: 10–15 cm
ERNTEZEIT: Mai – September
einjährig kultiviertes Knollengemüse

➤ *Knackiges für zwischendurch*

Familie: Kreuzblütler *(Brassicaceae)*
Herkunft: Vorder- und Ostasien
Merkmale: wächst kompakt, mit ovalen, rau behaarten Blättern; je nach Sorte runde, ovale oder walzenförmige Knollen; rot, rotweiß oder weiß
Standort: sonnig bis leicht beschattet, notfalls noch halbschattig
Kultur: ab Ende März – August direkt in Kästen oder tiefe Schalen säen, alle paar Wochen in Folgesaaten; je nach Saatzeit geeignete Frühjahrs- oder Sommersorten wählen; Pflänzchen nach Aufgang auf 6–8 cm Abstand ausdünnen
Pflegen: gleichmäßig feucht halten, Düngung nicht nötig
Ernten: im Frühjahr etwa 6, im Sommer 3–4 Wochen nach der Aussaat, immer die dicksten Radieschen zuerst; zu spät geerntete Knollen werden leicht „pelzig" oder holzig
Hinweis: Radieschen kann man in genügend großen Gefäßen zwischen Tomaten, Salate, Mangold oder Petersilie säen

Rosmarin

Rosmarinus officinalis

HÖHE: 40–100 cm
ERNTEZEIT: März – Oktober
immergrüner Strauch

➤ *attraktive Kübelpflanze*

Familie: Lippenblütler *(Lamiaceae)*
Herkunft: Mittelmeerraum
Merkmale: breit buschiger Wuchs, dicht verzweigt; nadelartige, graugrüne Blätter; zart blaue bis violette, seltener weiße Blüten; in Quirlen an den Triebspitzen; Blütezeit März – Juni; ganze Pflanze würzig aromatisch duftend
Standort: möglichst vollsonnig; warm; geschützt
Kultur: Samenanzucht langwierig, besser Jungpflanzen kaufen; einzeln in große Töpfe setzen, Haltung wie bei mediterranen Kübelpflanzen (→ ab Seite 132); Stecklingsvermehrung im August möglich
Pflegen: nur leicht feucht halten; bei Bedarf im Frühjahr nach Wachstumsbeginn düngen; hell, bei 2–8 °C überwintern, erst nach Mitte Mai nach draußen stellen; ältere Pflanzen nur selten umtopfen
Ernten: Blätter und Triebspitzen fortlaufend von Frühjahr bis Herbst; nicht zuviel abpflücken; zum Trocknen Triebe im Sommer abschneiden

Salbei

Salvia officinalis

HÖHE: 30–60 cm
ERNTEZEIT: ganzjährig
wintergrüner Halbstrauch

➤ *zierende Blätter und Blüten*

Andere Namen: Gartensalbei
Familie: Lippenblütler *(Lamiaceae)*
Herkunft: Südeuropa
Merkmale: locker buschiger Wuchs; länglich ovale, graugrüne, streng würzig duftende Blätter; bei manchen Sorten bunt oder rotlaubig; hell blauviolette Lippenblüten in Quirlen; Blütezeit Juni – August
Standort: möglichst vollsonnig; warm; geschützt
Kultur: Aussaat direkt ins Gefäß ab April – Mai; später Jungpflanzen auf 30 cm vereinzeln oder 1–2 Pflanzen in größeren Topf setzen; nährstoffarmes Substrat verwenden, etwas Sand untermischen; Stecklingsvermehrung im Sommer möglich
Pflegen: wenig gießen; draußen mit Schutz oder drinnen hell und frostfrei überwintern; im Frühjahr um gut die Hälfte zurückschneiden, danach schwach dosiert düngen
Ernten: Blätter können ganzjährig geerntet werden; Triebe zum Trocknen kurz vor der Blüte schneiden

Thymian

Thymus vulgaris

HÖHE: 20–40 cm
ERNTEZEIT: April – Oktober
immergrüner Halbstrauch

➤ *würzig aromatischer Duft*

Familie: Lippenblütler *(Lamiaceae)*
Herkunft: Südosteuropa
Merkmale: polsterartiger Wuchs; schmale, dunkelgrüne Blättchen; rosa bis violette Blütchen in Scheinquirlen; Blütezeit Mai – Oktober
Standort: am besten vollsonnig; warm; geschützt
Kultur: Anzucht schwierig, besser Pflanzen kaufen; im Mai mit 20 cm Abstand einsetzen; nährstoffarmes, mit Sand vermischtes Substrat; bei älteren Pflanzen Stecklingsvermehrung und Teilung möglich
Pflegen: nur leicht feucht halten; Überwinterung drinnen, hell und kühl, oder mit gutem Schutz (→ Seite 74/75) draußen; im Frühjahr zurückschneiden, danach schwach dosiert düngen
Ernten: junge Blätter und Triebspitzen von Frühjahr bis Herbst abschneiden; kurz vor der Blüte intensivstes Aroma, dann auch Schnitt für Trocknung
Arten/Sorten: Etwas empfindlicher ist der Zitronenthymian *T.* x *citriodorus*, tatsächlich mit Zitrusgeschmack.

Kübelobst

Köstliche Früchte, direkt vom Baum oder Strauch – so lässt sich das Leben auf Balkon und Terrasse besonders schön genießen. Schwachwüchsige Obstformen halten es recht gut im Kübel aus.

MAN MUSS SICH allerdings im Klaren sein, dass Obst nicht unbedingt zu den pflegeleichten Gefäßkulturen zählt. Erforderlich sind Kübel ab 10–20 Liter aufwärts. Da z. B. Apfel- und Birnbäumchen nicht selbstfruchtbar sind, braucht man mindestens zwei davon, in verschiedenen Sorten, die sich gegenseitig befruchten können. Dafür sind jeweils nur bestimmte Sorten geeignet. Man sollte sich vor dem Kauf gründlich informieren. Eine Alternative sind „Duo-Bäumchen" mit zwei veredelten Sorten.

Nicht selten gefährden Spätfröste im Frühjahr die Blüte und damit auch die Ernte; notfalls wird kurzfristiges Abdecken, z. B. mit Vlies, nötig. Baumobstarten brauchen je nach Art, Erziehungsform und Alter verschiedene Schnittmaßnahmen. Hierzu sei gute Fachliteratur oder Beratung durch erfahrene Gärtner empfohlen. Wichtig ist generell, die Bäumchen licht zu halten und überalterte Fruchttriebe zu entfernen. Die zunehmend angebotenen Säulen- und Zwergformen machen das Ganze allerdings etwas einfacher.

Kiwi

Actinidia deliciosa

HÖHE: bis 3 m
ERNTEZEIT: Oktober – November
immergrüner Kletterstrauch

➤ *attraktive Schlingpflanze*

Familie: Strahlengriffelgewächse *(Actinidiaceae)*
Herkunft: Ostasien
Merkmale: Schlingpflanze; herzförmige Blätter; weiße Blüten; Blütezeit Juni – Juli; meist weibliche und männliche auf verschiedenen Pflanzen (zweihäusig); braune Beerenfrüchte
Standort: sonnig, jedoch keine pralle Mittagssonne; windgeschützt; warm, am besten an der Hauswand hochziehen
Kultur: bei zweihäusigen Sorten für Fruchtbildung weibliches und männliches Exemplar nötig; an stabilem Klettergerüst spalierartig aufleiten
Pflegen: gut feucht halten; im Frühjahr Langzeitdünger, im Juni und Anfang August nachdüngen; im Sommer Seitentriebe auf 4–6 Blätter über den Früchten kappen; draußen mit gutem Schutz (→ Seite 74/75) überwintern
Ernten: ab Ende Oktober, wenn die Früchte auf Druck leicht nachgeben
Arten/Sorten: Bewährte Sorten sind 'Hayward', 'Weiki' (sehr frosthart) und 'Jenny' (einhäusig, selbstfruchtbar).

Erdbeere

Fragaria-Arten

HÖHE: 20–30 cm
ERNTEZEIT: Juni – Oktober
mehrjährige Staude

➤ *alle 2–3 Jahre neu pflanzen*

Familie: Rosengewächse *(Rosaceae)*
Herkunft: Europa, Amerika
Merkmale: bildet oberirdische Ausläufer (außer Monatserdbeeren); weiße oder rosa Blüten; Blütezeit Mai – September; rote Früchte
Standort: sonnig; Monatserdbeeren auch halbschattig
Kultur: Pflanzung Juli – September oder Frühjahr; einzeln in große Gefäße oder mit 30 cm Abstand
Pflegen: gleichmäßig feucht halten; im Frühjahr Langzeitdünger geben; im Herbst welke Blätter entfernen; draußen mit Schutz (→ Seite 74/75) überwintern
Ernten: mitsamt Kelch abtrennen
Arten/Sorten: Für Gefäßkultur eignen sich kleinfrüchtige Monatserdbeeren, mehrmals tragende Sorten der großfrüchtigen Gartenerdbeere sowie Züchtungen mit besonders langen Trieben oder Ausläufern: Hängeerdbeeren (bis 40 cm lang, auch für Ampeln), Kletter- oder Spaliererdbeeren (bis 140 cm; an Gerüst hochziehen).

Apfel

Malus domestica

HÖHE: 1–2,5 m
ERNTEZEIT: August – Oktober
sommergrüner Baum

➤ *unterschiedliche Wuchsformen*

Familie: Rosengewächse *(Rosaceae)*
Herkunft: Westasien, Europa
Merkmale: Wuchs als Buschbaum, Spindelbusch, Säulen- oder Zwergapfel; eiförmig zugespitzte Blätter; Blüten weiß bis rosa in Büscheln; Blütezeit April – Mai; Fruchtfärbung und Reifezeit je nach Sorte
Standort: sonnig; etwas geschützt
Kultur: 2–3 verschiedene Sorten nötig, um Befruchtung sicherzustellen; dies entfällt bei „Duo-Äpfeln“, hier sind zwei passende Sorten auf eine Pflanze auf veredelt; beim Pflanzen muss die verdickte Veredlungsstelle eine Handbreit über der Substratoberfläche zu stehen kommen; an Stützpfahl anbinden
Pflegen: gleichmäßig feucht halten; im Frühjahr Langzeitdünger geben, im Juni, wenn nötig, nachdüngen; braucht regelmäßigen Schnitt; draußen mit Schutz (→ Seite 74/75) überwintern
Ernten: Sorten mit Reife im August – Mitte September meist für Frischverzehr geeignet, spätere Sorten schmecken oft erst nach Lagerung; Anhaltspunkte für die Reife: sortentypische Ausfärbung, leichtes Lösen des Stiels beim Drehen der Frucht
Arten/Sorten: Sofern auf schwachwüchsige Unterlagen veredelt, eignen sich fast alle Apfelsorten für die Kübelkultur (hierzu am besten im Fachhandel nachfragen). Wichtig ist die Erziehungsform:
➤ Buschbäume und Spindelbüsche haben 40–60 cm hohe Stämmchen. Darauf wachsen bei Buschbäumen kleine, recht breite Kronen. Bei Spindelbüschen gehen rundum waagrechte Seitenäste ab, von unten nach oben kürzer gehalten. Diesen Seitenästen entspringen die fruchttragenden Zweige.
➤ Bei den Säulen- oder „Ballerina“-Äpfeln dagegen sitzen die kurzen Fruchtzweige oder -spieße direkt am Stamm, sie bleiben dadurch mit etwa 40 cm Breite besonders schmal. Sie sind zudem pflegeleicht, da sich der Schnitt auf das Entfernen störender Seitentriebe und überalterter Fruchtspieße beschränkt. Es gibt sie nur in speziellen Sorten, z. B. 'Bolero', 'Polka', 'Waltz'. Sie erreichen im Kübel bis 2,5 m Höhe.
➤ Die noch recht neuen Zwergäpfel werden nur etwa 1 m hoch und brauchen kaum einen Schnitt.

Pflaume

Prunus domestica

HÖHE: 1,5–2,5 m
ERNTEZEIT: August – Oktober
sommergrüner Baum

➤ *Sorten meist selbstfruchtbar*

Andere Namen: Zwetsche; zur selben Art gehören auch Mirabellen und Renekloden
Familie: Rosengewächse *(Rosaceae)*
Herkunft: Kleinasien
Merkmale: breitkroniger Buschbaum oder Spindelbusch; weiße Blüten; Blütezeit April – Mai; Früchte blau, violett, auch gelbgrün oder gelb (Renekloden, kleinfrüchtige Mirabellen)
Standort: bevorzugt sonnig, auch halbschattig; etwas windgeschützt
Kultur: am besten selbstfruchtbare Sorten auf schwachwachsender Unterlage wählen; mit Veredlungsstelle über Substratoberfläche pflanzen
Pflegen: gleichmäßig gut feucht halten, im Frühjahr Langzeitdünger geben, bis August alle 8 Wochen nachdüngen; fruchttragende Zweige stützen; nach Erziehungsschnitt nur gelegentliches Auslichten nötig; draußen mit Schutz (→ Seite 74/75) überwintern
Ernten: Zeitpunkt sortenabhängig, an guter Ausfärbung erkennbar; mehrmals durchpflücken

Pfirsich, Nektarine

Prunus persica

HÖHE: 1–2,5 m
ERNTEZEIT: Juni – Oktober
sommergrüner Baum

➤ *Blüte besonders frostgefährdet*

Familie: Rosengewächse *(Rosaceae)*
Herkunft: China
Merkmale: Wuchs als Buschbaum (meist ohne Mitteltrieb) oder als kleiner, schmaler Zwergbaum; hübsche, schmal eiförmige Blätter; hellrosa Blüten; Blütezeit März – April; Früchte samtig behaart (Pfirsich) oder glattschalig (Nektarine)
Standort: sonnig; warm; geschützt; Nektarinen noch etwas wärmebedürftiger als Pfirsiche
Kultur: meist selbstfruchtbar, kein Bestäubungspartner nötig; am besten im Frühjahr einpflanzen, mit Veredlungsstelle über der Substratoberfläche
Pflegen: zur Blüte- und Fruchtzeit reichlich, sonst mäßig gießen; im Frühjahr Langzeitdünger geben; mit Ausnahme der Zwergpfirsiche und -nektarinen regelmäßiger Schnitt wichtig; draußen mit gutem Schutz (→ Seite 74/75) oder drinnen hell und kühl überwintern
Ernten: Zeitpunkt sortenabhängig; Reife bei guter Ausfärbung, Früchte lösen sich bei leichter Drehung

WEITERE OBSTARTEN FÜR KÜBEL

Name	Hinweise
Baumobst	
Quitte *Cydonia oblonga*	dekorativer Baum oder Strauch, Sorten meist selbstfruchtbar; wärmebedürftig
Aprikose *Prunus armeniaca*	Pflege und Ansprüche wie Pfirsich, aber noch etwas frostempfindlicher
Süßkirsche *Prunus avium*	recht starkwüchsig; Sorten teils selbstunfruchtbar
Sauerkirsche *Prunus cerasus*	recht robust; Sorten meist selbstfruchtbar; als nur 1 m hohe Zwergkirsche erhältlich
Beerenobst	
Stachelbeere *Ribes uva-crispa*	Pflege und Ansprüche ähnlich wie Rote Johannisbeere, hübsch als Hochstämmchen
Himbeere *Rubus idaeus*	Triebe an Spalieren oder Stäben anbinden, abgetragene Triebe jährlich wegschneiden
Heidelbeere *Vaccinium corymbosum*	braucht saures Substrat, wächst und trägt noch im Halbschatten gut
seltene Obstarten	
Kakipflaume *Diospyros kaki*	Baum; tomatenähnliche, süßliche Früchte, erst bei Vollreife im Herbst genießbar
Echte Mandel *Prunus dulcis*	Baum; sehr hübscher Blüher, aber spätfrostgefährdet; nicht selbstfruchtbar
Brustbeere, Chinesische Dattel *Ziziphus jujuba*	Baum oder Strauch; zierend und recht robust; braunrote, olivenähnliche Früchte

Birne

Pyrus communis

HÖHE: 1–2 m
ERNTEZEIT: August – Oktober
sommergrüner Baum

➤ *relativ frostempfindlich*

Familie: Rosengewächse *(Rosaceae)*
Herkunft: Asien, Europa
Merkmale: Wuchs als Busch, Spindelbusch oder kleine Zwergbirne (ähnlich wie beim Apfel → Seite 179) ; weiße Blüten; Blütezeit April – Mai; Früchte grün, rötlich oder gelblich
Standort: sonnig; warm; geschützt
Kultur: für Befruchtung sind 2–3 verschiedene Sorten nötig, sind bei „Duo-Birnen" auf eine Pflanze aufveredelt; so pflanzen, dass Veredlungsstelle über Erdoberfläche sitzt; mit Stützpfahl versehen; kalkarmes, leicht saures Substrat verwenden
Pflegen: gleichmäßig feucht halten; im Frühjahr Langzeitdünger geben, bei Bedarf im Juni nachdüngen; braucht regelmäßigen Schnitt (außer Zwergbirnen); draußen mit gutem Schutz (→ Seite 74/75) oder drinnen hell und kühl überwintern
Ernten: Zeitpunkt je nach Sorte; Herbstsorten sind 2–4 Wochen nach Ernte genussreif, Wintersorten erst nach längerer Lagerung

Nashi

Pyrus pyrifolia var. *culta*

HÖHE: 1,5–2 m
ERNTEZEIT: August – September
sommergrüner Baum

➤ *schwachwüchsig und recht robust*

Andere Namen: Asienbirne, Apfelbirne
Familie: Rosengewächse *(Rosaceae)*
Herkunft: Ostasien
Merkmale: als Busch oder Spindelbusch gezogen; große, ledrige Blätter; weiße Blüten; Blütezeit April; Früchte birnen- oder apfelförmig, grüngelb oder gelb; mit birnenähnlichem Geschmack, jedoch leicht säuerlich und knackig wie bei Äpfeln
Standort: sonnig; warm; geschützt
Kultur: braucht zweite Nashi- oder eine passende Birnensorte als Bestäuber; kalkarmes Substrat verwenden; Veredlungsstelle über Erdoberfläche setzen
Pflegen: gleichmäßig feucht halten, mit kalkarmem Wasser gießen; im Frühjahr Langzeitdünger geben, wenn nötig, im Juni nachdüngen; junge Früchte bei dichtem Behang auf 1–2 pro Fruchtstand ausdünnen; mäßiger Schnittbedarf; draußen mit gutem Schutz (→ Seite 74/75) überwintern
Ernten: Vollreife teils erst Ende September; reife Früchte nicht lange hängen lassen

Rote Johannisbeere

Ribes rubrum

HÖHE: 1–1,5 m
ERNTEZEIT: Juli – August
sommergrüner Strauch

➤ *schmucke Fruchttrauben*

Familie: Stachelbeergewächse *(Grossulariaceae)*
Herkunft: Europa
Merkmale: Wuchs breit buschig mit grundständigen Haupttrieben oder als Stämmchen gezogen (Hoch- oder niedrige Fußstämmchen); unscheinbare Blüten; Blütezeit April – Mai; rote, bei Weißen Johannisbeeren weißliche bis gelbliche Beeren in Trauben
Standort: bevorzugt sonnig, auch halbschattig; windgeschützt
Kultur: selbstfruchtbar, eine zweite Sorte verbessert aber den Fruchtansatz; in leicht saures Substrat pflanzen
Pflegen: gleichmäßig gut feucht halten; im Frühjahr Langzeitdünger (chloridarm) geben, bei Bedarf im Sommer nachdüngen; Hochstämmchen stützen; nach der Ernte oder im Spätwinter ältere Triebe auslichten; bei Hochstämmchen Triebe um ein 1/3 einkürzen; draußen mit Schutz (→ Seite 74/75) überwintern
Ernten: Beerentrauben am besten komplett abschneiden

A

Art: Bezeichnet in der botanischen Gliederung des Pflanzenreichs die „Pflanze als solche". Sommernelke *(Dianthus chinensis)* und Gartennelke *(Dianthus caryophyllus)* z. B. sind zwei deutlich unterscheidbare Arten der Gattung Nelke *(Dianthus)*, von denen es jeweils wieder verschiedene → Sorten gibt. Die Individuen einer Art stimmen in allen wesentlichen Merkmalen miteinander überein und können in der Regel problemlos miteinander gekreuzt werden.

Auge: andere Bezeichnung für eine Knospe, also einen durch Blättchen geschützten Wachstumspunkt

B

botanischer Name: Dieser wissenschaftliche Pflanzenname setzt sich aus dem groß geschriebenen Gattungsnamen (z. B. *Bellis*) und dem klein geschriebenen Artnamen (z. B. *perennis*) zusammen. Der botanische Name *Bellis perennis* benennt international verständlich und zweifelsfrei das Gänseblümchen oder Tausendschön, das allein im Deutschen noch viele weitere Bezeichnungen wie etwa Maßliebchen trägt. Der zweiteilige botanische Namen kann durch Angaben zu einer näher definierten Varietät (Abkürzung var.), einer Unterart (Subspezies, Abkürzung subsp. oder ssp.) oder Form (Abkürzung f.) ergänzt werden.

Brutzwiebel: kleine Tochterzwiebel an einer Zwiebelpflanze, die man zum Vermehren abnehmen und neu einpflanzen kann. Wird meist an der Mutter- oder Hauptzwiebel ausgebildet, z. B. bei Narzissen, bei manchen Lilien aber auch am Spross in den Blattachseln.

C

Containerpflanze: besondere Angebotsform bei Gehölz- und Stauden-Jungpflanzen. Solche Pflanzen wurden in der Gärtnerei von vornherein in Plastiktöpfen angezogen. Sie haben einen kompakten, gut durchwurzelten Wurzelballen und lassen sich fast das ganze Jahr über pflanzen, auch blühend.

E

einfach blühend: Blüte mit nur einem Kreis von Blütenblättern, der die Staubblätter und Stempel umhüllt, wie z. B. bei Stiefmütterchen oder Wildrosen

F

F_1-Hybride: Kreuzung aus zwei verschiedenen → Sorten; häufiger Saatguttyp bei einjährigen Blumen und Gemüse. Die F_1-Hybriden vereinen in sich die unterschiedlichen Merkmale der Elternsorten und übertreffen diese oft noch in manchen Eigenschaften wie z. B. Blütengröße. Die sorgfältig ausgewählten Elternsorten müssen im Grunde für jede Samenpackung neu gekreuzt werden, deshalb ist das Saatgut recht teuer. Vermehrt man F_1-Hybriden aus Samen weiter, dann fallen ihre Nachkommen sehr unterschiedlich aus.

Familie: in der botanischen Gliederung des Pflanzenreichs eine Gruppe von → Gattungen mit mehreren gemeinsamen Merkmalen. Meist sind die Blüten ähnlich aufgebaut, z. B. bei den Korbblütlern *(Asteraceae)* oder bei den Rosengewächsen *(Rosaceae)*.

Flor: Blüte, Gesamtheit der Blüten. Bei manchen Pflanzen kann man deutlich eine Phase des Hauptflors und einen etwas schwächeren Nachflor unterscheiden.

G

Gattung: In der botanischen Gliederung des Pflanzenreichs eine Gruppe von → Arten mit einer Reihe von gemeinsamen Merkmalen. Verschiedene Arten derselben Gattung können oft miteinander gekreuzt werden (→ Hybriden).

gefüllt blühend: Blüte mit mehreren Blütenblattkreisen; anders als bei → einfach blühenden Pflanzen kommen nach innen weitere Blütenblattkreise hinzu. Je nach deren Anzahl wirken die Blüten halb oder ganz gefüllt und dadurch recht üppig.

H

halbimmergrün: So nennt man Gehölze, die bei genügend Wärme und Licht über Winter ihr Laub behalten, es jedoch unter ungünstigen Bedingungen abwerfen.

Halbstrauch: mehrjährige Pflanze, bei der die Sprossbasis mit der Zeit verholzt, die oberen Sprossteile dagegen krautig bleiben, z. B. Lavendel

Hybride: Kreuzung aus Pflanzen mit unterschiedlichem Erbmaterial. Häufig findet man Kreuzungen zwischen verschiedenen → Arten, z. B. bei den *Petunia*-Hybriden. Solche Hybriden sind wie eigenständige Arten anzusehen. Daneben gibt es auch Kreuzungen verschiedener → Sorten wie die → F_1-Hybriden.

K

Kronblatt: andere Bezeichnung für das meist bunt gefärbte Blütenblatt

P

pH-Wert: Messwert für den Säuregrad von Boden oder Wasser, der z. B. mit Indikatorstäbchen (Drogerie, Fachhandel) ermittelt werden kann. Ein pH-Wert von 7 bedeutet neutral, Werte darunter geben saures Milieu an, bei Werten über 7 (bis 14) spricht man von basisch oder alkalisch. Hohe pH-Werte deuten auf hohen Kalkgehalt hin, deshalb gedeihen kalkempfindliche Pflanzen wie Rhododendren nur in einem saurem Substrat.

S

selbstreinigend: Solche Arten und Sorten werfen ihre verwelkten Blüten von selbst ab oder verstecken sie unter dichtem Blattwerk, so dass kein Ausputzen (→ Seite 68/69) nötig ist.

sommergrün: andere Bezeichnung für laubabwerfend; dies im Gegensatz zu immergrünen Gehölzen, die ihre Blätter den ganzen Winter über behalten.

Sorte: spezielle Züchtung einer Pflanzenart (→ Art) mit besonderen Eigenschaften. 'Ville de Paris' z. B. ist eine bewährte Pelargoniensorte mit hellrosa Blüten und langen, hängenden Trieben. Sorten können sich nicht nur in der Blütenfarbe und -größe, sondern auch in Wuchshöhe und -form, ja sogar in ihren Standortansprüchen unterscheiden.

Spreizklimmer: Kletterpflanze ohne spezielle Haft- und Kletterorgane, die ihre langen Triebe an einer geeigneten Unterlage nach oben „schiebt“, z. B. Winterjasmin. Manche Spreizklimmer halten sich durch Dornen oder Stacheln fest.

Steckholz: Triebstück, das man zur Vermehrung von Gehölzen verwendet. Anders als Stecklinge (→ Seite 54/55) werden Steckhölzer im Spätherbst von verholzten Trieben geschnitten, über Winter geschützt aufbewahrt und dann erst im Frühjahr in Erde gesteckt.

Stickstoff: neben Phosphor und Kalium der wichtigste Pflanzennährstoff mit der Abkürzung N; in allen üblichen Mehrnährstoffdüngern enthalten. Stickstoff fördert das Trieb- und Blattwachstum, was manchmal zu Lasten der Blüte geht. Zuviel Stickstoff erhöht außerdem die Anfälligkeit für Krankheiten. Deshalb sind teils stickstoffarme Dünger vorzuziehen.

Substrat: Heißt eigentlich „Nährboden“. Im Gartenbau werden damit Mischungen aus Torf, Ton, Humus oder Torfersatzstoffen bezeichnet, die als Topf- und Vermehrungserden dienen.

Sukkulente: Pflanze, die in dicken, fleischigen Blättern viel Wasser speichern kann, was auf eine Herkunft aus trockenen, wüstenähnlichen Regionen hindeutet. Beispiele: Agave, Dickblatt, Kakteen.

V

Veredlung: das Kombinieren zweier verschiedener Pflanzen, die zu einer Einheit, also einer neuen Pflanze verwachsen. Dabei dient eine oft eher unscheinbare, aber robuste → Art oder → Sorte als Unterlage: Sie trägt das Wurzelwerk und oft einen nur kleinen Teil der Sprossachse bei. Die andere, aufveredelte Pflanze nennt man Edelsorte: Sie bildet meist den größten Teil des Sprossgerüsts und prägt mit ihren Blättern, Blüten oder Früchten das Erscheinungsbild. Die Unterlage bestimmt hauptsächlich die Wuchsstärke. Bei veredelten Hochstämmchen liefert die Unterlage meist auch den Stamm, auf dem die Krone der Edelsorte wächst. Die Edelsorte wird entweder in Form eines → Auges in die Unterlage eingesetzt (Okulation) oder als speziell zugeschnittenes Triebstück, das man Edelreis nennt, aufgepfropft. Manche Gehölze lassen sich nur durch Veredlung sortenecht vermehren.

Z

Zwiebelschuppe: fleischige Schuppe einer Zwiebel, kann bei Lilien durch vorsichtiges Ablösen und Einpflanzen zur Vermehrung benutzt werden

Balkonpflanzenversand

Ahrens + Sieberz GmbH & Co KG
Hauptstr. 440
53721 Siegburg-Seligenthal
www.as-garten.de
(Balkonblumen u. a., Zubehör)

Bakker
Kremerbergweg
22922 Ahrensburg
www.bakker-gartencenter.de
(Balkonblumen u. a., Sämereien, Zubehör)

Baldur-Garten GmbH
Elbinger Straße 12
64625 Bensheim
www.baldur-garten.de
(Balkonblumen u. a.)

Blumenschule
Augsburger Straße 62
86956 Schongau
(Balkonblumen u. a. aus biologischem Anbau)

Dehner GmbH & Co KG
86641 Rain am Lech
www.dehner.de
(Balkonblumen u. a., Sämereien, Zubehör)

Gärtner Pötschke GmbH
Königsgüttler 5
84072 Au/Hallertau
www.gaertner-poetschke.de
(Balkonblumen u. a., Sämereien, Zubehör)

Kübelpflanzenversand

Flora Mediterranea
Schillerstr. 25
89278 Nersingen/Stras
www.floramediterranea.de

flora toskana
Schillerstr. 25
89278 Nersingen/Straß
www.flora-toskana.de

Pflanzen-Versand Röpke
Wilhelm-Busch-Str. 41
38723 Seesen
www.roepke-versand.de
(auch Samen, Zubehör)

Südflora Peter Klock
Stutsmoor 42
22607 Hamburg
(auch Kübelobst)

Topfgarten Reinhold Bußmeier
Lüringweg 6
59302 Oelde
www.topfgarten.de

Samenversand

Saatkontor Ole Schoener
Gut Weilen 9a
28759 Bremen
www.saatkontor.de
(Balkonblumen u. a.)

Samen-Schröder
Alt Vorst 16 a
41564 Kaarst
www.samen-schroeder.de
(Balkonblumen u. a.)

Sunshine-Seeds
Harkortstr. 16
59229 Ahlen
www.sunshine-seeds.de
(Kübelpflanzen, exotische Sämereien)

Zubehör/Diverses

Alte Gärtnerei
Tegernseer Landstr. 129
82024 Taufkrichen
www.die-alte-gaertnerei.de

Luise Bauer
Wohnen mit schönen Dingen
Schaumburgerstr. 17
83278 Traunstein
www.luise-bauer.de

Chiemgau Gartencenter und Zoo
Büchele
Hochstr. 35
83278 Traunstein
www.buechele.de

Gardena
Hans-Lorenser-Straße 40
89079 Ulm
www.gardena.com
(automatische Bewässerung, Gießhilfen, Gartengeräte)

IKEA Deutschland Verkaufs GmbH & Co. KG
Am Wandersmann 2-4
65719 Hofheim-Wallau
www.IKEA.de

W. Neudorff GmbH KG
An der Mühle 3
31860 Emmerthal
www.neudorff.de
(umweltfreundliches Zubehör, torffreie Substrate, Dünger, Pflanzenschutz)

Querbeet
Frauenstr. 12
80469 München
(Bücher, Gartengeräte, Accessoires)

Tropf Blumat/Tensio-Technik
Peter-Spring-Straße18
65366 Geisenheim
www.blumat.de
(automatische Bewässerung)

Weiterführende Literatur

Mayer, Hensel, Jany, Kluth, Späth: **Das große GU Praxishandbuch Garten.** Gräfe und Unzer Verlag, München

Köchel, Maria und Christoph: **Kübelpflanzen. Der Traum vom Süden.** BLV Verlag, München

Maier, Hans-Peter: **Zitruspflanzen schnell & einfach.** Gräfe und Unzer Verlag, München

Oudshoorn, Wim und Steffen, Knud: **Hanging Baskets. Ideen und Anregungen für Bepflanzung und Pflege.** Thalacker Verlag, Braunschweig

GIFTIGE BALKON- UND KÜBELPFLANZEN

	Art	giftige Teile	siehe Seite
	Seidenbaum *Albizia julibrissin*	alle Pflanzenteile	154, **154**
	Erdbeerbaum *Arbutus unedo*	Blätter vermutlich giftig	155, **155**
!	Aukube *Aucupa japonica*	alle Pflanzenteile, besonders Beeren und Blätter	134, **134**
	Eisbegonie *Begonia-Semperflorens-Gruppe*	alle Pflanzenteile vermutlich schwach giftig	86, **86**
	Knollenbegonie *Begonia-Tuberhybrida-Gruppe*	alle Pflanzenteile vermutlich schwach giftig	118, **118**
!	Engelstrompete *Brugmansia, Datura*	alle Pflanzenteile	136, **136**
	Buchsbaum *Buxus sempervirens*	Blätter, Früchte	162, **162**
	Hammerstrauch *Cestrum elegans*	alle Pflanzenteile	138, **138**
	Waldrebe *Clematis*	alle Pflanzenteile, besonders Blätter	167, **167**
	Palmfarn *Cycas revoluta*	alle Pflanzenteile	140, **140**
!	Ginster *Cytisus, Chamaecytisus, Genista*	alle Pflanzenteile, besonders Samen und Blätter	159, **159**
!	Rosmarin-Seidelbast *Daphne cneorum*	alle Pflanzenteile, besonders Beeren	160
	Tränendes Herz *Dicentra spectabilis*	alle Pflanzenteile, besonders Wurzelstock	116, **116**
!	Goldlack *Erysimum cheiri*	alle Pflanzenteile, besonders Samen	93, **93**
	Korallenstrauch *Erythrina crista-galli*	alle Pflanzenteile vermutlich giftig	141, **141**
	Goldmohn *Eschscholzia californica*	alle Pflanzenteile	94, **94**
	Topfmyrte *Gaultheria mucronata*	alle Pflanzenteile, besonders Früchte	163, **163**
	Scheinbeere *Gaultheria procumbens*	Früchte schwach giftig	163, **163**
!	Efeu *Hedera helix*	alle Pflanzenteile, besonders Beeren	168, **168**
	Vanilleblume *Heliotropium arborescens*	alle Pflanzenteile	96, **96**
!	Christrose *Helleborus*	alle Pflanzenteile	116
	Hortensie *Hydrangea macrophylla*	alle Pflanzenteile schwach giftig	169, **169**
	Veilchenstrauch *Iochroma cyaneum*	alle Pflanzenteile vermutlich giftig	155, **155**
!	Prunkwinde *Ipomoea*	Samen	126, **126**
	Wacholder *Juniperus*	Beeren, Nadeln	163
	Wandelröschen *Lantana camara*	alle Pflanzenteile	145, **145**
	Duftwicke *Lathyrus odoratus*	besonders Samen schwach giftig	127, **127**
	Geißblatt, Heckenkirsche *Lonicera*	Beeren	169
!	Enzianbaum *Lycianthes rantonnetii*	alle Pflanzenteile, besonders Samen	146, **146**
	Tomate *Lycopersicon esculentum*	grüne Pflanzenteile	174, **174**
	Chilenischer Jasmin *Mandevilla laxa*	Milchsaft in den Trieben	156, **156**
	Brautmyrte *Myrtus communis*	Blätter	146, **146**
!	Oleander *Nerium oleander*	alle Pflanzenteile	147, **147**
	Ziertabak *Nicotiana x sanderae*	alle Pflanzenteile vermutlich giftig	102, **102**
	Becherblume *Nierembergia hippomanica*	alle Pflanzenteile vermutlich giftig	103, **103**
	Petunie *Petunia-Hybriden*	alle Pflanzenteile vermutlich giftig	106, **106**
	Bohne *Phaseolus*	rohe Hülsen/Samen	176, **176**
!	Kirschlorbeer *Prunus laurocerasus*	alle Pflanzenteile, besonders Blätter und Früchte	165, **165**
	Rhododendron, Azalee *Rhododendron*	alle Pflanzenteile	161, **161**
	Trompetenzunge *Salpiglossis sinuata*	alle Pflanzenteile vermutlich giftig	108, **108**
	Spaltblume *Schizanthus x wisetonensis*	alle Pflanzenteile vermutlich giftig	110, **110**
	Silberblatt *Senecio cineraria*	alle Pflanzenteile	129, **129**
	Buntnessel *Solenostemon scutellarioides*	Blätter, Wurzeln	129, **129**
!	Eibe *Taxus*	alle Pflanzenteile, besonders Nadeln und Samen	164
!	Lebensbaum *Thuja*	vor allem Zweigspitzen, auch Holz und Zapfen	165, **165**
	Glyzine *Wisteria*	alle Pflanzenteile, besonders Samen/Hülsen	168
	Zwiebel- und Knollenblumen	oft alle Pflanzenteile, besonders Zwiebeln/Knollen	118 – 122

! = sehr giftige Pflanzen

TIPP

Einige Balkon- und Kübelpflanzen enthalten Giftstoffe, die in erster Linie Schleimhaut- und Hautreizungen verursachen können, und zwar: Leberbalsam *(Ageratum houstonianum)*, Herbstchrysantheme *(Chrysanthemum x grandiflorum)*, Waldrebe *(Clematis)*, Goldlack *(Erysimum cheiri)*, Hyazinthe *(Hyacinthus orientalis)*, Wandelröschen *(Lantana camara)*, Narzisse *(Narcissus)*, Kissenprimel *(Primula vulgaris)*, Studentenblume *(Tagetes)* und Tulpe *(Tulipa)*.

Auf den mit * gekennzeichneten Seiten finden Sie eine ausführliche Beschreibung der jeweiligen Pflanze mit Pflege- und Gestaltungshinweisen. **Halbfett** gesetzte Seitenzahlen verweisen auf Abbildungen.

A

B

C

T

V

W

Y

Z

Bildnachweis

Alle Fotos im Pflegeteil von Jahreiß/Wunderlich mit Ausnahme von: Angermayer/Pfletschinger: 72 o. li., 72 o. re.; Gardena: 65, 66; GBA/GPL: 73 o. re.; Henseler: 72 o. mi., 72 u. mi., 72 u. re., 73 o. mi., 73 u. li., 73 u. mi.; Pforr: 73 o. li., 73 u. re.; Reinhard: 72 u. li.; Schneider/Will: 44, 48 li., 49, 76 o.

Alle Fotos im Gestaltungs- und Porträtteil von Schneider/Will mit Ausnahme von:

Bornemann: U1 o., 2/3, 23 li. u., 32 re., 99 re. o; Borstell: 27, 73 o. re., 118 li., 120 li., 169 mi.; Kientzler: 86 li.; Kramp+Gölling/ Flora/PicturePress: 41 o.; Nature & Science/Haaster: 94 re.; Nature & Science/Kooimann: 91 li.; Nickig: 109 mi., 111 mi., 115 li., 125 li., 133 mi., 146 li., 147, 163 mi., 179 re.; Pforr: 94 li., 127 re.; Redeleit: 20, 111 re., 175 mi.; Reinhard: 24, 38 re., 39 li. u., 39 re., 90 mi., 95 li., 99 re. u., 101 re., 108 li., 110 mi., 125 mi., 134 re.,155 li.,156 li., 165 li., 165 mi., 179 mi.; Szczepaniak/Flora/PicturePress: 29; Strauß: 38 li., 82, 87, 104, 117 re., 122 li., 130 u., 141 mi., 141 re., 152 re., 153 re., 155 mi., 166 re., 178 li., 180 re.; Wiener: U4 li., 23 li. o., 32 li., 33 li., 33 mi. u., 98 li., 98 re., 99 li. o., 123 u. li., 123 u. re.; Wohnidee: 23 re. u.

Illustrationen: Renate Holzner (Vignetten), Heidi Janiček (Farbkreis und Pflanzpläne).

Fotos Umschlag/Innenteil:

Umschlagvorderseite: Topfarrangement (o.), Gazanie (u.); S. 2/3: Petunien; S. 5: Balkonkasten mit Mehlsalbei, Tagetes und Hängepetunien; S. 42: Balkonkasten bepflanzen; S. 78: Kapkörbchen; Umschlagrückseite: fröhlich-bunte Terrassengestaltung (li.), Balkonkasten bepflanzen (mi.), Zauberglöckchen (re.).

Autor

Joachim Mayer ist Garten- und Naturjournalist und hat bereits mehrere Gartenbücher geschrieben. Sein fundiertes Wissen auf diesem Gebiet verdankt er seiner langjährigen Tätigkeit als Gärtner und seinem Studium der Agrarwissenschaften.

Fotografen

Manfred Jahreiß arbeitet in Hohenberg als freier Fotograf. Eva Wunderlich leitet sein Studio in München. Jutta Schneider und Michael Will sind seit vielen Jahren als freie Fotojournalisten tätig. Ihre Bilder erscheinen in Kalendern, Zeitschriften und Büchern. Ihre besondere Vorliebe gilt den Themen „Natur" und „Garten".

Dank

Verlag und Fotografen danken für die freundliche Unterstützung bei der Fotoproduktion:

Fam. Rudolf Auwärter, Harlachhammer; Blumenschule, Schongau; Botanischer Garten , Basel (CH); flora toskana, Ulm; Gardena, Ulm; Gärtnerei Gramsch, Marktredwitz; Blumencenter Grieshaber, Lörrach-Hauingen; Fam. Regina Hacker, Arzberg; Balkon- und Kübelpflanzengärtnerei Charles & Els Hendriks, Venlo (NL); Fam. Hönlinger, Martredwitz; Fam. Rainer Kotschenreuther, Marktredwitz; mbPlan Bärbel Wiedemann, Lörrach (Terrassenmöbel); W. Neudorff GmbH KG, Emmerthal; Damaris und Gerd Reismann, Schongau; Gartenmarkt Sauer, Murnau; Fam. Matthias Schwägerl, Marktredwitz; Fam. Seitz, Selb; Fam. Klaus Sommerer, Mak.-Lorenzreuth; Fam. Lisa und Hans Speckbacher, Übersee; Baumschule Steinegger, Rheinfelden-Degerfelden; Stil & Blüten, Hohenberg; Fam. Günter Wunderlich, Selb

Die Fotografin Jutta Schneider bedankt sich außerdem ganz herzlich bei Manfred Hölscher für seine tatkräftige Unterstützung.

Impressum

Redaktion und Konzeption: Angelika Holdau
Lektorat: Sonnhild Bischoff
Umschlaggestaltung und Layout: Sabine Krohberger, independent Medien Design
Herstellung: Susanne Mühldorfer
Satz: Cordula Schaaf
Reproduktion: Longo AG, Bozen
Druck & Bindung: Mohn Media, Gütersloh

Printed in Germany
ISBN 978-3-7742-6107-5

2. Auflage 2008

GRÄFE UND UNZER

Ein Unternehmen der
GANSKE VERLAGSGRUPPE

Besondere Hinweise

➤ Einige der hier beschriebenen Pflanzen sind giftig oder Haut reizend (→ Tabelle S. 185). Sie dürfen nicht verzehrt werden.

➤ Bewahren Sie Dünge- und Pflanzenschutzmittel für Kinder und Haustiere unerreichbar auf.

➤ Wenn Sie sich bei der Arbeit verletzen, sollten Sie umgehend einen Arzt aufsuchen. Eventuell ist eine Impfung gegen Tetanus erforderlich.

Unsere Garantie

Alle Informationen in diesem Ratgeber sind sorgfältig und gewissenhaft geprüft. Sollte dennoch einmal ein Fehler enthalten sein, schicken Sie uns das Buch mit dem entsprechenden Hinweis an unseren Leserservice zurück. Wir tauschen Ihnen den GU-Ratgeber gegen einen anderen zum gleichen oder ähnlichen Thema um.

Liebe Leserin und lieber Leser,

wir freuen uns, dass Sie sich für ein GU-Buch entschieden haben. Mit Ihrem Kauf setzen Sie auf die Qualität, Kompetenz und Aktualität unserer Ratgeber. Dafür sagen wir Danke! Wir wollen als führender Ratgeberverlag noch besser werden. Daher ist uns Ihre Meinung wichtig. Bitte senden Sie uns Ihre Anregungen, Ihre Kritik oder Ihr Lob zu unseren Büchern. Haben Sie Fragen oder benötigen Sie weiteren Rat zum Thema? Wir freuen uns auf Ihre Nachricht!

Wir sind für Sie da!
Montag–Donnerstag: 8.00–18.00 Uhr;
Freitag: 8.00–16.00 Uhr
Tel.: 0180-5005054*
Fax: 0180-5012054*
*(0,14 €/Min. aus dem dt. Festnetz/Mobilfunkpreise können abweichen.)
E-Mail: leserservice@graefe-und-unzer.de

P.S.: Wollen Sie noch mehr Aktuelles von GU wissen, dann abonnieren Sie doch unseren kostenlosen GU-Online-Newsletter und/oder unsere kostenlosen Kundenmagazine.

GRÄFE UND UNZER VERLAG
Leserservice
Postfach 86 03 13
81630 München